高职高专系列教材

单片机C语言教程

邹益民　主编

中国石化出版社

内 容 提 要

单片机C51语言是目前最流行的MCS51系列单片机程序设计语言。本书以“基础、实用”为原则，通过基础知识与大量实例结合的形式，循序渐进地讲解了C51应用编程的各种方法与技巧，是一本重在应用、兼顾理论的实用教程。

全书共9章，通过大量的典型实例全面详细地讲述了单片机的C语言程序设计规范及应用案例。第1章为基础知识，首先简要介绍了C51单片机的硬件结构、指令系统及开发应用特点；第2章~第7章介绍C51编程语言的基本规范、常用开发工具的使用、C语言与汇编混合编程等知识；第8章结合单片机的硬件资源讲解了如何应用C51语言进行编程操作；第9章介绍了在各个领域中常用到的一些C语言编程典型案例，以供读者在学习和工作中参考，同时对所学知识融会贯通，从而开阔思路，提高实际工作能力。

本书特别适合单片机及其编程语言的初学者，可作为大专院校电子信息类、通信类、自动化类、机电类等专业学生学习与实践单片机C语言程序设计的教材或参考书，或进行单片机课程设计、毕业设计和大学生电子设计竞赛的参考用书，也可供从事自动控制、智能仪器仪表、电力电子、机电一体化等专业的单片机应用开发技术人员参考。

图书在版编目（CIP）数据

单片机C语言教程／邹益民主编．
—北京：中国石化出版社，2009（2016.7重印）
（高职高专系列教材）
ISBN 978-7-5114-0165-6

Ⅰ.①单… Ⅱ.②邹… Ⅲ.①单片微型计算机-C语言-程序设计-高等学校：技术学校-教材
Ⅳ.①TP368.1 ②TP312

中国版本图书馆CIP数据核字（2009）第221012号

中国石化出版社出版发行
地址：北京市东城区安定门外大街58号
邮编：100011　电话：(010)84271850
读者服务部电话：(010)84289974
http://www.sinopec-press.com
E-mail:press@sinopec.com
北京科信印刷有限公司印刷
全国各地新华书店经销
*
787×1092毫米 16开本 13.25印张 326千字
2016年7月第1版第4次印刷
定价：28.00元

前　言

第一台电子数字计算机的诞生引发了20世纪的电子工业革命，而单片机的问世和飞速发展则开创了计算机工程应用的另一个新时代。由于单片机具有高性价比、高速度、低功耗和方便功能扩展等优点，被广泛应用于工业控制系统、数据采集系统、自动测试系统、智能仪表以及各类功能模块等广阔领域。单片机技术也成为电子信息类各专业的一门必修课程。

Intel公司的MCS－51单片机是目前在我国应用最广泛的单片机之一。20世纪80年代中期，Intel公司将8051内核使用权以专利互换或出售形式转给世界许多著名IC制造厂商，如Philips、Atmel、Dallas、Infineon、ADI、TI、Winbond和Siliconc Labs公司等。这样，8051就变成有众多制造厂商支持、发展出上百个品种的大家族。到目前为止，其他任何一个单片机系列均未发展到如此的规模。随着硬件的发展，8051软件工具已有C级编译器及实时多任务操作系统RTOS(Real Time Operating System)。在RTOS的支持下，单片机的程序设计更简单、更可靠，因而8051是单片机教学的首选机型。

单片机的程序设计可以采用汇编语言和单片机C51语言。C51是在通用C语言基础上发展起来的专门用于51系列单片机编程的编译型高级语言。与汇编语言相比，C51具备可读性、可移植性、可维护性好、编译效率高等特点，兼具功能丰富的函数库，且可直接实现对系统硬件的控制，以上特点使C51语言逐渐成为单片机应用中的主流编程语言。目前国内最流行的C51编译器是Keil Software公司推出的Keil C51。

综上所述，用C语言进行51系列单片机程序设计是单片机开发与应用的必然趋势。单片机的程序设计应该以C语言为主，以汇编语言为辅。汇编语言掌握到只要可以读懂程序，在时间要求比较严格的模块中实现程序的优化即可。采用C51语言无需对单片机和硬件接口有很深入的了解，编译器可自动完成变量的存储单元分配；采用C51语言还可方便地实现单片机的程序移植工作，有利于产品中单片机的重新选型；C51语言的模块化及可读性强的优点，有利于程序模块的共享，并有助于开发者借鉴前人的开发经验，提高软件设计水平。随着国内单片机开发工具研制水平的提高，现在的单片机仿真器普遍支持 C 语言程序的调试，为使用 C 语言进行单片机开发提供了更多的便利条件。

为了便于读者学习，本书遵循由浅入深、循序渐进的学习规律，详细讲解了单片机硬件及软件资源，C51 语言规范以及使用 C51 语言对单片机内部资源进行控制的方法。最后，以多个典型案例讲解了 C51 语言的综合应用。通过学习本书，读者不但可以掌握单片机 C51 语言，而且可以迅速开展单片机的程序开发。

本书由邹益民主编，其他参与编著和资料整理的人员有丁丁、马莉、杜韦辰。

在编写本书的过程中参考了相关文献，在此向这些文献的作者深表感谢！由于时间仓促，再加之作者水平有限，书中出现的疏漏及不妥之处，恳请读者和各位同仁批评指正。

目　录

第1章　单片机基础知识

1.1　单片机简介

单片机是一种集成电路芯片，采用超大规模技术把具有数据处理能力的微处理器(CPU，Central Processing Unit)、随机存取数据存储器（RAM，Random Access Memory)、只读程序存储器(ROM，Read - only Memory)、输入输出电路(I/O 接口)，可能还包括定时计数器、串行通信口、显示驱动电路(LCD 或 LED 驱动电路)、脉宽调制电路(PWM)、模拟多路转换器及 A/D 转换器等电路集成到单块芯片上，构成一个最小然而完善的计算机系统。这些电路能在软件的控制下准确、迅速、高效地完成程序设计者事先规定的任务。

单片机控制系统能够取代以前利用复杂电子线路或数字电路构成的控制系统，可单独地实现现代工业控制所要求的绝大多数智能化控制功能。现在单片机控制范畴无所不在，例如通信产品、家用电器、智能仪器仪表、过程控制和专用控制装置等等，单片机的应用领域越来越广泛。

1.1.1　单片机的发展史

1974 年，美国仙童(Firchild)公司研制了世界上第一台单片微型机 F8。该机由两块集成电路芯片组成，深受民用电器和仪器仪表领域的欢迎和重视。从此，单片机开始迅速发展，应用领域也不断扩大。单片机的发展过程通常可以分为以下几个发展阶段。

1. 第一代单片机(1974 ~ 1976)

这是单片机发展的起步阶段。在这个时期生产的单片机特点是：制造工艺落后和集成度低，而且采用了双片形式。典型的代表产品有 Fairchild 公司的 F8 和 Mostek 公司的 MK3870 等。

2. 第二代单片机(1976 ~ 1978)

这是单片机的第二发展阶段。这个时期的单片机才是真正的 8 位单片微型计算机，它以体积小、功能全、价格低赢得了广泛的应用，为单片机的发展奠定了基础，成为单片机发展史上重要的里程碑。这个时代生产的单片机虽然已能在单块芯片内集成 CPU、并行口、定时器、RAM 和 ROM 等功能部件，但性能低、品种少，应用范围也不是很广。典型的产品有 Intel 公司的 MCS - 48 系列等。

3. 第三代单片机(1979 ~ 1982)

这是 8 位单片机成熟的阶段。这一代单片机和前两代相比，不仅存储容量和寻址范围大，而且中断源、并行 I/O 口和定时器/计数器个数都有了不同程度的增加，并集成了全双工串行通信接口。在指令系统方面，普遍增设了乘除法和比较指令。这一时期生产的单片机品种齐全，可以满足各种不同领域的需要。代表产品有 Intel 公司的 MCS - 51 系列，Motorola 公司的 MC6801 系列，TI 公司的 TMS7000 系列等。

4. 第四代单片机(1983 年以后)

此时的单片机均属于真正的单片化，大多集成了 CPU、RAM、ROM、数目繁多的 I/O 接口、多种中断系统，甚至还有一些带 A/D 转换器的单片机，功能越来越强大，RAM 和

ROM 的容量也越来越大，寻址空间可达 64kB。可以说，单片机发展到了一个全新阶段，应用领域更广泛，许多家用电器均走向利用单片机控制的智能化发展道路。

1982 年以后，16 位单片机问世，代表产品有 Intel 公司的 MCS96 系列，TI 公司的 TMS9900，NEC 公司的 783 × × 系列和 NS 公司的 HPC16040 等。16 位单片机比起 8 位机，数据宽度增加了一倍，实时处理能力更强，同时配置了多路的 A/D 转换通道、高速的 I/O 处理单元，适用于更复杂的控制系统。

90 年代以后，单片机获得了飞速的发展，世界各大半导体公司相继开发了功能更为强大的单片机。美国 Microchip 公司发布了一种完全不兼容 MCS－51 的新一代 PIC 系列单片机，引起了业界的广泛关注，特别它的产品只有 33 条精简指令集，吸引了不少用户，使人们从 Intel 的 111 条复杂指令集中走出来。随后，更多的单片机种蜂拥而至，Motorola 公司相继发布了 MC68HC 系列单片机，其 MC68HC05 系列以高速、低价等特点赢得了不少用户。Zilog 公司的 Z8 系列产品代表作是 Z8671，内含 BASIC Debug 解释程序，极大地方便用户。ATMEL 公司则把单片机技术与先进的 Flash 存储技术完美地结合起来，发布了性能相当优秀的 AT89 系列单片机。包括中国台湾的 HOLTEK 和 WINBOND 等公司也纷纷加入了单片机发展行列，凭着他们廉价的优势，分享一杯美羹。此外，Intel 公司的 88044（双 CPU 工作）、Zilog 公司的 Super8（含 DMA 通道）、Motorola 公司的 MC68HC11（内含 EEPROM 及 A/D 电路）和 WDC 公司的 65C124（内含网络接口电路）等，也各自代表了单片机的发展方向。

1990 年美国 Intel 公司推出了 80960 超级 32 位单片机成为单片机发展史上又一个重要的里程碑。

此期间，单片机园地里，单片机品种异彩纷呈，争奇斗艳。有 8 位、16 位甚至 32 位机，但 8 位单片机仍以它的价格低廉、品种齐全、应用软件丰富、支持环境充分、开发方便等特点而占着主导地位。高性能、大容量和多功能的新型 8 位单片机仍然是当前应用的主流。

1.1.2 单片机的基本组成

单片机的结构特征是将组成计算机的基本部件集成在一块晶体芯片上，构成一台功能独特的、完整的单片微型计算机。图 1.1 为单片机的典型结构框图。

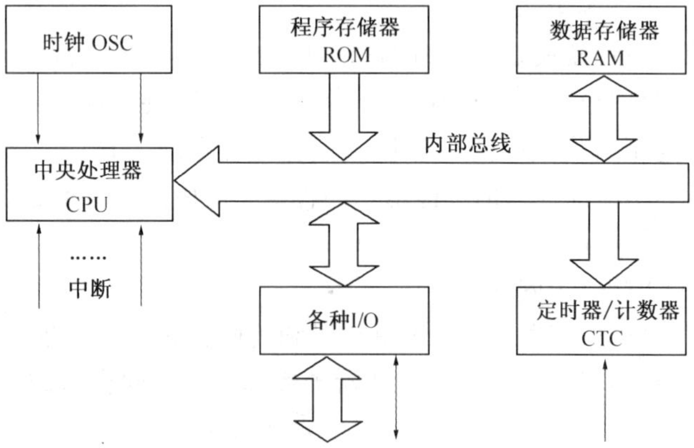

图 1.1 单片机的典型结构框图

下面简要介绍各组成部分。

1. 中央处理器

单片机中的中央处理器 CPU 由运算器和控制器组成，另外增设了"面向控制"的处理功能，如位处理、查表、多种跳转、状态检测、中断处理等，增强了实时性。

2. 存储器

单片机的存储空间有两种基本结构。一种是冯·诺依曼(Von Neumann)结构，将程序和数据合用一个存储器空间，用同类的访问指令。另一种是将程序存储器和数据存储器截然分开，称为哈佛(Harvard)结构。CPU 用不同的指令访问不同的存储器空间。MCS－51 系列的单片机均采用程序存储器和数据存储器截然分开的哈佛结构。

(1) 数据存储器(RAM)

在单片机中，用随机存取的存储器(RAM)来存储数据，所以也称之为数据存储器。一般在单片机内部设置一定容量(64～256B)的 RAM，并以高速 RAM 的形式集成在单片机内，以加快单片机的运行速度。对于某些应用系统，还可以外部扩展数据存储器。

(2) 程序存储器(ROM)

单片机的应用中常常将开发调试成功后的应用程序存储在程序存储器中，因为无需改变，所以这种存储器都采用只读存储器 ROM 的形式。

单片机内部的程序存储器常有以下几种形式：

① 掩膜 ROM(Mask ROM)。它是由半导体厂家在芯片生产封装时，将用户的应用程序代码通过掩膜工艺制作到单片机的 ROM 区中，一旦写入后用户则不能修改。所以它适合于程序已定型，并大批量使用的场合。8051 就是采用掩膜 ROM 的单片机型号。

② EPROM。此种芯片带有透明窗口，可通过紫外线擦除程序存储器的内容。应用程序代码通过专门的写入器脱机写入到单片机中，需要更改时则可通过紫外线擦除后重新写入。8751 就是采用 EPROM 的单片机型号。

③ ROMLESS。这种单片机内部没有程序存储器，使用时常在外部扩展若干片 EPROM 作为程序存储器。8031 就是 ROMLESS 型的单片机。

④ OTP(One Time Programmable)ROM。这是用户可一次性编程写入的程序存储器。用户可通过专用的写入器将应用程序写入 OTPROM 中，但只允许写入一次。

⑤ Flash ROM(MTP ROM)闪速存储器。这是一种可由用户多次编程写入的程序存储器。它不需紫外线擦除，编程与擦除完全用电实现。例如 AT89 系列单片机，可实现在线编程，也可下载。这是目前大力发展的一种 ROM，已基本取代 EPROM 型产品。

3. 并行 I/O 口

单片机为了突出控制的功能，提供了数量多、功能强、使用灵活的并行 I/O 口。使用上不仅可灵活地选择输入或输出，还可作为系统总线或控制总线，从而为扩展外部存储器和 I/O 接口提供了方便。

4. 串行 I/O 口

高速的 8 位单片机都可提供全双工串行 I/O 口，便于实现和其他终端设备的串行通信。

5. 定时器/计数器

在实际的应用中，单片机往往需要精确地定时，或者需对外部事件进行计数，因而在单片机内部设置了定时器/计数器电路，通过中断，实现定时/计数的自动处理。

1.1.3 单片机的特点

单片机独特的结构决定了它具有如下特点。

1. 高集成度、高可靠性

单片机将各功能部件集成在一块晶体芯片上，集成度很高，体积自然较小。芯片本身是按工业测控环境要求设计的，内部布线很短，其抗工业噪音性能优于一般通用的 CPU，故可靠性高。

2. 控制功能强

为了满足对对象的控制要求，单片机的指令系统均有极丰富的条件/分支转移能力、I/O 口的逻辑操作及位处理能力，非常适用于专门的控制功能。

3. 低电压、低功耗

为了满足广泛使用于便携式系统，许多单片机内的工作电压仅为 1.8～3.6V，而工作电流仅为数百微安。

4. 优异的性能价格比

单片机的性能极高。为了提高速度和运行效率，单片机已开始使用 RISC 流水线和 DSP 等技术。单片机的寻址能力也已突破 64kB 的限制，有的已可达到 1MB 和 16MB，片内的 ROM 容量可达 62MB，RAM 容量则可达 2MB。由于单片机的广泛使用，因而销量极大，各大公司的商业竞争更使其价格十分低廉，其性能价格比极高。

1.1.4 单片机的应用领域

由于单片机功能的飞速发展，它的应用范围日益广泛，已远远超出了计算机科学的领域。小到玩具、信用卡，大到航天器、机器人，从实现数据采集、过程控制、模糊控制等智能系统到人类的日常生活，到处都离不开单片机。其主要的应用领域如下：

1. 在智能仪器仪表上的应用

单片机具有体积小、功耗低、控制功能强、扩展灵活、微型化和使用方便等优点，单片机与不同类型的传感器相结合，可实现诸如电压、功率、频率、温度、压力、流量、速度等物理量的测量。单片机应用于仪器仪表设备中促使仪器仪表向数字化、智能化、微型化、多功能化和综合化等方向发展。单片机的软件编程技术使长期以来测量仪表中的误差修正、线性化处理等难题迎刃而解。

2. 在工业控制中的应用

用单片机可以构成形式多样的工业控制系统、数据采集系统。例如，工业上的锅炉控制、电机控制、车辆检测系统、电梯智能化控制、水闸自动控制、数控机床及军事上的雷达、导弹系统等以及工厂流水线的智能化管理。

3. 在人类生活中的应用

单片机由于其价格低廉、体积小巧，被广泛应用在人类生活的诸多场合，如洗衣机、电冰箱、空调器、电饭煲、视听音响设备、大屏幕显示系统、电子玩具、信用卡、楼宇防盗系统等。单片机将使人类的生活更加方便舒适，丰富多彩。

此外，单片机在工商，金融，科研、教育，国防、航空航天等领域均有着十分广泛的用途。

1.1.5 单片机的发展方向

计算机系统的发展已明显地朝三个方向发展：巨型化，单片化，网络化。以解决复杂系统计算和高速数据处理为目标的巨型机仍在朝高速及高处理能力的方向努力。单片机在出现时，Intel 公司就给其单片机取名为嵌入式微控制器（Embedded Microcontroller）。单片机最明显的优势，就是可以嵌入到各种仪器、设备中。这一点是巨型机和网络不可能做到的。

目前，用户对单片机的需求越来越多，要求也越来越高，单片机技术正在向以下几个方面发展。

1. 内部结构的进步

单片机在内部已集成了越来越多的部件，这些部件包括一般常用的电路，例如：定时器，比较器，A/D 转换器，D /A 转换器，串行通信接口，Watchdog 电路，LCD 控制器等。有的单片机为了构成控制网络或形成局部网，内部含有局部网络控制模块 CAN。例如，Infineon 公司的 C505C、C515C、C167CR、C167CS – 32FM、81C90；Motorola 公司的 68HC08AZ 系列等。为了能在变频控制中方便使用单片机，有的单片机内部设置了专门用于变频控制的脉宽调制控制电路，这些单片机有 Fujitsu 公司的 MB89850 系列、MB89860 系列；Motorola 公司的 MC68HC08MR16、MR24 等。

特别引人注目的是，现在有的高档单片机已采用所谓的三核(TrCore)结构。这种单片机由三个核组成：一个是微控制器和 DSP 核，一个是数据和程序存储器核，最后一个是外围专用集成电路(ASIC)。将 DSP 高速计算和特殊处理如快速傅立叶变换等能力与传统单片机的功能集成大大提高了单片机的性能，这种单片机最典型的有 Infineon 公司的 TC10GP；Hitachi 公司的 SH7410、SH7612 等。

2. 功耗、封装及电源电压的进步

现在新的单片机的功耗越来越小，很多单片机都设置了多种低功耗工作模式，包括等待、暂停、睡眠、空闲、节电等工作方式。Philips 公司的单片机 P87LPC762 是一个很典型的例子，在空闲时，其功耗为 1.5 mA，而在节电方式中，其功耗只有 0.5mA。在功耗上最令人惊叹的是 TI 公司的单片机 MSP430 系列，它是一个 16 位字长的机型，低功耗方式有 LPM1、LPM3、LPM4 三种。当电源为 3V 时，如果工作于 LMP1 模式，由于 CPU 不活动，振荡器处于 1 ~4MHz，这时功耗只有 50μA；在 LPM3 模式，振荡器处于 32kHz，这时功耗只有 1.3μA；在 LPM4 模式，CPU、外围及振荡器 32kHz 都不活动，则功耗只有 0.1μA。

此外，现在的产品普遍要求体积小、重量轻，这就要求单片机除了功能强和功耗低外，还要求其体积更小，SMD(表面封装)越来越受欢迎，使得由单片机构成的系统正朝微型化方向发展。Microchip 公司推出的 8 引脚单片机特别引人注目，这是 PIC12CXXX 系列。它含有 0.5 ~2kB 程序存储器，25 ~128B 数据存储器，6 个 I/O 端口以及一个定时器，有的还含 4 路 A/D，完全可以满足一些低端系统的应用。

扩大电源电压范围以及在较低电压下工作也是今天单片机发展的目标之一。目前，一般单片机都可以在 3.3 ~5.5V 的条件下工作，而一些厂家甚至生产出可以在 2.2 ~6V 的条件下工作的单片机。这些单片机有 Fujitsu 公司的 MB89191 ~ 89195、MB89121 ~ 125A、MB89130 系列等。而 TI 公司的 MSP430X11X 系列的工作电压也可低达 2.2V。

3. 工艺上的进步

现在的单片机基本上采用 CMOS 技术，但已经大多数采用了 0.6μm 以上的光刻工艺，有个别的公司，如 Motorola 公司则已采用 0.35μm，甚至是 0.25μm 技术，这些技术的进步大大地提高了单片机的内部密度和可靠性。

4. 主流与多品种共存

现在虽然单片机的品种繁多，各具特色，但仍以 80C51 为核心的单片机占主流，兼容其结构和指令系统的有 PHILIPS 公司的产品，ATMEL 公司的产品和中国台湾的 Winbond 系列单片机。所以 C8051 为核心的单片机占据了半壁江山。而 Microchip 公司的 PIC 精简指令集(RISC)也有着强劲的发展势头，中国台湾的 HOLTEK 公司近年的单片机产量与日俱增，以其低价质优的优势，占据一定的市场份额。此外还有 Motorola 公司的产品，日本几大公司的专用单片机。在一定的时期内，这种情形将得以延续，将不存在某个单片机一统天下的垄断局面，走的是依存互补、相辅相成、共同发展的道路。

5. 单片机的外围电路内装化、多样化

随着单片机集成度的提高，可以把众多的外围功能器件集成到单片机内。除了 CPU、ROM、RAM 外，还可把 A/D、D/A 转换器、DMA 控制器、声音发生器、监视定时器、液晶驱动电路、锁相电路等一并集成在芯片内。为了减少外部的驱动芯片，进一步增强单片机的并行驱动能力，有的单片机可直接输出大电流和高电压，以便直接驱动显示器。为进一步加快 I/O 口的传输速度，有的单片机还设置了高速 I/O 口，可用最快的速度触动外部设备，也可以用最快的速度响应外部事件。

6. 以单片机为核心的网络嵌入式系统

随着计算机网络技术的普及与发展，把单片机嵌入式系统和 Internet 连接已是一种趋势。为了使复杂的或简单的嵌入式设备，例如单片机控制的机床、单片机控制的门锁，能切实可行地和 Internet 连接，就要求专门为嵌入式微控制器设备设计网络服务器，使嵌入式设备可以和 Internet 相连，并通过标准网络浏览器进行过程控制。

目前，为了实现以单片机为核心的嵌入式系统和 Internet 相连，已有多家公司在进行这方面的研究。这方面较为典型的有 emWare 公司和 TASKING 公司。

EmWare 公司提出嵌入式系统入网的方案——EMIT 技术。这个技术包括三个主要部分：即 emMicro、emGateway 和网络浏览器。其中，emMicro 是嵌入设备中的一个只占内存容量 1kB 的极小的网络服务器；emGateway 可用于实现对多个嵌入式设备的管理，还有标准的 Internet 通信接入以及网络浏览器的支持。网络浏览器使用 emObjects 进行显示和嵌入式设备之间的数据传输。EmWare 的 EMIT 软件技术使用标准的 Internet 协议对 8 位和 16 位嵌入式设备进行管理，其开销比传统方法小得多。

TASKING 公司已把 emWare 的 EMIT 软件包和有关的软件配套集成，形成一个集成开发环境，向用户提供开发方便。并与嵌入互联网联盟 ETI(embed the Internet Consortium)紧密合作，共同开发嵌入式 Internet 的解决方案。

1.1.6 8051 单片机系列成员

自从 1974 年美国 Fairchild 公司研制出第一台单片机 F8 之后，迄今为止，单片机经历了由 4 位机到 8 位机再到 16 位机的发展过程。现今它本身的内容和应用领域、应用理念，同成长期相比，有了很大的发展进步。不但单体功能更趋复杂，其门类多变的不同行业应用也让我们眼花缭乱。

目前，单片机制造商众多，主要有 Atmel、NXP(Philips)、Winbonds、SST、Microchip、Motorola、Zilog 等公司，并正朝着高性能、多品种方向发展。近年来，32 位单片机也已进入了实用阶段，但是由于 8 位单片机在性能价格比上占有优势，因此在未来相当长的时期内，8 位单片机仍是单片机的主流机型。其中使用最为广泛的仍属 MCS-51 系列单片机，本书将以此系列单片机为研究对象，介绍单片机的硬件结构、工作原理及 C 语言软件设计的知识与技巧。

MCS-51 系列单片机种类繁多，表 1.1 给出了部分器件的参数。

MCS-51 系列单片机采用两种半导体工艺生产。一种是 HMOS 工艺，即高速度、高密度、短沟道 MOS 工艺；另外一种是 CHMOS 工艺，即互补金属氧化物的 HMOS 工艺。表 1.1 中，芯片型号中带有字母“C”的，为 CHMOS 芯片，其余均为 HMOS 芯片。

表 1.1　MCS－51 系列单片机分类

子系列	片内 ROM 形式			片内 ROM 容量	片内 RAM 容量	寻址范围	I/O 特性			中断源
	无	ROM	EPROM				计数器	并行口	串行口	
51 子系列	8031	8051	8751	4kB	128B	2＊64kB	2＊16	4＊8	1	5
	80C31	80C51	87C51	4kB	128B	2＊64kB	2＊16	4＊8	1	5
52 子系列	8032	8052	8752	8kB	256B	2＊64kB	3＊16	4＊8	1	6
	80C32	80C52	87C52	8kB	256B	2＊64kB	3＊16	4＊8	1	6

CHMOS 是 CMOS 和 HMOS 的结合，除保持了 HMOS 高速度和高密度的特点之外，还具有 CMOS 低功耗的特点。例如，8051 的功耗为 630 mW，而 80C51 的功耗只有 120 mW。在便携式、手提式或野外作业仪器设备上，低功耗是非常有意义的。

此外，MCS－51 单片机片内程序存储器有三种配置形式，即掩膜 ROM、EPROM 和无 ROM。这三种配置形式对应三种不同的单片机芯片，它们各有特点，也各有其适用场合，在使用时应根据需要进行选择。一般情况下，片内带掩膜型 ROM(典型芯片为 8051)，类似的还有 OTP（One Time Programming)一次可编程 ROM(典型芯片为 8751)，适用于定型大批量应用产品的生产；片内带 EPROM(典型芯片为 8751)，类似的还有带 FLASH 型(典型芯片为 89C51)，适合于研制产品样机；无 ROM 型的芯片，必须外接 EPROM 才能应用(典型芯片为 8031)，适用于开发新产品。

从表 1.1 中还可以看出，MCS－51 系列又分为 51 和 52 两个子系列。其中，51 子系列是基本型，而 52 子系列则属增强型。52 子系列功能增强的具体方面，是片内 ROM 从 4kB 增加到 8kB；片内 RAM 从 128 B 增加到 256 B；定时/计数器从 2 个增加到 3 个；中断源从 5 个增加到 6 个。

1.2　8051 的内部结构

图 1.2 是 8051 单片机内部结构的总框图。

从图 1.2 我们可以看出 8051 单片机包含下列部件：

① 一个 8 位微处理器 CPU。

② 片内数据存储器 RAM 和特殊功能寄存器 SFR。

③ 片内程序存储器 ROM。

④ 两个定时/计数器 T0、T1，可用作定时器，也可用以对外部脉冲进行计数。

⑤ 四个 8 位可编程的并行 I/O 端口 P0～P3，每个端口既可作输入，也可作输出。

⑥ 一个串行端口，用于数据的串行通信。

⑦ 中断控制系统。

⑧ 内部时钟电路。

1.2.1　中央处理器

中央处理器也称 CPU(Central Processing Unit)，是单片机的核心部件，它完成各种运算和控制操作，8051 的 CPU 主要由运算器和控制器两部分组成。

1. 运算器

运算器以算术逻辑单元 ALU 为核心，加上累加器 ACC 和程序状态字寄存器 PSW(Program Status Word)等所组成。ALU 主要用于完成二进制数据的算术(加、减、乘、除)和逻辑运算("与"、"或"、"异或"等)以及位操作运算，并通过对运算结果的判断确定 PSW 中相关位的状态。

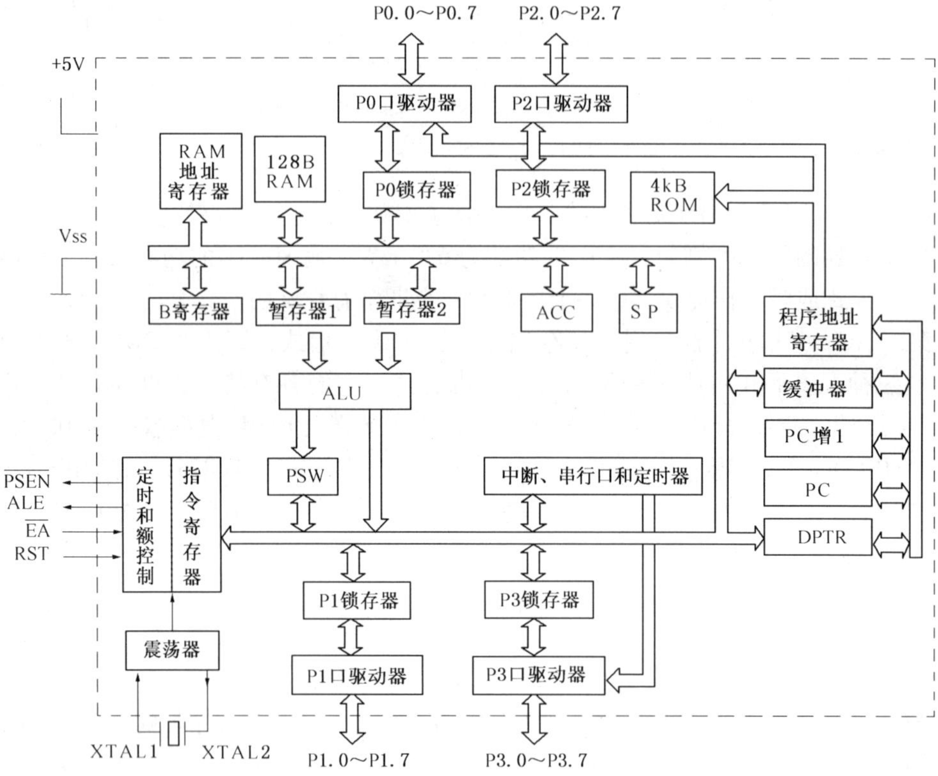

图 1.2　8051 单片机内部结构总框图

程序状态字是一个 8 位寄存器，用于存放程序运行中的各种状态信息。其中有些位的状态是根据程序执行结果，由硬件自动设置的，而有些位的状态则使用软件方法设定。PSW 的位状态可以用专门指令进行测试，也可以用指令读出。一些条件转移指令将根据 PSW 某些位的状态，进行程序转移。PSW 的格式如图 1.3 所示：

PSW	D7	D6	D5	D4	D3	D2	D1	D0
	CY	AC	F0	RS1	RS0	OV	—	P

图 1.3　PSW 的格式

PSW 中各位的意义如下：

① CY：进位标志。其功能有二：一是存放算术运算的进位标志，在进行加或减运算时，如果操作结果的最高位有进位或借位时，CY 由硬件置"1"，否则清"0"；二是在位操作中，作累加位使用。位传送、位与/位或等位操作，操作位之一固定是进位标志位。

② AC：辅助进位标志。在进行加法或减法运算时，若低半字节向高半字节有进位或借位，AC=1，否则 AC=0，AC 可作为 BCD 码运算调整时的判别位。

③ F0：用户自定义标志，可利用软件指令置位或复位。

④ RS1 和 RS0：工作寄存器组选择，如表 1.2 所示。

表 1.2　RS1、RS0 与工作寄存器组的关系

RS1	RS0	工作寄存器组	片内 RAM 地址
0	0	第 0 组	00H ~ 07H
0	1	第 1 组	08H ~ 0FH
1	0	第 2 组	10H ~ 17H
1	1	第 3 组	18H ~ 1FH

⑤ OV：溢出标志。在带符号数加减运算中，OV = 1 表示加减运算超出了累加器 A 所能表示的符号数有效范围(− 128 ~ + 127)，即产生了溢出，因此运算结果是错误的，否则，OV = 0 表示无溢出产生。在乘法运算中，OV = 1 表示乘积超过 255，即乘积分别在 B 与 A 中，否则，表示乘积只在 A 中。在除法运算中，OV = 1 表示除数为 0，除法不能进行。

⑥ PSW 中的 D1 位为保留位，对于 8051 来说没有意义，对于 8052 来说为用户标志，与 F0 相同。

⑦ P：奇偶校验标志。每条指令执行完毕后，都按照累加器 A 中“1”的个数来决定 P 值，当“1”的个数为奇数时，P = 1，否则 P = 0。

2. 控制器

控制器包括程序计数器 PC、指令寄存器、指令译码器、数据指针 DPTR、堆栈指针 SP、缓冲器以及定时与控制电路等。控制电路完成指挥控制工作，协调单片机各部分正常工作。

① 程序计数器 PC：当一条指令按 PC 所指向的地址从程序存储器中取出之后，PC 的值会自动增量，即指向下一条指令。

② 堆栈指针 SP：用来指示堆栈的起始地址。8051 单片机的堆栈位于片内 RAM 中，而且属于“上长型”堆栈，复位后 SP 被初始化为 07H，使得堆栈实际上由 08H 单元开始。

③ 数据指针寄存器 DRTR：它是一个 16 位寄存器，由高位字节 DPH 和低位字节 DPL 组成，用来存放 16 位数据存储器的地址，以便对片外 64kB 的数据 RAM 区进行读写操作。

3. 时钟电路

时钟电路用于产生单片机工作所需的时钟信号，单片机将在时钟信号控制下，各部件之间协调一致地工作。

如图 1.4 所示为 MCS − 51 单片机的时钟电路。在图 1.4(a)中，引脚 XTALl 和 XTAL2 之间跨接晶体振荡器和微调电容，可以和芯片内部的振荡器一起构成一个稳定的自激振荡器，这种方式称之为内部时钟源方式。电容器 C_1 和 C_2 的主要作用是帮助振荡器起振，且电容器大小对振荡频率有微调作用，典型值为 $C_1 = C_2 = 30pF$。振荡频率主要由石英晶振的频率确定，目前，51 系列单片机的晶振频率范围是 fosc 为 1.2 ~ 60MHz，其典型值为 6MHz、12MHz、11.0592MHz、20MHz、24MHz、33 MHz、40MHz 等。

8051 的工作时钟也可以由外部时钟信号提供，如图 1.4(b)所示，外部的时钟信号由 XTAL2 引脚引入。由于 XTAL2 端逻辑电平不是 TTL 的，故需外接一上拉电阻，外接的时钟频率应低于 12MHz。

另外，80C51 的外部时钟接法与 8051 不同，如图 1.4(c)所示，其外部时钟信号由 XTALl 脚引入，而 XTAL2 脚悬空。

4. CPU 时序

所谓时序是指各种信号的时间序列。CPU 执行指令的一系列动作都是在时序电路控制下一拍一拍进行的，为达到同步协调工作的目的，各操作信号在时间上有严格的先后次序，这些次序就是 CPU 的时序。

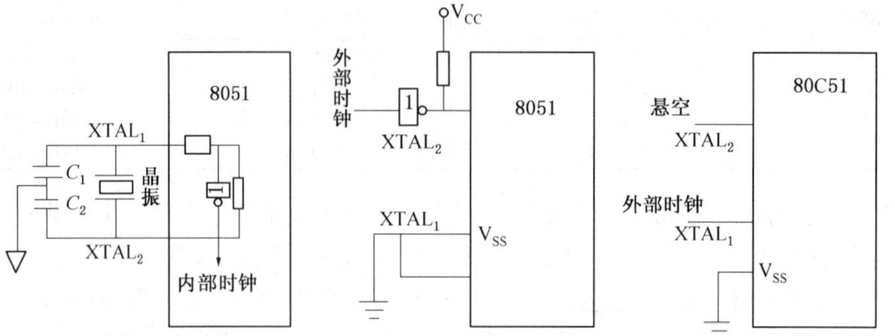

(a)8051内部时钟电路　(b)8051外部时钟电路　(c)80C51外接时钟电路

图 1.4　MCS－51 单片机的时钟电路

8051 单片机以晶体振荡器的振荡周期(或外部引入的时钟信号的周期)为最小的时序单位，其基本定时单位共有四个，它们从小到大分别是：

① 晶振周期：由振荡电路产生的振荡脉冲的周期，又称节拍(如 P1、P2)。

② 时钟周期：它是晶振周期的两倍，也即一个时钟周期包含两个相互错开的节拍，也称 S 状态时间。

③ 机器周期：MCS－51 单片机有固定的机器周期，它是由晶振频率 12 分频后形成的。单片机的基本操作周期为机器周期。一个机器周期有 6 个状态，每个状态由两个脉冲(晶振周期)组成。

即：1 个机器周期＝6 个状态周期＝12 个晶振周期。若单片机采用 12MHz 的晶体振荡器，则一个机器周期为 1μs，若采用 6MHz 的晶体振荡器，则一个机器周期为 2μs。

④ 指令周期：指令周期是执行一条指令所需要的时间。不同的指令，其执行时间各不相同，如果用占用机器周期多少来衡量的话，MCS－51 单片机的指令可分为单周期指令、双周期指令及四周期指令。

1.2.2　存储器组织

8051 单片机的存储器在物理结构上分为程序存储器空间和数据存储器空间，共有 4 个存储空间：片内程序存储器、片外程序存储器以及片内数据存储器、片外数据存储器空间。但从用户的角度，8051 存储器地址空间可分为 3 类：256B 片内数据存储器地址空间(00～FFH，用 8 位地址)；64kB 片外数据存储器地址空间(0000H～FFFFH，用 16 位地址)；64kB 片内、片外统一编址的程序存储器地址空间(0000H～FFFFH，用 16 位地址)。如图 1.5 所示。

如图 1.5 所见，上述 4 个存储空间地址存在重叠。8051 的指令系统设计了不同的数据传送指令以区别这 4 个不同的存储空间：CPU 访问片内、片外 ROM 指令用 MOVC，访问片外 RAM 指令用 MOVX，访问片内 RAM 指令则用 MOV。

1. 程序存储器 ROM

共 64kB 地址空间，用于存放编好的程序和表格常数。其中 0000H～0FFFH 有 4kB 的地址区是片内/外 ROM 公用的，通过控制信号 EA 来区分：当引脚 EA 接高电平时，8051 的程序计数器 PC 执行片内 ROM 中的程序；当引脚 EA 接低电平时，8051 片内 ROM 不起作用，CPU 只能从片外 ROM 中取指令。对于 8031，由于其内部不带 ROM，所以使用时须置

EA =0，以便直接从外部 ROM 中取指令。1000H ~ FFFFH 地址区为外部 ROM 专用空间，当指令地址在此范围内时，将自动转向片外 ROM 取指令。

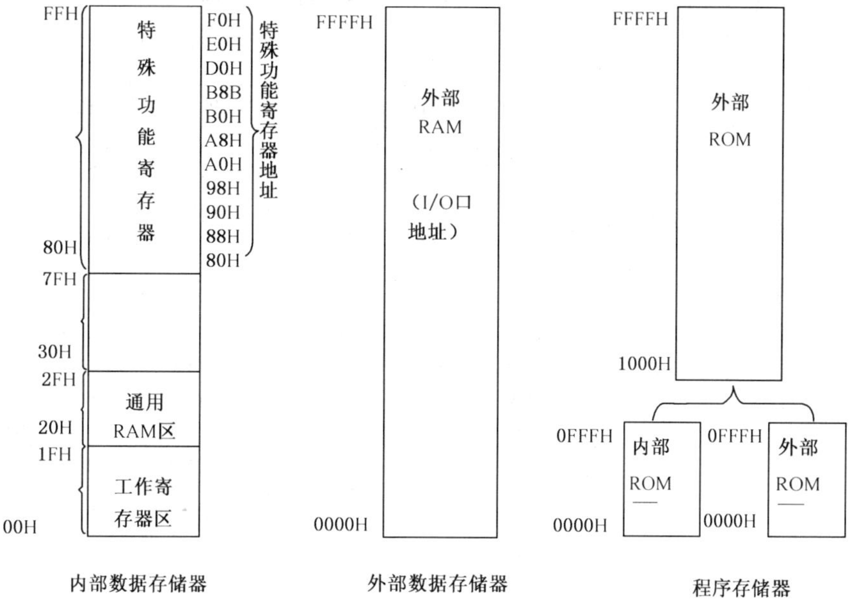

图 1.5　8051 存储器组织结构

8051 的程序存储器中某些单元具有特殊功能：其中 0000H 单元称复位矢量地址，系统复位后，单片机将从 0000H 单元开始取指令执行程序；另有一组特殊单元分别位于 0003H、000BH、0013H、001BH 及 0023H，称中断矢量地址，它是 51 单片机 5 个中断源各自的中断服务程序入口地址。

2. 片外数据存储器 RAM

共 64kB 地址空间，当片内 RAM 不能满足容量上的要求时，可通过总线端口和其他 I/O 口扩展外部 RAM。由于片外 RAM 在地址上与 ROM 重叠，8051 单片机需通过不同信号来分别选通 ROM 或 RAM：当从外部 ROM 中取指令时，采用选通信号 $\overline{PSEN}$，而从外部 RAM 中读写数据时则采用读 $\overline{RD}$ 或写 $\overline{WR}$ 信号来选通，因此不会因地址重叠而发生混乱。

3. 片内数据存储器 RAM

有 256 个字节，被分为两个区域，其中 00H ~ 7FH 地址空间是数据 RAM 区，80H ~ FFH 地址空间是特殊功能寄存器 SFR 区（Special Function Register），对于 8051 在该区域内安排了 21 个特殊功能寄存器，对于 8052 则在该区域内安排了 26 个特殊功能寄存器。

对于片内 RAM 的低 128B（00H ~ 7FH），又可进一步细分为三个区域。

① 第一个区域：从 00H ~ 1FH 地址为工作寄存器区，安排了 4 组工作寄存器，每组都为 R0 ~ R7，在某一时刻，CPU 只能使用其中任意一组工作寄存器，组别由程序状态字 PSW 中 RS0 和 RS1 的状态决定。

② 第二个区域：从 20H ~ 2FH 地址单元为位寻址区，其中每个字节的每一位都规定了位地址，这些字节单元除了可进行字节操作之外，还可进行位操作。

③ 第三个区域：从 30H ~ 7FH 地址单元是一般的通用 RAM 区。

片内 RAM 的高 128B（80H ~ FFH）地址空间是特殊功能寄存器 SFR 寻址区。因这些寄存器的功能已作专门规定，故也称之为专用寄存器。SFR 寄存器及其功能如表 1.3 所示。

表 1.3　8051 特殊功能寄存器一览表

名　称	符　号	字节地址	位功能标记/位地址							
B 寄存器	B	F0H	B.7/F7	B.6/F6	B.5/F5	B.4/F4	B.3/F3	B.2/F2	B.1/F1	B.0/F0
累加器	A	E0H	ACC.7 /E7	ACC.6 /E6	ACC.5 /E5	ACC.4 /E4	ACC.3 /E3	ACC.2 /E2	ACC.1 /E1	ACC.0 /E0
程序状态字寄存器	PSW	D0H	CY /D7	AC /D6	F0 /D5	RS1 /D4	RS0 /D3	OV /D2	— /D1	P /D0
中断优先级寄存器	IP	B8H	—	—	—	PS /BC	PT1 /BB	PX1 /BA	PT0 /B9	PX0 /B8
P3 端口寄存器	P3	B0H	P3.7 /B7	P3.6 /B6	P3.5 /B5	P3.4 /B4	P3.3 /B3	P3.2 /B2	P3.1 /B1	P3.0 /B0
中断允许寄存器	IE	A8H	EA /AF	—	—	ES /AC	ET1 /AB	EX1 /AA	ET0 /A9	EX0 /A8
P2 端口寄存器	P2	A0H	P2.7 /A7	P2.6 /A6	P2.5 /A5	P2.4 /A4	P2.3 /A3	P2.2 /A2	P2.1 /A1	P2.0 /A0
串行口控制寄存器	SCON	98H	SM0 /9F	SM1 /9E	SM2 /9D	REN /9C	TB8 /9B	RB8 /9A	TI /99	RI /98
P1 端口寄存器	P1	90H	P1.7 /97	P1.6 /96	P1.5 /95	P1.4 /94	P1.3 /93	P1.2 /92	P1.1 /91	P1.0 /90
定时控制寄存器	TCON	88H	TF1 /8F	TR1 /8E	TF0 /8D	TR0 /8C	IE1 /8B	IT1 /8A	IE0 /89	IT0 /88
P0 端口寄存器	P0	80H	P0.7 /87	P0.6 /86	P0.5 /85	P0.4 /84	P0.3 /83	P0.2 /82	P0.1 /81	P0.0 /80
串行数据寄存器	SBUF	99H	—	—	—	—	—	—	—	—
定时器 1 高 8 位	TH1	8DH	—	—	—	—	—	—	—	—
定时器 0 高 8 位	TH0	8CH	—	—	—	—	—	—	—	—
定时器 1 低 8 位	TL1	8BH	—	—	—	—	—	—	—	—
定时器 0 低 8 位	TL1	8AH	—	—	—	—	—	—	—	—
定时器方式选择	TMOD	89H	—	—	—	—	—	—	—	—
电源及波特率选择	PCON	87H	—	—	—	—	—	—	—	—
数据高 8 位指针	DPH	83H	—	—	—	—	—	—	—	—
数据低 8 位指针	DPL	82H	—	—	—	—	—	—	—	—
堆栈指针	SP	81H	—	—	—	—	—	—	—	—

以上 21 个 SFR 寄存器分别归属于以下各功能单元。

① CPU：ACC、B、PSW、SP、DPTR(由 DPH 和 DPL 组成)；

② 并行口：P0、P1、P2、P3；

③ 中断系统：IE、IP；

④ 定时/记数器：TMOD、TCON、T0(由 TH0 和 TL0 组成)、T1(由 TH1 和 TL1 组成)；

⑤ 串行口：SCON、SBUF、PCON。

注意：对于 8052 单片机，其内部 80H - FFH 单元还有一部分通用 RAM 单元，可使用特殊的寻址方式操作，与 SFR 地址并不冲突。

1.2.3　片内并行接口

8051 单片机共有 4 个 8 位的并行 I/O 端口，分别记作 P0、P1、P2、P3。每个口都包含一个锁存器、一个输出驱动器和一个输入缓冲器。实际上，它们已被归入 SFR 寄存器之列，并且具有字节寻址和位寻址功能。

在访问片外扩展存储器时，低 8 位地址和数据由 P0 口分时传送，高 8 位地址由 P2 口传送。在无片外扩展存储器的系统中，这 4 个口的每一位均可作为双向的 I/O 端口使用。

在 8051 单片机的这 4 个双向并行的 8 位 I/O 口 P0 ~ P3 中，P0 口为三态双向口，可驱动 8 个 TTL 电路，P1、P2、P3 口为准双向口(作为输入时，需要先向口锁存器写入 1，故称为准双向口)，其负载能力为 4 个 TTL 电路。这些口在结构和特性上是基本相同的，但又各具特点，以下将分别加以介绍。

1. P0 口

P0 口的口线逻辑电路如图 1.6 所示。

由图 1.6 可见，电路中包含有一个数据输出锁存器、两个三态数据输入缓冲器、一个数据输出的驱动电路和一个输出控制电路。当对 P0 口进行写操作时，由锁存器和驱动电路构成数据输出通路。由于通路中已有输出锁存器，因此数据输出时可以与外设直接连接，而不需再加数据锁存电路。

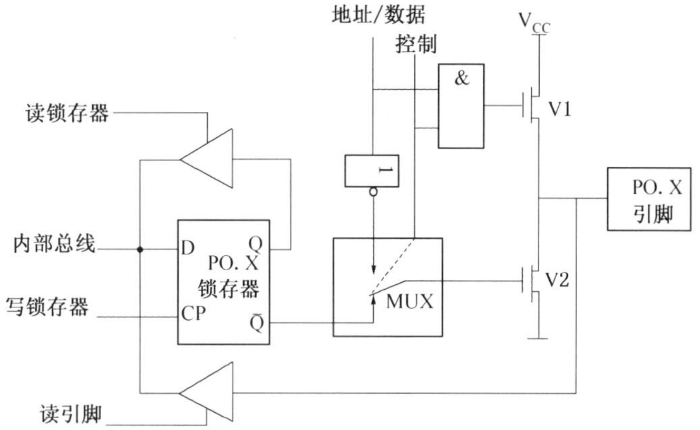

图 1.6　P0 口某位结构

考虑到 P0 口既可以作为通用的 I/O 口进行数据的输入/输出，也可以作为单片机系统的地址/数据线使用，为此在 P0 口的电路中有一个多路转接电路 MUX。在控制信号的作用下，多路转接电路可以分别接通锁存器输出或地址/数据线。当作为通用的 I/O 口使用时，内部的控制信号为低电平，封锁与门，将输出驱动电路的上拉场效应管(FET)截止，同时使多路转接电路 MUX 接通锁存器 $\bar{Q}$ 端的输出通路。

读端口是指通过上面的缓冲器读锁存器 Q 端的状态，这样安排的目的是为了适应对口进行“读 - 修改 - 写”操作指令的需要。例如，“ANL P0，A”就是属于这类指令，执行时先读入 P0 口锁存器中的数据，然后与 A 的内容进行逻辑与，再把结果送回 P0 口。对于这类“读 - 修改 - 写”指令，不直接读引脚而读锁存器是为了避免可能出现的错误。因为在端口已处于输出状态的情况下，如果端口的负载恰是一个晶体管的基极，导通了的 PN 结会把端口引脚的高电平拉低，这样直接读引脚就会把本来的“1”误读为“0”。但若从锁存器 Q 端读，就能避免这样的错误，得到正确的数据。

但要注意，当 P0 口进行一般的 I/O 输出时，由于输出电路是漏极开路电路，因此必须外接上拉电阻才能有高电平输出；当 P0 口进行一般的 I/O 输入时，必须先向电路中的锁存器写入“1”，使 FET 截止，以避免锁存器为“0”状态时对引脚读入的干扰。

在实际应用中，P0 口绝大多数情况下都是作为单片机系统的地址/数据线使用，这要比作一般 I/O 口应用简单。当输出地址或数据时，由内部发出控制信号，打开上面的与门，并使多路转接电路 MUX 处于内部地址/数据线与驱动场效应管栅极反相接通状态。这时的输出驱动电路由于上、下两个 FET 处于反相，形成推拉式电路结构，使负载能力大为提高。而当输入数据时，数据信号则直接从引脚通过输入缓冲器进入内部总线。

2. P1 口

P1 口的口线逻辑电路如图 1.7 所示。

因为 P1 口通常是作为通用 I/O 口使用的，所以在电路结构上与 P0 口有一些不同之处：首先它不再需要多路转接电路 MUX；其次是电路的内部有上拉电阻，与场效应管共同组成输出驱动电路。为此，P1 口作为输出口使用时，无需再外接上拉电阻。当 P1 口作为输入口使用时，同样也需先向其锁存器写“1”，使输出驱动电路的 FET 截止。

3. P2 口

P2 口的口线逻辑电路如图 1.8 所示。

P2 口电路比 P1 口电路多了一个多路转接电路 MUX，这与 P0 口类似。P2 口可以作为通用 I/O 口使用，这时多路转接电路开关倒向锁存器 Q 端。通常情况下，P2 口是作为高位地址线使用，此时多路转接电路开关应倒向相反方向。

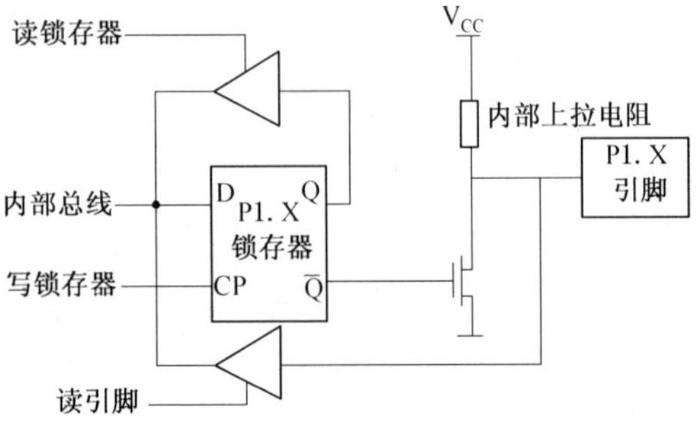

图 1.7　P1 口某位结构

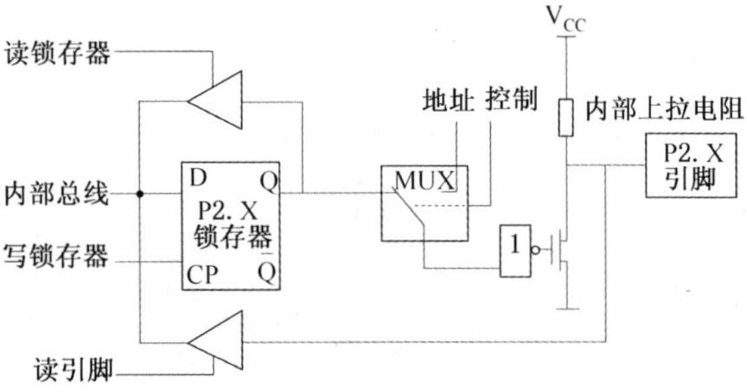

图 1.8　P2 口某位结构图

4. P3 口

P3 口的口线逻辑电路如图 1.9 所示。

P3 口的特点在于，为适应引脚信号第二功能的需要，增加了第二功能控制逻辑。如表 1.4 所示。

又由于第二功能信号有输入和输出两类，因此分两种情况说明。

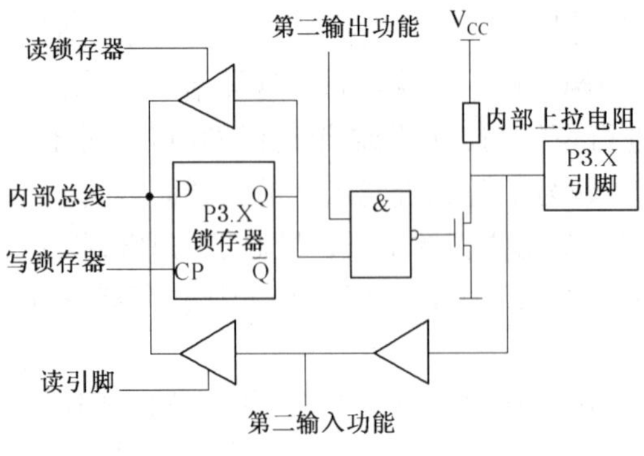

图 1.9　P3 口某位结构

对于第二功能为输出的信号引脚，当作为 I/O 使用时，第二功能信号引线应保持高电平，与非门开通，以维持从锁存器到输出端数据输出通路的畅通，从而实现第二功能信号的输出。

对于第二功能为输入的信号引脚，在口线的输入通路上增加了一个缓冲器，输入的第二功能信号就从这个缓冲器的输出端取得。而作为 I/O 使用的数据输入，仍取自三态缓冲器的输出端。不管是作为输入口使用还是第二功能信号输入，输出电路中的锁存器输出和第二功能输出信号线都应保持高电平。

表 1.4　P3 口的第二功能

位　　线	第 二 功 能	位　　线	第 二 功 能
P3. 0	RXD（串行输入）	P3. 4	T0（定时器 0 的计数输入）
P3. 1	TXD（串行输出）	P3. 5	T1（定时器 1 的计数输入）
P3. 2	$\overline{\text{INT0}}$（外部中断 0）	P3. 6	$\overline{\text{WR}}$（外部数据存储器写脉冲）
P3. 3	$\overline{\text{INT1}}$（外部中断 1）	P3. 7	$\overline{\text{RD}}$（外部数据存储器读脉冲）

1. 2. 4　8051 的内部资源

1. 串行口

8051 单片机内部有一个可编程、全双工的异步串行接口，是单片机与外界进行信息交换的工具。串行数据通信要解决两个关键技术问题，一个是数据传送，另一个是数据转换。所谓数据传送就是指数据以什么形式进行传送。所谓数据转换就是指单片机在接发数据时，如何完成串行数据与并行数据之间的相互转换。

2. 定时器/计数器

8051 单片机内部有两个 16 位可编程定时/计数器 T0 和 T1，其核心是计数器，基本功能是加 1。若对外部事件脉冲（下降沿）计数，构成计数器；若对片内机器周期脉冲计数，则构成定时器。每个计数器由二个 8 位计数器（THx 和 TLx，x = 0 或 1）组成；其定时/计数工作方式，由方式控制寄存器 TMOD 完成；而定时器的启动、停止和中断管理，则由控制寄存器 TCON 负责。

定时时间和计数值可以编程设定，其方法是在计数器内设置一个初值，然后加 1 直至计满后溢出。由于由 16 个触发器构成，故最大计数值为 65535。调整计数器初值，可调整从初值到计满溢出的数值，即调整定时时间或计数门限。

定时/计数器作为计数器时，外部事件脉冲必须从规定的引脚输入。且外部脉冲的最高频率不能超过时钟频率的 1/24。

3. 中断系统

CPU 暂时中止其正在执行的程序，转去执行请求中断的那个外设或事件的服务程序，等处理完毕后再返回执行原来中止的程序，叫做中断。能发出中断请求，引起中断的装置或事件叫中断源。8051 单片机的中断源共有 5 个，其中 2 个为外部中断源，3 个为内部中断源：

① $\overline{\text{INT0}}$：外部中断 0，中断请求信号由 P3. 2 输入。

② $\overline{\text{INT1}}$：外部中断 1，中断请求信号由 P3. 3 输入。

③ T0：定时/计数器 0 溢出中断，外部脉冲计数信号由 P3. 4 输入。

④ T1：定时/计数器 1 溢出中断，外部脉冲计数信号由 P3. 5 输入。

⑤ 串行中断：包括串行接收中断 R1 和串行发送中断 T1。

8051 单片机还可以设置两个中断优先级，即高优先级和低优先级，由中断优先级控制寄存器 IP 来控制。

1. 2. 5　8051 的芯片引脚

8051 单片机常用封装为 DIP40 引脚双列直插封装，部分引脚具有双重功能，其引脚图如图 1. 10。

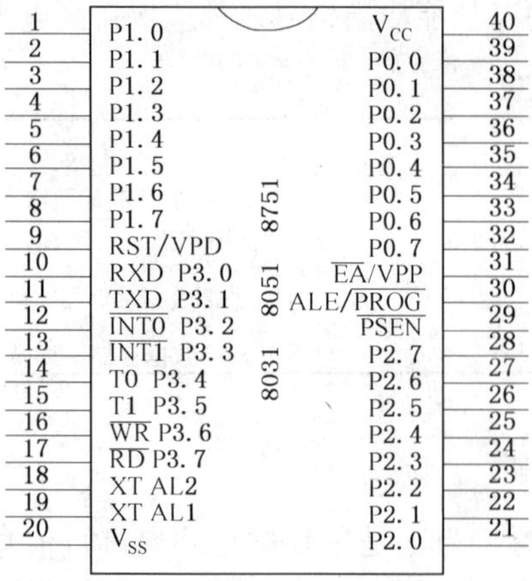

图 1.10　8051 单片机引脚图

引脚功能介绍：

(1) 电源引脚 Vcc 和 Vss

① Vcc：电源端，接 +5V。

② Vss：接地端。

(2) 时钟电路引脚 XTAL1 和 XTAL2

① XTAL1：接外部晶振和微调电容的一端，在片内它是振荡器倒相放大器的输入，若使用外部 TTL 时钟，该引脚必须接地。

② XTAL2：接外部晶振和微调电容的另一端，在片内它是振荡器倒相放大器的输出，若使用外部 TTL 时钟，该引脚为外部时钟的输入端。

(3) 地址锁存允许 ALE

系统扩展时，ALE 用于控制地址锁存器锁存 P0 口输出的低 8 位地址，从而实现数据与低位地址的复用。

(4) 外部程序存储器读选通信号

PSENPSEN是外部程序存储器的读选通信号，低电平有效。

(5) 程序存储器地址允许输入端EA/VPP

当EA为高电平时，CPU 执行片内程序存储器指令，但当 PC 中的值超过 0FFFH 时，将自动转向执行片外程序存储器指令。当EA为低电平时，CPU 只执行片外程序存储器指令。

(6) 复位信号 RST

该信号高电平有效，在输入端保持两个机器周期的高电平后，就可以完成复位操作。

(7) 输入/输出端口引脚 P0、P1、P2 和 P3

① P0 口(P0.0 ~ P0.7)：该端口为漏极开路的 8 位准双向口，它为外部低 8 位地址线和 8 位数据线复用端口。

② P1 口(P1.0 ~ P1.7)：它是一个内部带上拉电阻的 8 位准双向 I/O 口。

③ P2 口(P2.0 ~ P2.7)：它为一个内部带上拉电阻的 8 位准双向 I/O 口。在访问外部程序存储器时，作为高 8 位地址线。

④ P3 口(P3.0 ~ P3.7)：为内部带上拉电阻的 8 位准双向 I/O 口，P3 口除了作为一般的 I/O 口使用之外，每个引脚都具有第二功能。

1.2.6　单片机的工作方式

MCS - 51 系列单片机中，8051 及 80C51 的工作方式有：复位方式、程序执行方式、掉电方式、低功耗方式以及 EPROM 编程和校验方式。

1. 单片机的复位方式

复位是单片机进入工作状态的初始化操作，将使 CPU 和系统中其他部件都处于一个确定的初始状态。除系统上电时进入复位方式外，当程序运行错误而使单片机进入死锁状态时，也可以通过复位信号进行重新启动。复位后，单片机内部寄存器的值被初始化，其值见表 1.5。

MCS - 51 系列单片机的 RST 引脚是复位信号的引入端，复位信号为高电平有效，其所需时间在 2 个机器周期(24 个振荡周期)以上。

表 1.5　单片机复位后内部各寄存器状态

寄 存 器 名	内　　容	寄 存 器 名	内　　容
PC	0000H	TH0	00H
ACC	00H	TL0	00H
B	00H	TH1	00H
PSW	00H	TL1	00H
SP	07H	SBUF	不定
DPTR	0000H	TMOD	00H
P0 ~ P3	FFH	SCON	00H
IP	× × ×00000B	PCON(HMOS)	0× × × × × × ×B
IE	0 × ×00000B	PCON(CHMOS)	0× × ×0000B
TCON	00H		

复位操作还会把 ALE 和$\overline{PSEN}$变为无效状态，即 ALE = 0，$\overline{PSEN}$ = 1。但复位操作不影响片内 RAM 单元的内容。

单片机复位的方式有：上电自动复位和按键手动复位。按键手动复位又分为按键电平复位和按键脉冲复位两种，复位电路如图 1. 10 所示。

如图 1. 11(a)所示，上电自动复位是通过电容充电来实现的。通过选择适当的 R 和 C 的值，就能够使 RST 引脚上的高电平保持两个机器周期以上，以实现在上电的同时，完成单片机的复位。

图 1. 11(b)和图 1. 11(c)除具备上电自动复位的功能外，还可实现按键复位功能。

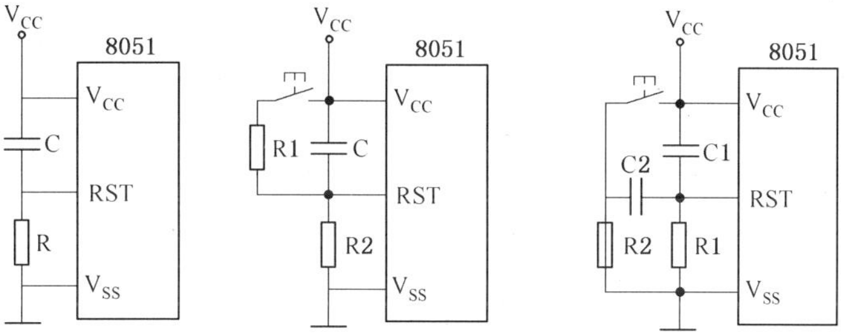

(a)上电复位　　(b)按键电平复位图　　(c)按键脉冲复位

图 1. 11　单片机的复位工作方式

2. 程序执行方式

程序执行方式是单片机的基本工作方式，由于单片机复位后 PC = 0000H，所以程序总是从地址 0000H 开始执行。程序执行方式又可分为连续执行和单步执行两种。

(1) 连续执行方式

连续执行方式是从指定地址开始连续执行程序存储器 ROM 中存放的程序。

(2) 单步运行方式

单步运行方式通常只在用户调试程序时使用，用于观察每条指令的执行情况。每按一次单步运行键，程序顺序执行一条指令。

3. 低功耗工作方式

MCS－51 单片机中有 HMOS 和 CHMOS 两种工艺芯片，它们的节电运行方式不同，HMOS 单片机的节电工作方式只有掉电工作方式，CHMOS 单片机的节电工作方式有掉电工作方式和空闲工作方式两种。单片机的节电工作方式，是由其内部的电源控制寄存器 PCON 中的相关位来控制的。PCON 寄存器的控制格式如表 1.6 所示。

表 1.6　PCON 寄存器控制格式

位　序	D7	D6	D5	D4	D3	D2	D1	D0
位符号	SMOD	—	—	—	GF1	GF0	PD	IDL

PCON 的各位定义如下：

① SMOD：串行口波特率倍率控制位。

② GF1、GF0：通用标志位。

③ PD：掉电方式控制位。PD = 1 进入掉电工作方式。

④ IDL：空闲方式控制位。IDL = 1，进入空闲工作方式。

如同时将 PD 和 IDL 置 1，则进入掉电工作方式。PCON 寄存器的复位值为 0XXX0000，PCON. 4 ~ PCON. 6 为保留位，用户不能对它们进行写操作。

（1）空闲工作方式

当程序将 PCON 的 IDL 位置 1 后，系统就进入了空闲工作方式。

在空闲工作方式时，振荡器继续工作，中断系统、串行口以及定时器模块由时钟驱动工作，但时钟不提供给 CPU。也就是说，CPU 处于待机状态，工作暂停。与 CPU 有关的 SP、PC、PSW、ACC 的状态以及全部工作寄存器的内容均保持不变，I/O 引脚状态也保持不变。ALE 和 $\overline{PSEN}$ 保持逻辑高电平。

退出空闲方式的方法有两种，一种是中断退出，一种是按键复位退出。

任何的中断请求被响应都可以由硬件将 PCON. 0（IDL）清 0，从而中止空闲工作方式。当执行完中断服务程序返回时，系统将从设置空闲工作方式指令的下一条指令开始继续执行程序。另外，PCON 寄存器中的 GF0 和 GF1 通用标志可用来指示中断是在正常情况下或是在空闲方式下发生。例如，在执行设置空闲方式的指令前，先置标志位 GF0（或 GF1）；当空闲工作方式被中断中止时，在中断服务程序中可检测标志位 GF0（或 GF1），以判断出系统是在什么情况下发生的中断，如 GF0（或 GF1）为 1，则是在空闲方式下进入的中断。

另一种退出空闲方式的方法是硬件复位，由于在空闲工作方式下振荡器仍然工作，因此复位仅需 2 个机器周期便可完成。RST 端的复位信号直接将 PCON. 0（IDL）清 0，从而退出空闲状态，CPU 则从进入空闲方式的下一条指令开始重新执行程序。在内部系统复位开始，还可以有 2 ~ 3 个指令周期，在这一段时间里，系统硬件禁止访问内部 RAM 区，但允许访问 I/O 端口。一般地，为了防止对端口的操作出现错误，在设置空闲工作方式指令的下一条指令中，不应该是对端口写或对外部 RAM 写指令。

（2）掉电工作方式

当 CPU 执行一条置 PCON. 1 位（PD）为 1 的指令后，系统即进入掉电工作方式。

掉电的具体含义是指由于电源的故障使电源电压丢失或工作电压低于正常要求的范围值。掉电将使单片机系统不能运行，若不采取保护措施，会丢失 RAM 和寄存器中的数据，为此单片机设置有掉电保护措施，进行掉电保护处理。具体做法是：检测电路一旦发现掉电，立即先把程序运行过程中有用信息转存到 RAM，然后启用备用电源维持 RAM 供电。

在掉电工作方式下，单片机内部振荡器停止工作。由于没有振荡时钟，因此，所有的功能部件都停止工作。但内部 RAM 区和特殊功能寄存器的内容被保留，端口的输出状态值都保存在对应的 SFR 中，ALE 和$\overline{\text{PSEN}}$都为低电平。这种工作方式下的电流可降到 15μA 以下，最小可降到 0.6μA。

退出掉电方式的惟一方法是由硬件复位，复位时将所有的特殊功能寄存器的内容初始化，但不改变内部 RAM 区的数据。

在掉电工作方式下，V_{CC}可以降到 2V，但在进入掉电方式之前，V_{CC}不能降低。而在准备退出掉电方式之前，V_{CC}必须恢复正常的工作电压值，并维持一段时间(约 10ms)，使振荡器重新启动并稳定后方可退出掉电方式。

4. 片内 EPROM/FLASH 编程和校验方式

对于片内程序存储器为 EPROM/FLASH 型的单片机，如 8751/8951 型单片机，用户可通过该方式对片内的 EPROM/FLASH 型 ROM 进行编程和校验。

1.3 8051 的系统扩展

单片机中虽然已经集成了 CPU、I/O 口、定时器、中断系统、存储器等计算机的基本部件，但是对一些较复杂应用系统来说，有时感到以上资源中的一种或几种仍不够用，这就需要在单片机芯片外，增加相应的芯片、电路，使得有关功能得以扩充，称之为系统扩展。

1.3.1 外部总线的扩展

总线是微机各部件之间、系统之间相互连接以实现信息传送的通道。8051 受到引脚的限制，在对外扩展存储器或 I/O 接口时，首先需要扩展外部总线。

8051 的 P0 口是地址/数据总线分时复用口。在 ALE 信号为有效高电平期间，P0 口上输出 A7～A0，通常需在 8051 片外扩展一片地址锁存器，用 ALE 的有效电平作锁存信号，将 P0 口上的地址信息锁存。P0 口兼作 8 位数据总线 D7～D0，在 ALE 无效期间 P0 口传送指令和数据信息，即作数据总线口。另外，P2 口可用于输出地址高 8 位的 A15～A8，所以全部 16 位地址总线 A15～A0 分别由 P2 口和 P0 口锁存器构成。

MCS－51 引脚中的输出控制线，$\overline{\text{RD}}$、$\overline{\text{WR}}$、$\overline{\text{PSEN}}$、ALE 以及输入控制信号线，如$\overline{\text{EA}}$、$\overline{\text{INT0}}$、$\overline{\text{INT1}}$、RST、T0、T1 等构成了外部控制总线 CB。

8051 扩展的外部三总线示意图如图 1.12 所示。

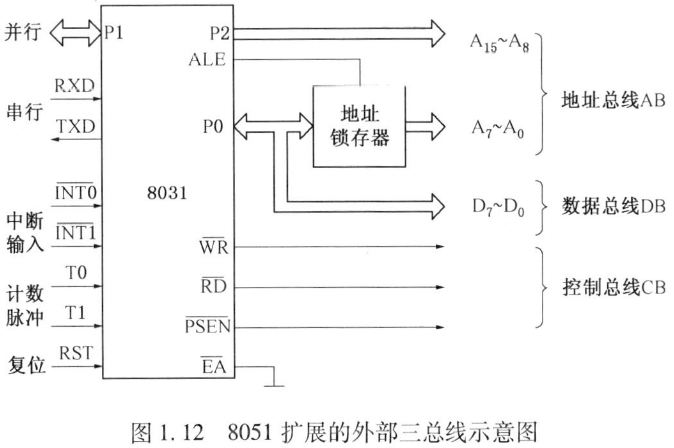

图 1.12 8051 扩展的外部三总线示意图

通常，用做地址锁存器的芯片有 74LS273、74LS377、74LS373、8282 等。图 1.13 所示

为部分地址锁存器的引脚图，以及它们用作地址锁存器的接法。

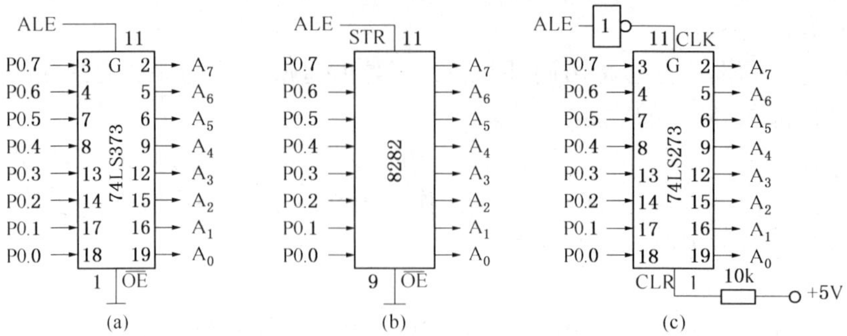

图 1. 13　地址锁存器的引脚和接口

1. 3. 2　外部程序存储器的扩展

1. 存储器的组成

它包括存储体、地址译码电路、片选和读/写控制、输入/输出电路四部分。

(1) 存储体

存储体是由大量存储单元组成的。每个存储单元包含一个或几个基本存储电路，以存放一位或几位二进制数，每一存储单元均有唯一确定的顺序编号或称地址。

(2) 地址译码电路

地址译码电路负责选中指定的存储单元。

(3) 片选和读/写控制

地址线选通了片内某个存储单元，但只有当片选信号有效，并在读/写信号控制下，才能对该存储单元进行指定的读或写操作。

(4) 数据输入/输出电路

数据输入/输出电路中有带三态门的输入锁存器和输出缓冲器，在片选和读/写信号控制下，实现数据的双向传送。

2. 外部程序存储器的操作时序

访问外部程序存储器操作时序如图 1. 14 所示。

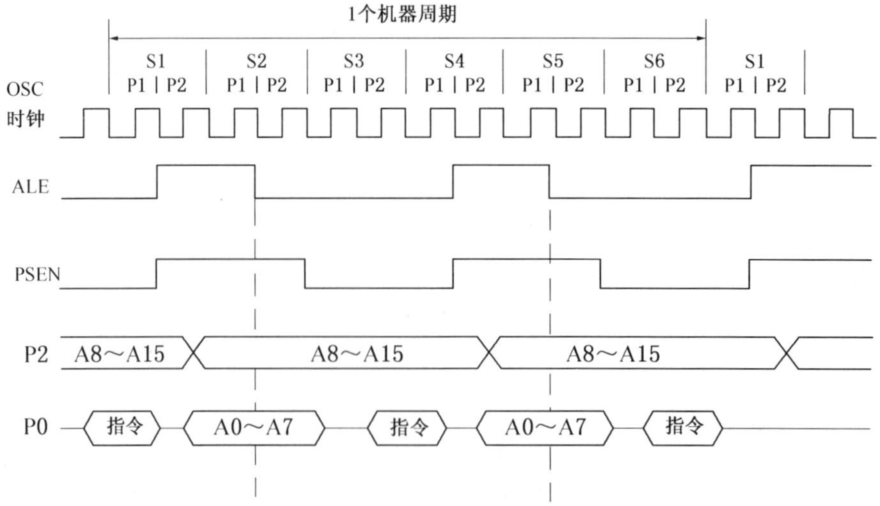

图 1. 14　外部程序存储器操作时序图

图 1.13 反映了地址、指令或数据、控制信号 $\overline{\text{PSEN}}$ 和 ALE 等相关信息在一个机器周期中的时间配合关系，其操作过程如下：

① 在 S1P2 时刻产生 ALE 信号。

② 由 P0、P2 口送出 16 位地址，由于 P0 口送出的低 8 位地址只保持到 S2P2，所以要利用 ALE 的下降沿信号将 P0 口送出的低 8 位地址信号锁存到地址锁存器中。而 P2 口送出的高 8 位地址在整个读指令的过程中都有效，因此不需要对其进行锁存。从 S2P2 起，ALE 信号失效。

③ 从 S3P1 开始，$\overline{\text{PSEN}}$ 开始有效，对外部程序存储器进行读操作，将选中的单元中的指令代码从 P0 口读入，S4P2 时刻，$\overline{\text{PSEN}}$ 失效。

④ 从 S4P2 后开始第二次读入，过程与第一次相似。

3. EPROM 存储器及其扩展

常用的 EPROM 芯片有 2716、2732、2764、27128、27256、27512 等。EPROM 的一般工作方式包括：

① 读方式：正常读 EPROM 内的数据；

② 维持方式：这时数据线输出呈高阻状态；

③ 编程方式：EPROM 写入的方式；

④ 编程校验方式：读出已固化的内容，校核是否正确 .

下面以 EPROM 27C64（容量为 8kB × 8 位）为例，介绍单片机扩展 EPROM 的方法。

（1）引脚功能

27C64 芯片的容量为 8kB，引脚数量共 28 条，其引脚排列如图 1.15 所示。

主要引脚功能如下：

① A0 ~ A12：地址线。

② I/O0 – I/O7：三态双向数据线。

③ $\overline{\text{CE}}$：片选信号线，低电平输入有效。

④ $\overline{\text{OE}}$：输出允许（读允许）信号线，低电平输入有效。

⑤ VPP：编程高压，13V。

⑥ $\overline{\text{PCM}}$：编程使能（写允许）信号线，低电平输入有效。

（2）8051 单片机与 27C64 的接口

若不考虑对 27C64 的编程功能，仅作为程序存储器使用，其接口如图 1.16 所示。

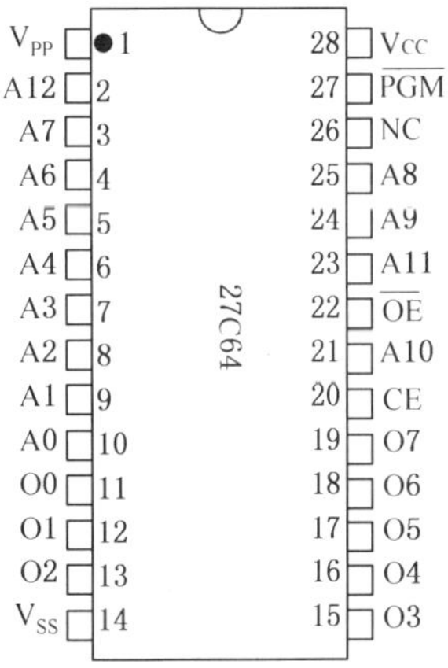

图 1.15　2764 芯片引脚排列图

① 地址线的连接：

Ⅰ. P0 口（P0.0 ~ P0.7）经地址锁存器与程序存储器的低 8 位地址线（A0 ~ A7）相连。

Ⅱ. P2 口（P2.0 ~ P2.7）与程序存储器的高 8 位地址线（A8 ~ A15）相连。

② 数据线的连接：

P0 口（P0.0 ~ P0.7）与程序存储器的 8 位数据线（D0 ~ D7）从低到高对应相连。

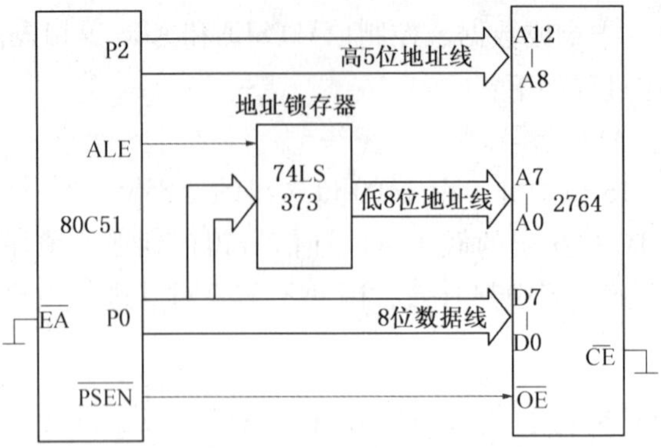

图 1.16　单片机与 EPROM27C64 的三总线连接

③ 控制线的连接：

a. 程序存储器读选通信号$\overline{\text{PSEN}}$接 EPROM 的输出允许$\overline{\text{OE}}$；

b. 单片机的 ALE 连接锁存器 74LS373 的锁存控制端；

c. 27C64 的片选信号$\overline{\text{CE}}$直接接地，使芯片总是处于选通状态。

d. 若使用无内部 ROM 的 8031 芯片，其$\overline{\text{EA}}$引脚总应接地，表示使用片外程序存储器。

4. 闪速存储器及其扩展

闪速存储器(Flash Memory)是一类非易失性存储器 NVM(Non - Volatile Memory)，即在无供电电源时仍能保持片内信息。而诸如 DRAM、SRAM 这类易失性存储器，若无供电电源则片内信息随即丢失。与 EPROM 相比较，FLASH 具有明显的优势——在系统电可擦除和可重复编程，而不需要特殊的高电压(某些早期的闪速存储器仍要求高电压来完成擦除和/或编程操作)；与 EEPROM 相比较，闪速存储器具有成本低、密度大的特点。其独特的性能使其广泛地运用于各个领域。

下面以 Atmel 公司生产的 CMOS 型 Flash 存储器 AT29C256(容量为 32K ×8 位)为例，介绍单片机扩展 Flash 的方法。

(1) 引脚功能

AT29C256 芯片的容量为 32kB，引脚数量共 28 条，其引脚排列如图 1. 17 所示。

主要引脚功能如下：

① A0 ~ A14：地址线。

② I/O0 – I/O7：三态双向数据线。

③ $\overline{\text{CE}}$：片选信号线，低电平输入有效。

④ $\overline{\text{OE}}$：输出允许(读允许)信号线，低电平输入有效。

⑤ $\overline{\text{WE}}$：写允许信号线，低电平输入有效。

(2) 8051 单片机与 AT29C256 的接口

图 1. 18 是 8051 单片机与 AT29C256 芯片典型的接口电路图。8051 单片机的 $\overline{\text{PSEN}}$ 和$\overline{\text{RD}}$相“与”后与 AT29C256 芯片的$\overline{\text{OE}}$端相连，8051 的$\overline{\text{WR}}$与 AT29C256 芯片的$\overline{\text{WE}}$相连，可实现对 AT29C256 芯片的读写信号的选通。以上扩展方式允许将 FLASH 兼作程序/数据存储器，即除作为程序存储器使用外，单片机也可使用 MOVX 指令读写该芯片。

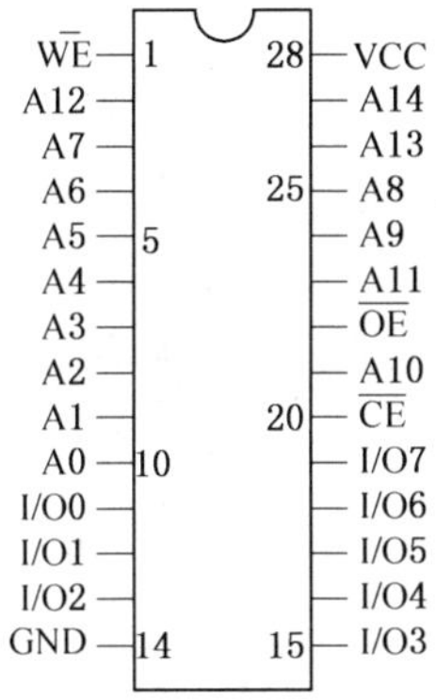

图 1.17　AT29C256 芯片引脚排列图

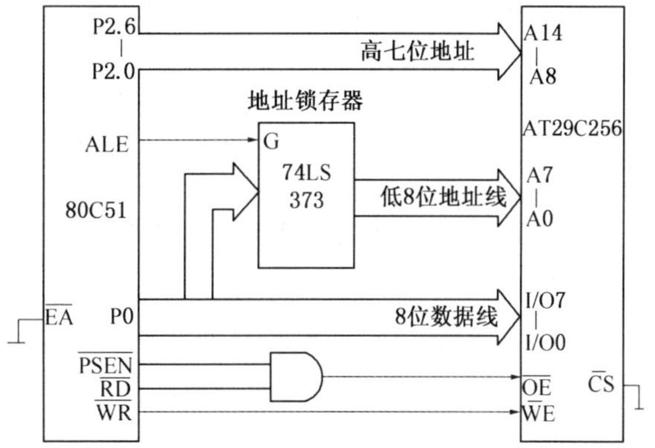

图 1.18　80C51 单片机与 AT29C256 芯片的接口电路

1.3.3　外部数据存储器的扩展

1. 数据存储器扩展

扩展数据存储器和扩展程序存储器的方法类似，由 P2 口提供高 8 位地址，P0 口分时提供低 8 位地址和 8 位数据总线。片外数据存储器的读与写由 8051 的$\overline{RD}$和$\overline{WE}$信号控制。所以，虽然片外数据存储器的地址与程序存储器的地址重叠，但不会发生总线冲突。

（1）低 8 位地址线寻址的外部数据区

此区域寻址空间为 256 个字节。CPU 可以使用下列读写指令来访问此存储区。

① 读存储器数据指令：MOVX　　A ，@ Ri

② 写存储器数据指令：MOVX　　@ Ri，A

由于 8 位寻址指令占字节少，程序运行速度快，所以经常采用。

（2）16 位地址线寻址的外部数据区

当外部 RAM 容量较大，要访问 RAM 地址空间大于 256 个字节时，则要采用如下 16 位寻址指令。

① 读存储器数据指令：MOVX　　A ，@ DPTR

② 写存储器数据指令：MOVX　　@ DPTR ，A

由于 DPTR 为 16 位的地址指针，故可寻址 64KRAM 字节单元。

2. 外部数据存储器的操作时序

图 1.19 给出了外部数据存储器的读/写操作时序。该时序包含两个机器周期，第一周期为取指周期，第二周期为读/写周期。

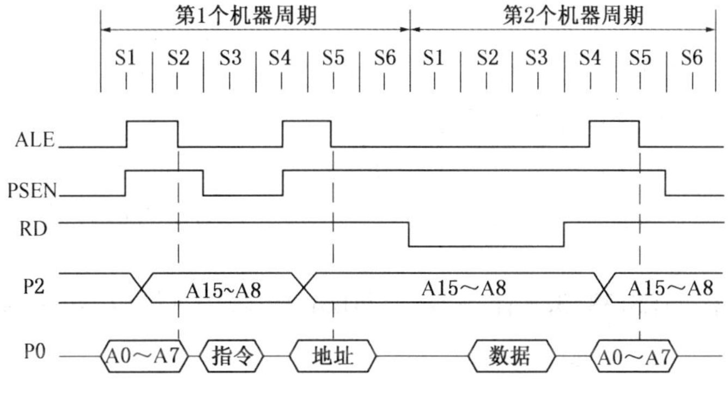

图 1.19　外部数据存储器的操作时序

访问外部数据存储器的操作过程如下：

① 从第 1 次 ALE 有效到第 2 次 ALE 开始有效期间，P0 口送出外部 ROM 单元的低 8 位地址，P2 口送出外部 ROM 单元的高 8 位地址，并在$\overline{PSEN}$有效期间，读入外部 ROM 单元中的指令代码。

② 在第 2 次 ALE 有效后，P0 口送出外部 RAM 单元的低 8 位地址，P2 口送出外部 RAM 单元高 8 位地址。

③ 在第 2 个机器周期，第 1 次 ALE 信号不再出现，此时$\overline{PSEN}$也失效，并在第 2 个机器周期的 S1P1 时，$\overline{RD}$信号开始有效，从 P0 口读入选中 RAM 单元中的内容。

3. 数据存储器扩展方法

目前，常用的静态 SRAM 芯片有 6116、6264、62256 等。下面以 6264(8K×8 位)芯片为例，讨论 RAM 的扩展方法。

如图 1.20 为 6264 芯片引脚图，引脚数共 28 条。

各主要引脚功能如下：

① A0～A12：地址输入线；

② D0～D7：三态双向数据线；

③ $\overline{CE_1}$：片选信号输入线，低电平有效；

④ $\overline{OE}$：读选通信号输入线，低电平有效；

⑤ $\overline{WE}$：写选通信号输入线，低电平有效；

⑥ CE_2：6264 的片选信号输入线，高电平有效，可用于掉电保护。

图 1.21 为 8051 与 6264 的接口电路。片选信号线 CE_2 接高电平，保持一直有效状态，并可实现断电保护。

由图 1.21 中可见，ALE 把 P0 端口输出的低 8 位地址 A0～A7 锁存在 74LS373，P2 口的 P2.0～P2.4 直接输出至高 5 位地址 A8～A12，由于单片机的$\overline{RD}$和$\overline{WR}$分别与 6264 的输出允许$\overline{OE}$和写信号$\overline{WE}$相连。执行读操作指令时，$\overline{RD}$使$\overline{OE}$有效，6264RAM 中指定地址单元的数据经 D0～D7 由 P0 口读入；执行写指令时，$\overline{WR}$使$\overline{WE}$有效，由 P0 口提供的要写入 RAM 的数据经 D0～D7 写入 6264 的指定地址单元中。

以上仅考虑扩展单片的程序/数据存储器，若需扩展多片存储器，则可仿照上图的连线，把若干根高位地址线直接连到各个存储器芯片的片选端，这种扩展方法称为线选法。线选方式的电路连接简单，其缺点是高位地址线的寻址能力得不到充分利用，造成存储器的部分空间浪费，且构成的存储系统单元地址不连续。

除了线选法，产生片选信号的另一种常用方法是译码法，是将片内寻址的低位地址线以外的高位地址线，全部或部分输入到译码器进行译码，利用译码器的输出作为各存储器芯片的片选信号。

常用的译码器有 74LS138(3/8 译码器)、74LS139(双 2/4 译码器)、74LS154(4/16 译码器)等。

图 1.22 给出采用译码法产生片选$\overline{CE}$，从而扩展多片 RAM、ROM 的接口电路，图中，

各片存储器的存取地址分别是：

① IC0(2764)：0000－1FFFH；

② IC1(2764)：2000－3FFFH；

③ IC2(6264)：4000－5FFFH；

④ IC3(6264)：6000－7FFFH；

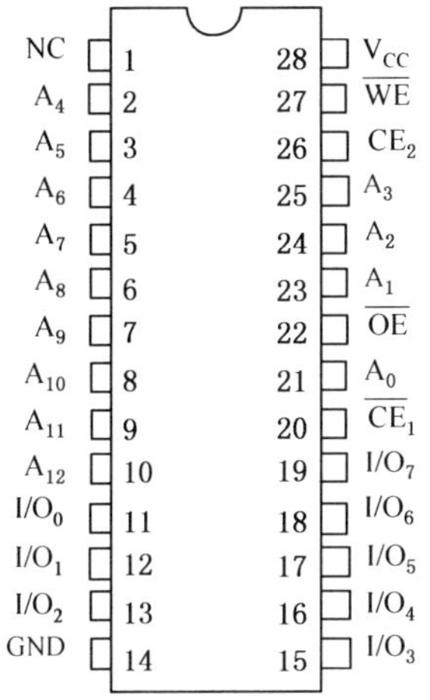

图 1.20　6264 芯片引脚图

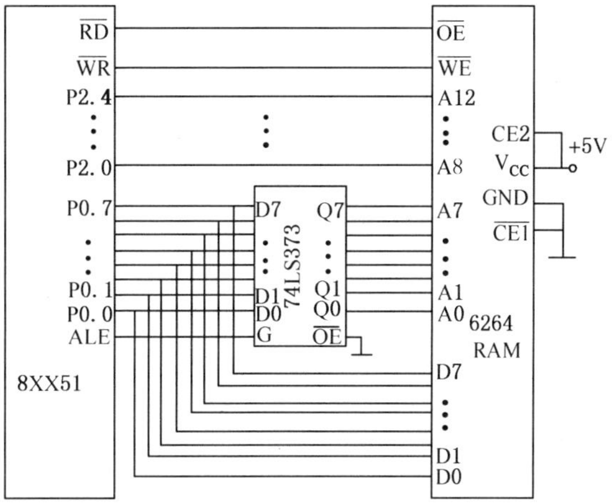

图 1.21　8051 与 6264 的接口电路

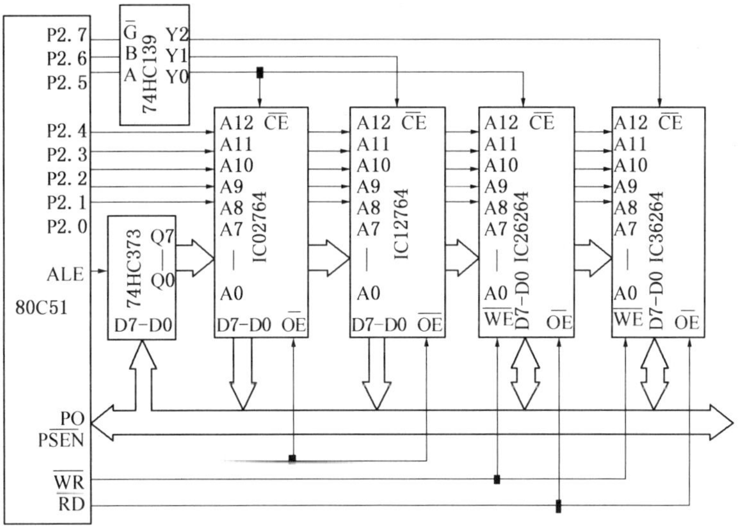

图 1.22　采用译码法扩展多片 RAM、ROM 的接口电路

1.4　8051 指令系统

1.4.1　指令基本格式

指令是指示单片机执行某些操作的命令，指令的基本格式为：

标号：　　操作码　　操作数；注释

其中标号表示指令的符号地址；操作码表示指令的操作功能；操作数是参加操作的数据

或数据地址。8051 单片机共有 111 条指令，可细分为单字节、2 字节和 3 字节指令。

1.4.2 寻址方式

寻址就是寻找操作数的地址。8051 单片机的寻址方式有以下 7 种。

(1) 立即寻址

立即寻址是直接给出操作数，操作数前应有立即数符“#”。

【例】

MOV A，#12H；将立即数 12H 传送至 A 中

MOV DPTR，#1234H；将立即数 1234H 传送至 DPTR

(2) 直接寻址

直接寻址是给出操作数的直接地址。直接寻址范围为内部 RAM 128 字节和特殊功能寄存器。

【例】

MOV A，30H；将内部 RAM 30H 单元中的数据传送至 A 中

MOV A，P0；将特殊功能寄存器 P0 口中的数据传送至 A 中

(3) 寄存器寻址

寄存器寻址的操作数在规定的寄存器中。

规定的寄存器有：

① 工作寄存器 R0 ~ R7；

② 累加器 A；

③ 双字节 AB；

④ 数据指针 DPTR；

⑤ 位累加器 Cy。

这些被寻址寄存器中的内容就是操作数。

【例】

MOV A，R0；将 R0 中的数据传送至 A 中

(4) 寄存器间接寻址

此种寻址方式下，寄存器中给出的是相应操作数的地址。一般地，间接寻址用间址符“@”作为前缀(堆栈操作除外，其地址指针隐含在堆栈指针 SP 中)。

【例】

MOV A，@R0；将以 R0 中内容为地址的存储单元中数据传送至 A 中

MOVX A，@DPTR；将外 RAM DPTR 所指存储单元中数据传送至 A 中

PUSH PSW；将 PSW 中数据传送至堆栈指针 SP 所指存储单元中

(5) 变址寻址

在变址寻址中，操作数地址 = 基址 + 变址。

【例】

MOVC A，@A + DPTR；将 A 的内容与 DPTR 内容相加，得到一个新地址，；从该地址 ROM 中读取数据送入 A 中。

(6) 相对寻址

相对寻址一般用于相对转移指令，转移目的地址 = 当前 PC 值 + 相对偏移量 rel。

(7) 位寻址

位寻址是对内部 RAM20H ~ 2FH 区域和特殊功能寄存器中的可寻址位进行操作的寻址

方式。

【例】

MOV　C，07H；将位地址07H(字节地址20H中最高位)中的数据传送至进位位Cy。

1.4.3　指令说明

8051指令系统按功能可分为数据传送类、算术运算类、逻辑运算类、位操作类和控制转移类等5大类指令。

1. 数据传送类指令

传送指令有许多不同形式，主要取决于源操作数和目的操作数。传送指令不破坏源数据，只是把源数据拷贝到目的地址。

(1) 片内RAM数据传送指令

以累加器A为目的字节的传送指令(4条)：

① MOV　A，Rn；Rn→A，n=0~7；

② MOV　A，@Ri；(Ri)→A，i=0、1；

③ MOV　A，direct；(direct)→A；

④ MOV　A，#data；data→A。

以工作寄存器Rn为目的字节的传送指令(3条)：

① MOV　Rn，A；A→Rn，n=0~7；

② MOV　Rn，direct；(direct)→Rn，n=0~7；

③ MOV　Rn，#data；data→Rn，n=0~7；

以直接地址为目的字节的传送指令(5条)：

① MOV　direct，A；A→(direct)；

② MOV　direct，Rn；Rn→(direct)，n=0~7；

③ MOV　direct，@Ri；(Ri)→(direct)，i=0、1；

④ MOV　direct1，direct2；(direct2)→(direct1)；

⑤ MOV　direct，#data；data→(direct)。

以寄存器间址为目的字节的传送指令(3条)：

① MOV　@Ri，A；A→(Ri)，i=0、1；

② MOV　@Ri，direct；(direct)→(Ri)，i=0、1；

③ MOV　@Ri，#data；data→(Ri)，i=0、1。

(2) 16位数据传送指令

MOV　DPTR，#data16；data16→DPTR。

【例】

MOV　DPTR，#1234H；DPTR=1234H

该指令也可以用两条8位数据传送指令实现：

【例】

MOV　DPH，#12H；DPH=12H

MOV　DPL，#34H；DPL=34H，DPTR=1234H

(3) 片外RAM传送指令(4条)

主要依靠这种指令访问片外RAM，又可具体分成两类。

1) 直接使用16位地址方式，数据的间接地址由DPTR提供：

【例】

① MOVX　A，@DPTR；(DPTR)→A；

② MOVX　@DATR，A；A→(DATR)。

2）使用页地址方式，数据的间接地址由 R0 或 R1 提供，仅输出 8 位地址到 P0 口，不影响 P2 口，使用这种指令前一般还需提前将地址高位构成的页选择信号输出到 P2。

① MOVX　A，@Ri；(Ri)→A，i=0、1；

② MOVX　@Ri，A；A→(Ri)，i=0、1。

(4) 读 ROM 指令(2 条)

访问程序空间，常用来取程序存储器中的表格数据。

① MOVC　A，@A+DPTR；(A+DPTR)→A；

② MOVC　A，@A+PC；PC+1→PC，(A+PC)→A。

(5) 堆栈操作指令(2 条)

堆栈是一个特殊的存储区，用来暂存数据和地址，它是按“先进后出”的原则存取数据的。堆栈共有两种操作：进栈和出栈。

由于 8051 单片机的堆栈设在内部 RAM 中，因此堆栈指针 SP(Stack Pointer)是一个 8 位寄存器，由于 SP 可初始化为不同值，因此堆栈位置是浮动的。系统复位后，SP 的内容为 07H，故系统复位后堆栈实际上是从 08H 单元开始的，并向高地址单元延伸。由于 08H ~ 1FH 位于工作寄存器组区，而 20H ~ 2FH 位于位寻址区。通常程序中若使用堆栈操作，应先将 SP 修改为一个较大的值。

①PUSH　direct；SP+1→SP，(direct)→(SP)。

PUSH 为入栈指令。

【例】

PUSH　30H；(30H)=12H；SP=07H，具体操作是：

先将堆栈指针 SP 的内容(07H)加 1，指向堆栈顶的一个空单元，此时 SP=08H；

然后将指令指定的直接寻址单元 30H 中的数据(12H)送到该空单元中。

② POP　direct；(SP)→(direct)，SP-1→SP。

POP 为出栈指令。

【例】

POP　30H；(30H)=12H，SP=08H，具体操作是：

先将 SP 所指单元 08H(栈顶地址)中的数据(12H)弹出，送到指定的内 RAM 单元 30H，(30H)=12H；

然后 SP-1→SP，SP=07H，SP 仍指向栈顶地址。

(6) 交换指令(5 条)

① 字节交换指令。

XCH　A，Rn；A←→Rn，n=0 ~ 7；

XCH　A，@Ri；A←→(Ri)，i=0、1；

XCH　A，direct；A←→(direct)。

② 半字节交换指令。

XCHD　A，@Ri；A3 ~ 0←→(Ri)3 ~ 0 高 4 位不变。i=0、1。

③ 累加器高低四位互换。

SWAP　A；A7 ~ 4←→A3 ~ 0。

2. 算术运算类指令

所有的算术运算都是 8 位的。除了加 1 和减 1 指令，其他的算术运算指令均将结果存放到累加器中，故将改变原累加器的内容。

（1）不带 Cy 加法指令(4 条)

不把进位标志加到最低位，但产生进位结果。

① ADD　A，Rn；A + Rn→A(n = 0 ~ 7)；有进位，Cy = 1；无进位，Cy = 0；

② ADD　A，@Ri；A + (Ri)→A(i = 0、1)；有进位，Cy = 1；无进位，Cy = 0；

③ ADD　A，direct；A + (direct)→A；有进位，Cy = 1；无进位，Cy = 0；

④ ADD　A，#data；A + data→A；有进位，Cy = 1；无进位，Cy = 0。

（2）带 Cy 加法指令(4 条)

① ADDC　A，Rn；A + Rn + Cy→A(n = 0 ~ 7)；有进位，Cy = 1；无进位，Cy = 0；

② ADDC　A，@Ri；A + (Ri) + Cy→A(i = 0、1)；有进位，Cy = 1；无进位，Cy = 0；

③ ADDC　A，direct；A + (direct) + Cy→A；有进位，Cy = 1；无进位，Cy = 0；

④ ADDC　A，#data；A + data + Cy→A；有进位，Cy = 1；无进位，Cy = 0。

（3）减法指令(4 条)

没有不带借位标志的减法指令。被减数≪减数将产生借位位。

① SUBB　A，Rn；A - Rn - Cy→A，(n = 0 ~ 7)；有借位，Cy = 1；无借位，Cy = 0；

② SUBB　A，@Ri；A - (Ri) - Cy→A，(n = 0 ~ 1)；有借位，Cy = 1；无借位，Cy = 0；

③ SUBB　A，direct；A - direct - Cy→A；有借位，Cy = 1；无借位，Cy = 0；

④ SUBB　A，#data；A - data - Cy→A；有借位，Cy = 1；无借位，Cy = 0。

（4）加 1 减 1 指令

① 加 1 指令(5 条)。

INC　A；A + 1→A；

INC　Rn；Rn + 1→Rn，n = 0 ~ 7；

INC　@Ri；(Ri) + 1→(Ri)，i = 0、1；

INC　direct；(direct) + 1→(direct)；

INC　DPTR；DPTR + 1→DPTR。

② 减 1 指令(4 条)。

DEC　A；A - 1→A；

DEC　Rn；Rn - 1→Rn，n = 0 ~ 7；

DEC　@Ri；(Ri) - 1→(Ri)，i = 0、1；

DEC　direct；(direct) - 1→(direct)。

加 1 减 1 指令涉及到 A 时，会影响 P 标志，但不影响其他标志位。

（5）BCD 码调整指令 DA

DA(Decimal - Adjust)累加器 A 的十进制调整。若已完成 BCD 的加法，AC 标志置位或任一高、低位的值超过 9，那么指令做加 00H、06H、60H、66H 修正，以得到其对应的十进制形式。

DA　A

(6) 乘除法指令

① 乘法指令(1 条)。

累加器 A 内容乘以寄存器 B 内容，产生的 16 位结果在累加器 A(低 8 位)和寄存器 B (高 8 位)中。若结果超出 8 位，则溢出标志置位，进位标志总清零。

MUL　AB；A × B→BA

② 除法指令(1 条)。

累加器 A 内容除以寄存器 B 内容，商存放在 A 中，余数存放在 B 中。进位和溢出标志总清零。

DIV　AB；(A ÷ B)商→A，余数→B；Cy = 0，OV = 0。

3. 逻辑运算及移位指令

逻辑运算允许变量的位操作。

(1) 逻辑“与”运算指令(6 条)

① ANL　A，Rn；A ∧ Rn→A；

② ANL　A，@ Ri；A ∧ (Ri)→A；

③ ANL　A，#data；A ∧ data→A；

④ ANL　A，direct；A ∧ (direct)→A；

⑤ ANL　direct，A；(direct) ∧ A→direct；

⑥ ANL　direct，#data；(direct) ∧ data→direct。

(2) 逻辑“或”运算指令(6 条)

① ORL　A，Rn；A ∨ Rn→A；

② ORL　A，@ Ri；A ∨ (Ri)→A；

③ ORL　A，#data；A ∨ data→A；

④ ORL　A，direct；A ∨ (direct)→A；

⑤ ORL　direct，A；(direct) ∨ A→direct；

⑥ ORL　direct，#data；(direct) ∨ data→direct。

(3) 逻辑“异或”运算指令(6 条)

① XRL　A，Rn；A ⊕ Rn→A；

② XRL　A，@ Ri；A ⊕ (Ri)→A；

③ XRL　A，#data；A ⊕ data→A；

④ XRL　A，direct；A ⊕ (direct)→A；

⑤ XRL　direct，A；(direct) ⊕ A→direct；

⑥ XRL　direct，#data；(direct) ⊕ data→direct。

(4) 清零和取反指令

① CLR　A；0→A。

② CPL　A；$\overline{A}$→A。

(5) 循环移位指令(4 条)

① 循环左移：RL　A。

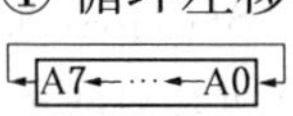

② 带 Cy 循环左移：RLC　A。

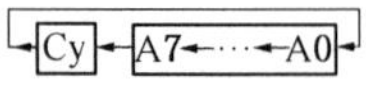

③ 循环右移：RR　A。

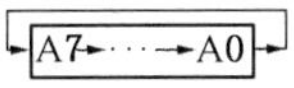

④ 带 Cy 循环右移：RRC　A。

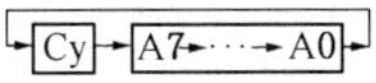

4. 位操作类指令

(1) 位传送指令(2 条)

① MOV　C，bit；(bit)→Cy；

② MOV　bit，C；Cy→bit。

(2) 位修正指令(6 条)

① 位清 0 指令：

CLR　C；0→C

CLR　bit；0→bit

② 位取反指令：

CPL　C；$\overline{C}$→C

CPL　bit；$\overline{(bit)}$→bit

③ 位置 1 指令：

SETB　C；1→C

SETB　bit；1→bit

(3) 位逻辑运算指令(4 条)

① 位逻辑“与”运算指令：

ANL　C，bit；C∧(bit)→C

ANL　C，/bit；C∧$\overline{(bit)}$→C

② 位逻辑“或”运算指令：

ORL　C，bit；C∨(bit)→C

ORL　C，/bit；C∨$\overline{(bit)}$→C

5. 控制转移类指令

(1) 无条件转移指令(3 条)

① 长转移指令。

LJMP　　addr16；addr15～0→PC，PC15～11 不变

② 短转移指令。

AJMP　　addr11；PC+2→PC，addr10～0→PC10～0，

③ 相对转移指令。

SJMP　　rel；PC+2→PC，PC+rel→PC

④ 间接转移指令(散转指令)。

JMP　@A+DPTR；A+DPTR→PC

LJMP、AJMP、SJMP 三条无条件转移指令的区别：

转移范围不一样。LJMP 转移范围是 64kB；AJMP 转移范围是与当前 PC 值同一 2kB 区域内；SJMP 转移范围是当前 PC－128～＋127B。使用 AJMP 和 SJMP 指令应注意转移目标地

址是否在转移范围内，若超出范围，程序将出错。

指令字节不一样。LJMP 是 3 字节指令；AJMP、SJMP 是 2 字节指令。

(2) 条件转移指令(13 条)

条件转移指令根据判断条件可分为：判 C 转移、判 bit 转移、判 A 转移、减 1 非 0 转移、比较不相等转移指令。若满足条件，则转移；不满足条件，则程序顺序执行。

① 判 C 转移指令(2 条)。

C =1 转移指令：

JC　rel；PC +2→PC；若 Cy =1，则转移；反之，程序顺序执行。

C =0 转移指令：

JNC　rel；PC +2→PC；若 Cy =0，则转移；反之，程序顺序执行。

② 判 bit 转移指令(3 条)。

(bit) =1 转移指令：

JB　bit，rel；PC +3→PC；若(bit) =1，则转移；反之，程序顺序执行。

(bit) =0 转移指令：

JNB bit，rel；PC +3→PC；若(bit) =0，则转移；反之，程序顺序执行。

(bit) =1 转移并清 0 指令：

JBC bit，rel；PC +3→PC；若(bit) =1，则转移，且 0→(bit)；反之，程序顺序执行。

③ 判 A 转移指令(2 条)。

A =0 转移指令：

JZ　rel；PC +2→PC；若 A =0，则转移；反之，则程序顺序执行

A≠0 转移指令：

JNZ　rel；PC +2→PC；若 A≠0，则转移；反之，程序顺序执行

④ 减 1 非 0 转移指令(2 条)。

DJNZ Rn，rel；PC +2→PC ；Rn -1→Rn，若 Rn≠0，则转移；
　　　　　　　　　　　　；反之，程序顺序执行

DJNZ direct，rel ；PC +3→PC，(direct) -1→direct；若(direct)≠0，则转移；
　　　　　　　　；反之，程序顺序执行

⑤ 比较转移指令(4 条)。

CJNE A，direct，rel ；PC +3→PC；若 A≠(direct)，则转移；
　　　　　　　　　　；反之，程序顺序执行。同时影响 Cy 标志。

CJNE A，#data，rel ；PC +3→PC；若 A≠data，，则转移；
　　　　　　　　　　；反之，程序顺序执行。同时影响 Cy 标志。

CJNE Rn，#data，rel ；PC +3→PC；若 Rn≠data，则转移；
　　　　　　　　　　；反之，程序顺序执行。同时影响 Cy 标志。

CJNE @Ri，#data，rel ；PC +3→PC；若(Ri)≠data，则转移；
　　　　　　　　　　　；反之，程序顺序执行。同时影响 Cy 标志。

(3) 调用和返回指令

① 长调用指令。

LCALL　addr16

LCALL 指令执行步骤：

产生当前 PC：PC +3→PC，（ PC +3 是因为该指令为三字节指令 ）
断点地址低 8 位保存到堆栈中：SP +1→SP，（PC)0 ~7→(SP)
断点地址高 8 位保存到堆栈中：SP +1→SP，（PC)8 ~15→(SP)
形成转移目标地址：addr16→PC
② 短调用指令。
ACALL　addr11
ACALL 指令执行步骤：
产生当前 PC：PC +2→PC，（ PC +2 是因为该指令为双字节指令 ）
断点地址低 8 位保存到堆栈中：SP +1→SP，（PC)0 ~7→(SP)
断点地址高 8 位保存到堆栈中：SP +1→SP，（PC)8 ~15→(SP)
形成转移目标地址：addr11→PC0 ~10，PC11 ~15 不变
③ 返回指令。
返回指令有子程序返回和中断返回两种：
RET；子程序返回
RETI；中断返回
返回指令执行步骤：
(SP)→PC8 ~15，SP -1→SP；
(SP)→PC0 ~7，SP -1→SP。
(4) 空操作指令(1 条)
NOP；PC +1→PC
NOP 为单机器周期指令，在时间上占用一个机器周期，常用于延时时间的"微调"。

1.4.4　伪指令

伪指令不属于 8051 指令系统，仅在汇编时起控制作用，自身并不产生机器码。常用的伪指令有以下几种：

(1) 起始伪指令 ORG(Origin)

格式：ORG　16 位地址

功能：规定 ORG 下面目标程序段的起始地址。在一个源程序中，可以多次使用 ORG 规定不同程序段的起始位置，但定义的地址顺序应该是从小到大的。

(2) 结束伪指令 END

格式：END。

功能：汇编语言源程序的结束标志。一个源程序只能在全部程序最后使用 END，对于 END 后面的指令，汇编器不再处理。

(3) 等值伪指令 EQU(Equate)

格式：字符名称　EQU　数据或汇编符号。

功能：将一个数据或特定的汇编符号赋予规定的字符名称。

(4) 数据地址赋值伪指令 DATA。

格式：字符名称　DATA　表达式。

功能：将数据地址或代码地址赋予规定的字符名称。

(5) 定义字节伪指令 DB(Define Byte)

格式：DB　8 位二进制数表。

功能：从指定的地址单元开始，定义若干个8位数据，多个数据之间可用“，”分隔。

(6) 定义字伪指令 DW(Define Word)

格式：DW　16位二进制数表。

功能：从指定的地址单元开始，定义若干个16位数据。

(7) 定义位地址伪指令 BIT

格式：字符名称　BIT　位地址。

功能：将位地址赋予所规定的字符名称

1.4.5　指令系统表

8051 指令系统共有111条指令，下面是指令中常用符号的含义：

① #：立即数符。

#data：8位立即数；#data16：16位立即数。

② direct：8位直接地址。

代表片内 RAM 00H ~ 7FH 或 SFR 的 80H ~ FFH。

③ @：间接寻址符。

如@ Ri，@ DPTR，@ A + PC，@ A + DPTR。

④ addr11：11位目的地址。

⑤ addr16：16位目的地址。

⑥ rel：带符号的8位偏移地址。

用于转移指令，其范围是相对于下一条指令第1字节地址的 -128 ~ +127 个字节。

⑦ bit：位地址。

代表片内 RAM 中的可寻址位 00H ~ 7FH 及 SFR 中的可寻址位。

每条指令的助记符、含义、字节数和执行指令所需要的振荡周期见表1.7。

表 1.7　8051 指令系统

数据传送类指令					
序号	助记符		功能	字节数	振荡周期
1	MOV	A,Rn	寄存器内容送入累加器	1	12
2	MOV	A,direct	直接地址单元中的数据送入累加器	2	12
3	MOV	A,@Ri	间接 RAM 中的数据送入累加器	1	12
4	MOV	A,#data	立即数送入累加器	2	12
5	MOV	Rn,A	累加器内容送入寄存器	1	12
6	MOV	Rn,direct	直接地址单元中的数据送入寄存器	2	24
7	MOV	Rn,#data	立即数送入寄存器	2	12
8	MOV	direct,A	累加器内容送入直接地址单元	2	12
9	MOV	direct,Rn	寄存器内容送入直接地址单元	2	24
10	MOV	direct,direct	直接地址单元中的数据送入另一个直接地址单元	3	24
11	MOV	direct,@Ri	间接 RAM 中的数据送入直接地址单元	2	24
12	MOV	direct,#data	立即数送入直接地址单元	3	24
13	MOV	@Ri,A	累加器内容送间接 RAM 单元	1	12
14	MOV	@Ri,direct	直接地址单元数据送入间接 RAM 单元	2	24
15	MOV	@Ri,#data	立即数送入间接 RAM 单元	2	12
16	MOV	DRTR,#data16	16位立即数送入地址寄存器	3	24
17	MOVC	A,@A+DPTR	以 DPTR 为基地址变址寻址单元中的数据送入累加器	1	24
18	MOVC	A,@A+PC	以 PC 为基地址变址寻址单元中的数据送入累加器	1	24
19	MOVX	A,@Ri	外部 RAM(8位地址)送入累加器	1	24

续表

序号	助记符		功能	字节数	振荡周期
数据传送类指令					
20	MOVX	A,@DPTR	外部RAM(16位地址)送入累加器	1	24
21	MOVX	@Ri,A	累计器送外部RAM(8位地址)	1	24
22	MOVX	@DPTR,A	累计器送外部RAM(16位地址)	1	24
23	PUSH	direct	直接地址单元中的数据压入堆栈	2	24
24	POP	direct	弹栈送直接地址单元	2	24
25	XCH	A,Rn	寄存器与累加器交换	1	12
26	XCH	A,direct	直接地址单元与累加器交换	2	12
27	XCH	A,@Ri	间接RAM与累加器交换	1	12
28	XCHD	A,@Ri	间接RAM的低半字节与累加器交换	1	12
布尔变量操作类指令					
1	CLR	C	清进位位	1	12
2	CLR	bit	清直接地址位	2	12
3	SETB	C	置进位位	1	12
4	SETB	bit	置直接地址位	2	12
5	CPL	C	进位位求反	1	12
6	CPL	bit	置直接地址位求反	2	12
7	ANL	C,bit	进位位和直接地址位相“与”	2	24
8	ANL	C,/bit	进位位和直接地址位的反码相“与”	2	24
9	ORL	C,bit	进位位和直接地址位相“或”	2	24
10	ORL	C,/bit	进位位和直接地址位的反码相“或”	2	24
11	MOV	C,bit	直接地址位送入进位位	2	12
12	MOV	bit,C	进位位送入直接地址位	2	24
13	JC	rel	进位位为1则转移	2	24
14	JNC	rel	进位位为0则转移	2	24
15	JB	bit,rel	直接地址位为1则转移	3	24
16	JNB	bit,rel	直接地址位为0则转移	3	24
17	JBC	bit,rel	直接地址位为1则转移,该位清零	3	24
逻辑操作数指令					
1	ANL	A,Rn	累加器与寄存器相“与”	1	12
2	ANL	A,direct	累加器与直接地址单元相“与”	2	12
3	ANL	A,@Ri	累加器与间接RAM单元相“与”	1	12
4	ANL	A,#data	累加器与立即数相“与”	2	12
5	ANL	direct,A	直接地址单元与累加器相“与”	2	12
6	ANL	direct,#data	直接地址单元与立即数相“与”	3	24
7	ORL	A,Rn	累加器与寄存器相“或”	1	12
8	ORL	A,direct	累加器与直接地址单元相“或”	2	12
9	ORL	A,@Ri	累加器与间接RAM单元单元相“或”	1	12
10	ORL	A,#data	累加器与立即数相“或”	2	12
11	ORL	direct,A	直接地址单元与累加器相“或”	2	12
12	ORL	direct,#data	直接地址单元与立即数相“或”	3	24
13	XRL	A,Rn	累加器与寄存器相“异或”	1	12
14	XRL	A,direct	累加器与直接地址单元相“异或”	2	12
15	XRL	A,@Ri	累加器与间接RAM单元单元相“异或”	1	12
16	XRL	A,#data	累加器与立即数相“异或”	2	12
17	XRL	direct,A	直接地址单元与累加器相“异或”	2	12
18	XRL	direct,#data	直接地址单元与立即数相“异或”	3	24
19	CLR	A	累加器清“0”	1	12
20	CPL	A	累加器求反	1	12
21	RL	A	累加器循环左移	1	12

续表

数据传送类指令					
序号	助记符		功能	字节数	振荡周期
22	RLC	A	累加器带进位位循环左移	1	12
23	RR	A	累加器循环右移	1	12
24	RRC	A	累加器带进位位循环右移	1	12
25	SWAP	A	累加器半字节交换	1	12
控制转移类指令					
1	ACALL	addr11	绝对(短)调用子程序	2	24
2	LCALL	addr16	长调用子程序	3	24
3	RET		子程序返回	1	24
4	RETI		中数返回	1	24
5	AJMP	addr11	绝对(短)转移	2	24
6	LJMP	addr16	长转移	3	24
7	SJMP	rel	相对转移	2	24
8	JMP	@ A + DPTR	相对于 DPTR 的间接转移	1	24
9	JZ	rel	累加器为零转移	2	24
10	JNZ	rel	累加器非零转移	2	24
11	CJNE	A,direct,rel	累加器与直接地址单元比较,不相等则转移	3	24
12	CJNE	A,#data,rel	累加器与立即数比较,不相等则转移	3	24
13	CJNE	Rn,#data,rel	寄存器与立即数比较,不相等则转移	3	24
14	CJNE	@ Ri,#data,rel	间接 RAM 单元与立即数比较,不相等则转移	3	24
15	DJNZ	Rn,rel	寄存器减 1,非零转移	3	24
16	DJNZ	direct,erl	直接地址单元减 1,非零转移	3	24
17	NOP		空操作	1	12
算术操作类指令					
1	ADD	A,Rn	寄存器内容加到累加器	1	12
2	ADD	A,direct	直接地址单元的内容加到累加器	2	12
3	ADD	A,@ Ri	间接 ROM 的内容加到累加器	1	12
4	ADD	A,#data	立即数加到累加器	2	12
5	ADDC	A,Rn	寄存器内容带进位加到累加器	1	12
6	ADDC	A,direct	直接地址单元的内容带进位加到累加器	2	12
7	ADDC	A,@ Ri	间接 ROM 的内容带进位加到累加器	1	12
8	ADDC	A,#data	立即数带进位加到累加器	2	12
9	SUBB	A,Rn	累加器带借位减寄存器内容	1	12
10	SUBB	A,direct	累加器带借位减直接地址单元的内容	2	12
11	SUBB	A,@ Ri	累加器带借位减间接 RAM 中的内容	1	12
12	SUBB	A,#data	累加器带借位减立即数	2	12
13	INC	A	累加器加 1	1	12
14	INC	Rn	寄存器加 1	1	12
15	INC	direct	直接地址单元加 1	2	12
16	INC	@ Ri	间接 RAM 单元加 1	1	12
17	DEC	A	累加器减 1	1	12
18	DEC	Rn	寄存器减 1	1	12
19	DEC	direct	直接地址单元减 1	2	12
20	DEC	@ Ri	间接 RAM 单元减 1	1	12
21	INC	DPTR	地址寄存器 DPTR 加 1	1	24
22	MUL	AB	A 乘以 B	1	48
23	DIV	AB	A 除以 B	1	48
24	DA	A	累加器十进制调整	1	12

1.5　实用汇编程序设计

1.5.1　顺序程序

顺序程序是指按顺序依次执行的程序，顺序程序结构是构成其他复杂程序的基础。

【例 1.1】　已知 16 位二进制负数存放在 R1R0 中，试求其补码，并将结果存放于 R3R2 中。

解：二进制负数的求补方法可归结为“求反加 1”，符号位不变。利用 CPL 指令实现求反；加 1 时，则应低 8 位先加 1，高 8 位再加上低位的进位。注意这里不能用 INC 指令，因为 INC 指令不影响标志位。

程序如下：

```
CONT:    MOV     A, R0;       读低 8 位
         CPL     A;           取反
         ADD     A, #1;       加 1
         MOV     R2, A;       存低 8 位
         MOV     A, R1;       读高 8 位
         CPL     A;           取反
         ADDC    A, #80H;     加进位及符号位
         MOV     R3, A;       存高 8 位
         RET
```

1.5.2　分支程序

根据不同条件转向不同的处理程序，这种结构的程序称为分支程序。8051 指令系统中的条件转移指令、比较转移指令和位转移指令，可以实现分支程序。

【例 1.2】已知电路如图 1.23 所示，要求实现：

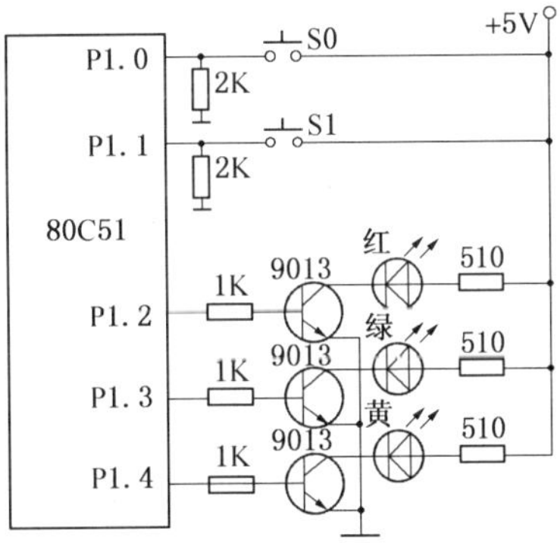

图 1.23

① S0 单独按下：红灯亮，其余灯灭；

② S1 单独按下：绿灯亮，其余灯灭；

③ 其余情况：黄灯亮，其余灯灭。

解：程序如下：

```
SGNL:   ANL    P1, #11100011B;    红绿黄灯灭
        ORL    P1, #00000011B;    置 P1.0、P1.1 输入态，P1.5 ~ P1.7 状态不变
```

```
SL0:    JNB     P1.0, SL1;      P1.0 =0, S0 未按下, 转判 S1
        JNB     P1.1, RED;      P1.0 = 1, S0 按下; 且 P1.1 = 0, S1 未按下,
                                转红灯亮
YELW:   SETB    P1.4;           黄灯亮
        CLR     P1.2;           红灯灭
        CLR     P1.3;           绿灯灭
        SJMP    SL0;            转循环
SL1:    JNB     P1.1, YELW;     P1.0 =0, S0 未按下; P1.1 =0, S1 未按下, 转
                                黄灯亮
GREN:   SETB    P1.3;           绿灯亮
        CLR     P1.2;           红灯灭
        CLR     P1.4;           黄灯灭
        SJMP    SL0;            转循环
RED:    SETB    P1.2;           红灯亮
        CLR     P1.3;           绿灯灭
        CLR     P1.4;           黄灯灭
        SJMP    SL0;            转循环
```

1.5.3 循环程序

循环程序一般包括以下几个部分：循环初值；循环体；循环修改；循环控制；这四部分可以有两种组织形式，其结构如图 1.24 所示。

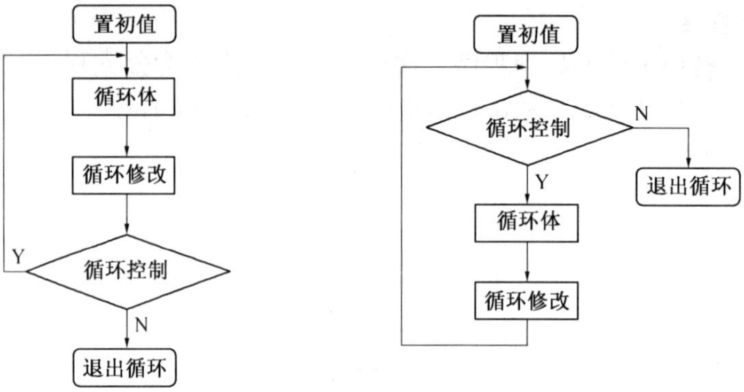

图 1.24

【例 1.3】试编写一延时 2ms 的程序，设单片机晶振频率为 6MHz。

考虑到单片机晶振频率为 6MHz，其机器周期为 12/6MHz = 2μs。则指令 NOP、DJNZ Rn，rel、MOV Rn，#data、RET 的执行时间由表 1.6 中可查得分别为 2μs、4μs、2μs 及 4μs。

以下子程序可实现约 2ms 延时：

```
DELAY1ms:
        MOV         R7, #250;       延时 2μs(置初值)
LOOP_ DELAY:
        NOP;                        共延时 2 ×250 =500μs(循环体部分)
```

```
NOP;                          共延时 2 ×250 =500μs
DJNZ R7, LOOP_ DELAY;         共延时 4 ×250 =1000μs(循环修改，循环控制)
RET;                          延时 4μs
```

1.5.4 查表程序

用于查表的指令有两条：

① MOVC A，@A+DPTR

② MOVC A，@A+PC

当用 DPTR 作基址寄存器时，查表的步骤分三步：

① 基址值(表格首地址)→DPTR；

② 变址值(表中要查的项与表格首地址之间的间隔字节数)→A；

③ 执行 MOVC A，@A+DPTR。

当用 PC 作基址寄存器时，其表格首地址与 PC 值间距不能超过 256 字节，且编程要事先计算好偏移量，比较麻烦。因此，一般情况下用 DPTR 作基址寄存器。

【例 1.4】试编写一使用查表法计算数 0－9 的立方值的子程序，结果存放于 R2R3 中。

```
SQUARE_ VALUE:
        MOV     A, #5;                查 5 的立方值
        ADD     A, ACC;               每一表项为 2 个字节，故将序号 *2
        MOV     R0, A;                暂存
        MOV     DPTR, #CUBE_ TABLE;   取得数据表首地址
        MOVC    A, @A+DPTR;           查表，确定高位结果
        MOV     R2, A;                结果高位存 R2
        MOV     A, R0
        INC     A;                    取得低位地址
        MOVC    A, @A+DPTR;           查表，确定低位结果
        MOV     R3, A;                结果低位存 R3
        RET
CUBE  TABLE:
         DW 0, 1, 8, 27, 64, 125, 216, 343, 512, 729
```

1.5.5 散转程序

散转程序是一种并行多分支程序。

【例 1.5】 单片机四则运算系统。

在单片机系统中设置 +、－、×、/四个运算命令键，它们的键号分别为 0、1、2、3。当其中一个键按下时，进行相应的运算。操作数由 P1 口和 P3 口输入，运算结果仍由 P1 口和 P3 口输出。具体如下：P1 口输入被加数、被减数、被乘数和被除数，输出运算结果的低 8 位或商；P3 口输入加数、减数、乘数和除数，输出进位(借位)、运算结果的高 8 位或余数。键盘号已存放在 30H 中。

解：程序如下：

```
PRGM:   MOV     P1, #0FFH;          P1 置输入态
        MOV     P3, #0FFH;          P3 置输入态
```

```
        MOV     DPTR, #TBJ;     置"+ - × ÷"表首地址
        MOV     A, 30H;         读键号
        RL      A;              键号×2→A
        ADD     A, 30H;         键号×3→A
        JMP     @A+DPTR;        散转
TBJ:    LJMP    PRGM0;          转PRGM0(加法)
        LJMP    PRGM1;          转PRGM1(减法)
        LJMP    PRGM3;          转PRGM3(除法)
        LJMP    PRGM2;          转PRGM2(乘法)
PRGM0:  MOV     A, P1;          读加数
        ADD     A, P3;          P1+P3
        MOV     P1, A;          和→P1
        CLR     A;
        ADDC    A, #00H;        进位→A
        MOV     P3, A;          进位→P3
        RET;
PRGM1:  MOV     A, P1;          读被减数
        CLR     C;
        SUBB    A, P3;          P1-P3
        MOV     P1, A;          差→P1
        CLR     A;
        RLC     A;              借位→A
        MOV     P3, A;          借位→P3
        RET;
PRGM2:  MOV     A, P1;          读被乘数
        MOV     B, P3;          置乘数
        MUL     AB;             P1×P3
        MOV     P1, A;          积低8位→P1
        MOV     P3, B;          积高8位→P3
        RET;
PRGM3:  MOV     A, P1;          读被除数
        MOV     B, P3;          置除数
        DIV     AB;             P1÷P3
        MOV     P1, A;          商→P1
        MOV     P3, B;          余数→P3
        RET
```

说明：由于每条LJMP指令占3字节，因此键号需先乘3，以便转到正确的位置。

1.6 本章小结

本章介绍了单片机的硬件系统及指令系统基本知识，将为后续的单片机 C 语言编程提供必要的背景知识。

第 1 节是单片机的基本概念，介绍了单片机的发展概况、结构组成、特点、应用领域及发展方向。

第 2 节介绍了 MCS－51 系列单片机的内部硬件结构，包括中央处理器、存储器、并行 I/O 口、串行口、定时/计数器及中断系统等模块的功能及特点。中央处理器 CPU 是单片机的核心部件，由运算器和控制器两部分组成。8051 单片机的存储器在物理结构上分为程序存储器和数据存储器空间，又依据片内与片外可进一步细分成 4 个存储空间。片内 RAM 共有 256 个字节，其中 00H～7FH 地址空间是数据 RAM 区(其间又可细分为 32 个工作寄存器区，16 个可位寻址区及其他通用 RAM 区)，80H～FFH 地址空间是特殊功能寄存器 SFR 区。8051 单片机共有 4 个 8 位的并行 I/O 端口(P0～P3)，均具有字节寻址和位寻址功能。在访问片外扩展存储器时，低 8 位地址和数据由 P0 口分时传送，高 8 位地址由 P2 口传送。8051 单片机内部还有一个可编程、全双工的异步串行接口。两个 16 位可编程定时/计数器 T0 和 T1，可用于对外部事件进行计数或对片内机器周期脉冲计数，实现定时功能。8051 单片机支持 5 个中断源处理，其中，2 个是外部中断，2 个是定时/计数器中断及 1 个串行通讯中断。

第 3 节介绍了 8051 单片机系统扩展的基本方法。8051 的 P0 口是地址/数据总线分时复用口，可配合 ALE 信号使用片外地址锁存器得到地址的低 8 位，地址高 8 位可由 P2 口提供。P0 口兼作 8 位数据总线 D7～D0，在 ALE 无效期间 P0 传送指令和数据信息。本节同时给出了单片机操作程序存储器及数据存储器的时序关系，及典型 ROM/RAM 的扩展方案。

第 4 节介绍了 8051 单片机的指令系统及常用汇编伪指令的功能及使用方法。8051 单片机的寻址方式包括：立即寻址、直接寻址、寄存器寻址、寄存器间接寻址、变址寻址、相对寻址及位寻址。指令系统按功能则可细分为数据传送类、算术运算类、逻辑运算类、位操作类和控制转移类等 5 大类。伪指令不属于 8051 指令系统，仅在汇编时起控制作用，自身并不产生机器码。

第 5 节介绍了 8051 单片机汇编程序的编程方法。并结合实例讲解了顺序结构、分支结构、循环结构程序编制的方法与技巧，还对常用的查表及散转程序设计方法进行了介绍。

习　题

1. 单片机确切的含义是什么？它有哪些主要特征？

2. 简述单片机发展的历史和它的主要技术发展方向。

3. 80C51 系列单片机的主要特征是什么？8051 单片机由哪几部分组成？

4. 8051 单片机有多少个特殊功能寄存器？它们可以分为几组，各完成什么主要功能？

5. 决定程序执行顺序的寄存器是哪个？它是几位寄存器？它是否特殊功能寄存器？它的内容是什么信息？

6. DPTR 是什么特殊功能寄存器？DPTR 的用途是什么？它由哪几个特殊功能寄存器组成？

7. 8051 的引脚有多少 I/O 线？它们和单片机对外的地址总线和数据总线有什么关系？地址总线和数据总线各是几位？

8. 什么是堆栈？堆栈指针 SP 的作用是什么？8051 单片机堆栈的最大容量不能超过多少字节？

9. 若采用 6MHz 的晶振，8051 的振荡周期和机器周期分别为多少 μs？一条单字节双周期指令的指令周期为多少 μs？

10. 8051 内部 RAM 低 128 字节可分为几个区域？其中通用寄存器区的字节地址范围为多少？如何实现寄存器组的切换？可位寻址区的字节地址和位地址范围分别为多少？

11. 8051 单片机对外有几条专用控制线？其功能是什么？

12. 8031 的 $\overline{EA}$ 端必须怎样处理？为什么？

13. 8051 向外扩展的程序存储器和数据存储器的最大容量各是多少？

14. 8051 四个并行接口各自的功能各是什么？

15. 对 8051 的 P1 口进行输入操作前，应对端口进行怎样的处理？为什么？

16. 8051 复位时，SP、P0 口～P3 口、其他 SFR 及 PC 的初始化状态怎样？

17. CMOS 单片机由哪两种低功耗工作方式？两者的主要不同是什么？

18. 在读外部程序存储器时，P0 口上一个指令周期中出现的数据序列是什么？在读外部数据存储器时，P0 口上出现的数据序列又是什么内容？

19. 为什么外扩存储器时，P0 口要外接锁存器，而 P2 口却不接？

20. 在使用外部程序存储器时，8051 还有多少条 I/O 线可用？在使用外部数据存储器时，还有多少条 I/O 线可用？

21. 程序存储器和数据存储器的扩展有何相同点及不同点？

22. 若要完成以下的数据传送，应如何用 8051 的指令来实现？

（1）R3 内容传送至 R4；

（2）外部 RAM 30H 单元内容送至 R1；

（3）外部 RAM 30H 单元内容送至内部 RAM 30H 单元；

（4）外部 RAM 2000H 单元内容送内部 RAM 20H 单元；

（5）ROM 4000H 单元内容送 R1；

（6）ROM 3000H 单元内容送内部 RAM 30H 单元；

（7）ROM 5000H 单元内容送外部 RAM 30H 单元。

23. 已知 A = 12H，R0 = 30H，（30H）= 34H，PSW = 80H，问执行以下各指令的结果（每条指令都用题中规定的数据参加操作）是什么？

```
XCH     A, R0;          A = ?      R0 = ?
XCH     A, 30H;         A = ?
XCH     A, @R0;         A = ?
XCHD    A, @R0;         A = = ?
SWAP    A;              A = ?
ADD     A, R0;          A = ? Cy = ? OV = ?
ADD     A, 30H;         A = ? Cy = ? OV = ?
ADD     A, #30H;        A = ? Cy = ? OV = ?
```

```
ADDC    A, 30H;         A = ? Cy = ? OV = ?
SUBB    A, 30H;         A = ? Cy = ? OV = ?
SUBB    A, #30H;        A = ? Cy = ? OV = ?
```

24. 设内部 RAM 的 30H 单元的内容为 12H，即(30H) = 12H，还知(40H) = 34H，(10H) =56H，Pl 端口 =0ABH，问执行以下指令后，各有关存储器单元、寄存器及端口的内容(即 R0，R1，A，B，P1，40H，30H，10H 单元)各是什么？

```
MOV     R0, #30H
MOV     A, @R0
MOV     Rl, A
MOV     B, @R1
MOV     @R1, P1
MOV     P2, P1
MOV     10H, #20H
MOV     30H, 10H
```

25. 设 A =12H，R0 =30H，(30H) =34H，执行以下指令后，A = ?

```
ANL     A, #17H
ORL     17H, A
XRL     A, @R0
CPL A
```

26. 试编写程序，将内部 RAM 的 30H、31H、32H 连续三个单元的内容依次存入 3FH、3EH 和 3DH 单元。

27. 编写程序，进行两个 16 位数的减法：0AB34H =012CDH，结果存至内部 RAM 的 30H 和 31H 单元，30H 存差的低 8 位。

28. 编写程序，若累加器内容分别满足以下条件，则程序转至 LABEL 存储单元。

(a)A > =0　　(b)A <10

29. 已知 SP =25H，PC =2345H，(24H) =12H，(25H) =34H，(26H) =56H，问执行 RET 指令以后，SP =?，PC =?

30. 若 SP =60H，PC =2345H，标号 LABEL 所在的地址为 3456H，问执行长调用指令 LCALL LABEL 之后，堆栈指针和堆栈内容发生什么变化？PC =?

31. 上题中的 LCALL 指令能否直接换成 ACALL LABEL 指令？为什么？

32. 试编写程序，查找在内部 RAM 的 20H ~50H 单元中是否有 0AAH 这一数据. 若有这一数据，则将 51H 单元置为 01H，若未找到，则将 51H 置为 00H。

33. 试编写程序。查找在内部 RAM 的 30H ~60H 单元内出现 00H 的次数，并将查找的结果存入 61H 单元。

34. 外部数据 RAM 中有一个数据块，存有若干字符数字，首地址为 16 位的 SOURCE。现要求将该数据块传送到内部 RAM 以 DIST 开始的区域，直到遇到字符“ $ ”时才停止(“ $ ”也要传送，它的 ASCIl 码是 24H)。试编写有关程序。

35. 外部数据 RAM 从 2000H 到 2100H 开始有一个数据块，现要将它们传送到从 3000H 到 3100H 的区域，试编写有关程序。

36. 外部数据 RAM 从 2000H 开始有 100 个数据，现要将它们移动到从 2050H 开始的区域，试编写有关的程序。

37. 从内部 RAM 的 BLOCK 单元开始有一个无符号数数据块，长度存于 LEN 单元，编程求出数据块中的最小元素，并将其存入 MIN1 单元。

38. 有 10 组三字节的被加数和加数，分别存放于从 FIRST 和 SECOND 开始的区域中．编程求这 10 组数的总和，并将其存人以 SUM 开始的单元，低位和先存。设和为四字节数。

第 2 章　C 与 8051

2.1　8051 的编程语言

对于 8051 单片机，现有 4 种语言支持，即汇编、PL/M、C 和 BASIC。

BASIC(Beginners' All - purpose Symbolic Instruction Code)是一种解释型的编程语言，简单易学，是一种设计给初学者使用的程序设计语言。BASIC 在完成编写后不须经由编译及连接等过程即可执行，但如果需要单独执行时仍然需要将其转换成可执行程序。8952 单片机片内固化有解释 BASIC 语言，它通常适用于要求编程简单而对编程效率或运行速度要求不高的场合。

PL/M　语言是一种高级语言，它由美国 Intel 公司设计，主要用于 Intel 公司生产的单片机和微处理器的系统软件和应用软件开发。PL/M 语言不仅具有一般高级语言的特点，而且还能像汇编语言那样直接利用 CPU 的硬件特性进行程序设计。尤其在 16 位单片机(如 MCS - 96 系列)应用领域更受到人们的普遍重视。16 位单片机的机器指令远远比 8 位机丰富，指令功能更强，指令字节数也相应加长，最长的有 7 字节指令，这给我们编写程序时带来了极大的灵活性，但在程序较长时，我们很难靠人工来充分利用各种指令的功能，使整个程序水平达到最优。对此，PL/M 语言可以很好地予以解决。

C 语言是一种结构化的程序设计语言，它兼具高级语言与汇编语言的优点，可代替汇编语言完成许多硬件级控制，并能产生紧凑的代码，故其应用范围非常广泛。C 语言具有如下优点：

① 对单片机的指令系统不要求了解，仅需对 8051 的存储器结构有初步了解；

② 寄存器的分配、不同存储器的寻址以及数据类型等细节可由编译器管理；

③ 语言简洁紧凑、运算符丰富，程序书写自由，把高级语言的方便性与低级语言的实用性结合起来；

④ 数据结构丰富，能用于实现各种复杂的数据类型的运算处理和逻辑判断功能；

⑤ 结构式语言即代码及数据的分隔化，便于使用、维护以及调试；

⑥ 程序生成代码质量高，程序执行效率高，适用范围宽，可移植性好。

汇编语言(Assembly Language)是面向机器的程序设计语言。汇编语言能充分利用计算机所有硬件特性，擅长于编写高效且需要对机器硬件精确控制的程序。相对于高级语言的编译器，汇编语言需要一个特定的“汇编器”，来把汇编语言源文件汇编成机器可执行的代码。

2.2　C51 编译器

8051 单片机的 C 语言编译器简称 C51，下面对主要公司的编译器做一简要介绍。

(1) Bso/Tasking

Tasking 公司原名 Bso/Tasking，是一家专业开发和销售嵌入式系统软件工具的公司，

1974 年创建于荷兰。Tasking 一直为 Intel、LSI、Motorola、Philips、Siemens、TI 等著名半导体厂商的微处理器、数字信号处理器以及单片机编写高级语言编译器等配套软件开发工具，并具有多年生产 Intel 80C51 软件开发工具的经验：包括 ASM51（兼容 Intel 宏汇编、Linker、Make、Converter 及 PL/M51）、C51 CrossView51 调试器。

（2）Iar

Iar Systems 是嵌入式系统开发工具和服务的供应商，提供的产品和服务涉及到嵌入式系统的设计、开发和测试的每一个阶段，包括：带有 C/C + + 编译器和调试器的集成开发环境（IDE）、实时操作系统和中间件、开发套件、硬件仿真器以及状态机建模工具。它最著名的产品是 C 编译器——IAR Embedded Workbench，支持众多知名半导体公司的微处理器。许多全球著名的公司都在使用 Iar Systems 提供的开发工具，用以开发他们的前沿产品，从消费电子、工业控制、汽车应用、医疗、航空航天到手机应用系统等。

（3）Keil

Keil 公司是一家微控制器（MCU）软件开发工具的独立供应商。2008 年被 ARM 公司收购，Keil 公司制造和销售种类广泛的开发工具，包括 ANSI C 编译器、宏汇编器、调试器、连接器、库管理器、固件和实时操作系统核心等（real - time kernel）。

以上几种 C51 编译器中，Keil 和 Iar 性能领先；Keil 能产生十分紧凑的代码，且使用方便灵活；而 Iar 则以性能完善和资料齐全著称，其次是 Bso/Tasking。

2.3 Keil C51 开发工具

2.3.1 Keil C51 开发系统基本知识

1. 系统概述

Keil C51 是美国 Keil Software 公司出品的 51 系列兼容单片机 C 语言软件开发系统，它提供了丰富的库函数和功能强大的集成开发调试工具。Keil C51 的 C 编译工具在产生代码的准确性和效率方面达到了较高的水平，而且可以附加灵活的控制选项，在开发大型项目时非常理想。

2. Keil C51 单片机软件开发系统的整体结构

Keil C51 集成开发环境是基于 51 内核的单片机集成软件开发平台，内嵌多种符合当前工业标准的开发工具。C51 工具包的整体结构，如图 2.1 所示，其中 μVision 与 Ishell 分别是 C51 for Windows 和 for DOS 的集成开发环境（IDE，Integrated Development Environment），可以完成从工程建立到管理、源代码编辑/编译/连接、目标代码的生成、软件仿真/硬件调试等完整的开发流程，同时兼具人机界面友好、操作方便等特点，受到开发者的青睐。

开发人员可用 IDE 本身或其他编辑器编辑 C 或汇编源文件，然后分别由 C51 编译器及 A51 汇编器生成目标代码文件（.OBJ）；目标文件可由 LIB51 生成库文件，也可以与库文件一起经 L51 连接定位生成绝对目标文件（.ABS）；ABS 文件可由 OH51 转换成标准的 Hex 文件，以供调试器 dScope51 或 tScope51 进行源代码级调试，也可供仿真器对目标板进行调试，或直接写入程序存贮器中。

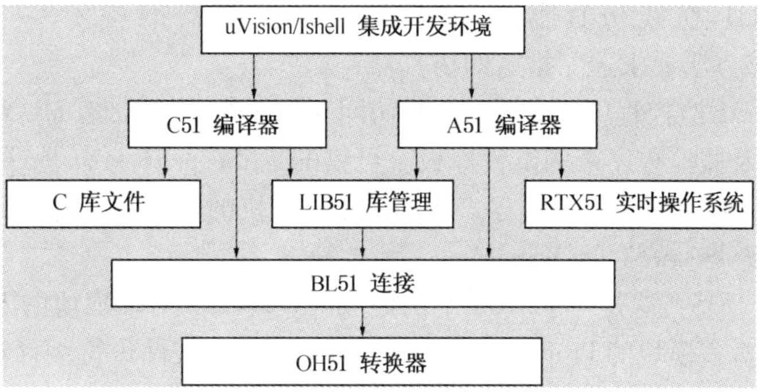

图 2.1　C51 工具包整体结构图

3. Keil C51 工具包各部分功能及使用简介

Keil C51 IDE 的主要功能有以下几点：

（1）C51：国际标准化 C 交叉编译器，用于从 C 源代码产生可重定位的目标模块。Keil C51 编译器遵照 ANSI C 语言标准，支持 C 语言的所有标准特性，此外，还增加了许多可以直接支持 8051 结构的特性。

（2）A51：宏汇编器，用于从 8051 汇编源代码产生可重定位的目标模块。Keil A51 宏汇编器支持 8051 及其派生系列的所有指令集。

（3）L51：Keil C51 软件包提供的连接/定位器，其功能是使用从库中提取出来的目标模块和由 C51 编译器、A51 汇编器生成的目标模块，创建一个绝对地址目标模块，生成绝对目标文件(.ABS)。

（4）BL51：也是 C51 软件包的连接/定位器，除具有 L51 的所有功能外，它还可以连接定位大于 64kBytes 的程序，并具有代码域及域切换功能(Code Banking & Bank Switching)；并提供对 RTX51 操作系统的支持。

（5）RTX51 实时多任务操作系统：这是一种针对 8051 微控制器系列的实时多任务内核，它简化了需要对实时事件进行反应的复杂应用系统的设计、编程和调试，允许获得对 80C51 微控制器的系统级控制。这个内核完全集成在 C51 编译器中，使用非常简单。单片机系统软件向 RTOS 发展是一种趋势，但因 8051CPU 较为简单，程序结构等都不太复杂，RTX51 作用显得不太突出。PK51 软件包甚至不包括 RTX51 Full，而只有一个精简版本的 RTX51 Tiny，仅适用于无外部 RAM 的单片机系统，因而适用面很窄。

（6）LIB51 库管理器：用于汇编器和编译器创建的目标文件建立目标库。这些库是按规定格式排列的目标模块，可在以后被链接器所使用。当链接器处理一个库时，仅仅引用库中必须的目标模块而不是全部加以引用。

（7）OH51 目标文件至 HEX 格式的转换器：将 ABS 绝对目标文件转换成标准的 Intel HEX 文件。

（8）dScope51：是一个源级调试器和模拟器，它可以调试由 C51 编译器、A51 汇编器、PL/M－51 编译器及 ASM－51 汇编器产生的程序。它不需目标板(也可通过 MON51 接目标板)，只能进行软件模拟，但功能强大，可模拟 CPU 及其外围器件，如内部串口，外部 I/O 及定时器等；

（9）tScope51：与 dScope51 不同的是 tScope51 必须带目标板，目前它可以通过两种方式访问目标板。

① 通过 EMul51 在线仿真器，tScope51 为该仿真器准备了一个动态链接文件 EMUL51. IOT，但该方法要求选配指定的仿真器；

② 通过 Monitor51 监控程序，tScope51 为访问 Monitor51 专门带有 MON51. IOT 连接程序，使用时可通过串口及监控程序来调试目标板。可惜的是 tScope51 只有 for DOS 的版本。

(10) Monitor 51：是一个监控程序，支持通过 PC 机的串口与目标板进行通信。Monitor 操作需要 MON51 或 dScope51 for Windows。

(11) Ishell for DOS：这是一个 DOS 下的集成开发环境。对单模块的 Project 可直接由菜单进行编译连接；对多模块的 Project，则通过批处理 . BAT 文件进行编译连接。最后通过菜单控制由 dScope51 或 tScope51 完成对程序的调试。

(12) μVision for Windows：是一个标准的 Windows 应用程序，它是 C51 的一个集成软件开发平台，具有源代码编辑、project 管理、集成的编译/调试等功能，且人机界面友好，操作方便。

4. Keil C51 开发套件

Keil 软件公司提供了各种 8051 系列开发工具套件，表 2. 1 列出了各个套件的功能组成，表的顶上一栏为工具套件名称，表的左边一列为软件组成部分，方便用户选择符合需求的套件。

表 2. 1　Keil 8051 开发工具比较表

部　　件	PK51	DK51	CA51	A51	FR51
μVision 项目管理器和编辑器	√	√	√	√	
A51 汇编器	√	√	√	√	
C51 编译器	√	√	√		
BL51 链接器/定位器	√	√	√	√	
LIB51 库管理器	√	√	√	√	
μVision 调试器/模拟器	√	√			
RTX51 Tiny	√				
RTX51 Full					√

2. 3. 2　在 Keil μVision 下创建应用程序

1. 新建工程

点击 Project 菜单，选择弹出的下拉式菜单中的 New Project，如图 2. 2。将弹出一个名为“Create New Project”的对话框，如图 2. 3，先选择一个合适的文件夹准备存放工程文件，如“C51”是新建的文件夹。在“文件名”中输入一个新的工程项目名称，这里我们用“test”，“保存”后的文件扩展名为 uv2，这是 μVision 项目文件的标准扩展名。为方便管理，一般每新建一个工程都应为其在适当的目录位置，新建一个文件夹，用来保存工程相关文件。

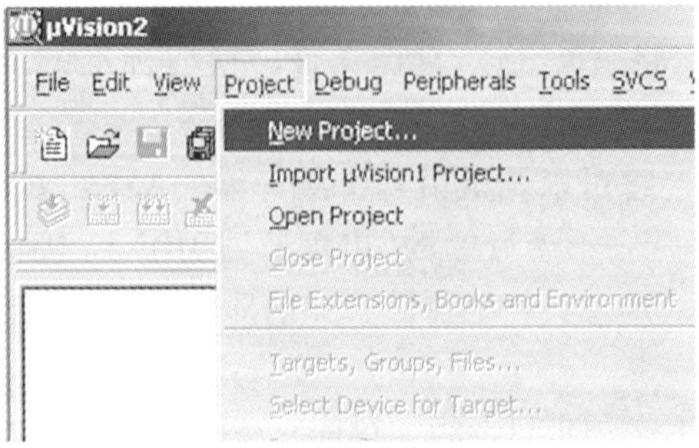

图 2. 2　New Project 菜单

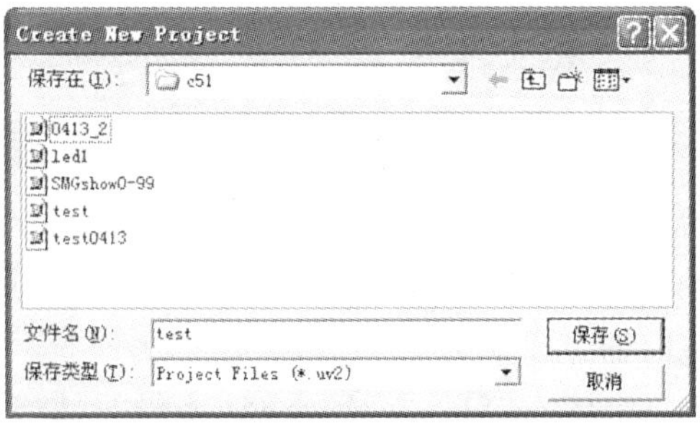

图 2. 3　文件窗口

2. 选择单片机

紧接着，Keil C51 提示您选择 CPU 器件，并为之准备了众多的可用器件型号列表。8051 内核单片机最早是由 Intel 公司发明的，后来其他厂商如 Philips、Atmel、Winbond 等先后推出其兼容产品，并在 8051 的基础上扩展了许多增强功能。在这里我们选择 Atmel 公司的 AT89S51。此时屏幕如图 2.4 所示。

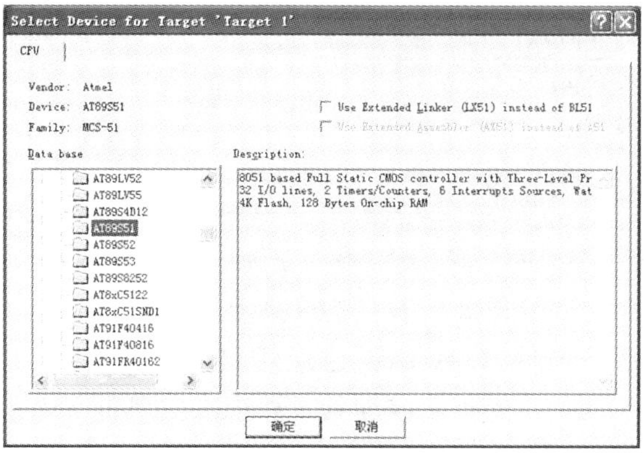

图 2.4　选取芯片

接下来弹出一个如图 2.5 所示的对话框。该对话框提示您是否要把标准 8051 的启动代码添加到工程中去。Keil C51 既支持 C 语言也支持汇编语言编程。如果打算用汇编语言写程序，则应当选择“否(N)”；如果打算用 C 语言写程序，一般也选择“否(N)”，但是，如果用到了某些增强功能需要对目标板进行特殊的初始化配置时，则可以选择“是(Y)”。

至此，一个空的 Keil C51 工程建立完毕。

图 2.5　选择是否要添加启动代码

3. 添加程序文件

点击图 2.6 中 1 的新建文件的快捷按钮(也可通过菜单 File→New 或快捷键 Ctrl + N)，在 2 中将出现一个名为“Text n”(其中 n 表示序号)的文档。

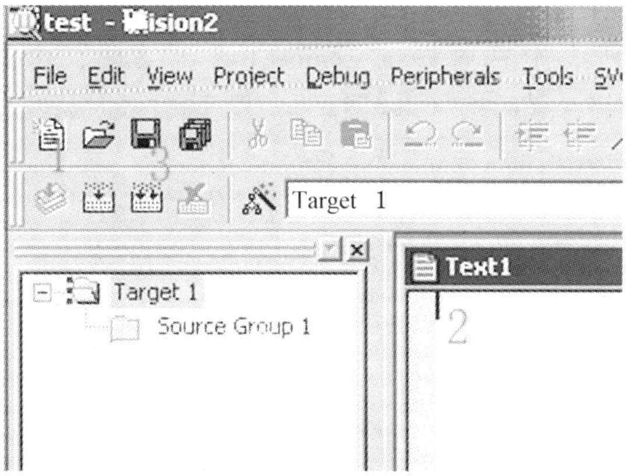

图 2.6　新建程序文件

点击图 2.6 中 3 的快捷按钮(也可通过菜单 File→Save 或快捷键 Ctrl + S)保存文件。因是新文件所以保存时会弹出如图 2.7 的文件操作窗口，我们把第一个汇编语言编写的程序命名为 test1. asm，保存在项目所在的目录中。注意：扩展名“. asm”不可省略。

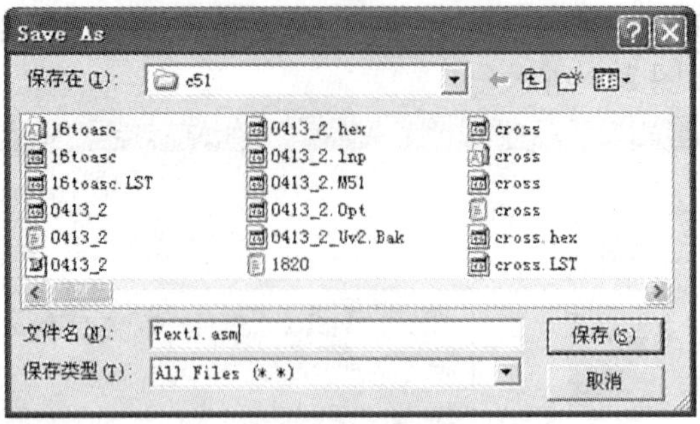

图 2.7　保存新建的源程序文件

现在，一个空的源程序文件“test1. asm”已经建立，但是这个文件与刚才新建的工程之间并没有任何内在联系。我们需要把它添加到工程中去。单击 Keil C51 软件左边项目工作窗口“Target 1”上的“ + ”，将其展开。然后右击“Source Group 1”文件夹，会弹出如图 2.8 所示的选择菜单。单击其中的“Add Files to Group Source Group 1”项，将弹出如图 2.9 所示的对话框。

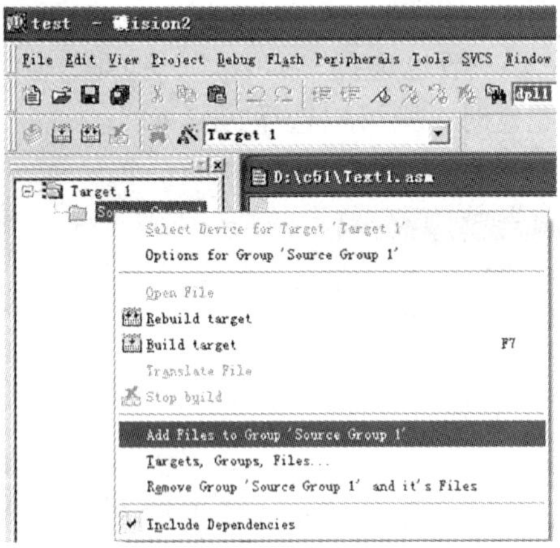

图 2.8　把文件加入到项目文件组中

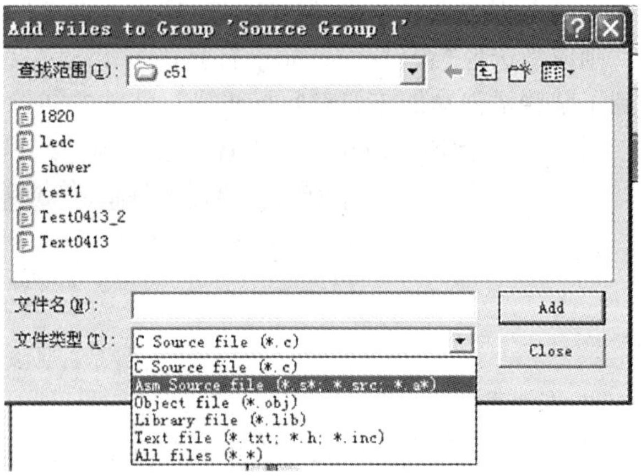

图 2.9　选择文件

在文件类型下拉列表中选择 Asm source file 源文件，再选择刚刚保存的文件“test1. asm”，按 ADD 按钮，最后按“Close”按钮，程序文件即加到项目中了。这时可以点击 Source Group1 文件夹图标左边的“ + ”展开后查看。

4. 输入源程序

先最大化“test1. asm”源程序窗口，然后输入以下程序代码。

```
; ----入口程序----
ORG 0000H;                              程序执行开始地址
LJMP START;                             跳到标号 START 执行
; ----主  程  序----
START:   MOV     P1, #01111111B;        点亮最下面的 LED，即 P1_ 7 口低电平
         LCALL   DELAY50;               延时 50 毫秒
```

```
        MOV     P1,           #10111111B；点亮下面第二个 LED，即 P1_ 6 口
                              低电平
        LCALL   DELAY50；     延时 50 毫秒
        MOV     P1,           #11011111B；LED 依次点亮(以下省略)
        LCALL   DELAY50；     延时 50 毫秒
        MOV     P1,           #11101111B
        LCALL   DELAY50；     延时 50 毫秒
        MOV     P1,           #11110111B
        LCALL   DELAY50；     延时 50 毫秒
        MOV     P1,           #11111011B
        LCALL   DELAY50；     延时 50 毫秒
        MOV     P1,           #11111101B
        LCALL   DELAY50；     延时 50 毫秒
        MOV     P1,           #11111110B
        LCALL   DELAY50；     延时 50 毫秒
        MOV     P1,           #11111111B；完成第一次循环点亮，延时约
                              0.25 秒
        LCALL   DELAY50；     延时 50 毫秒
        AJMP    START；       反复循环
；------延时子程序，12M 晶振延时约 50 毫秒------
DELAY50：
      MOV     R4，#5
L3：  MOV     R2，#20
L1：  MOV     R3，#248
      DJNZ    R3 ， $
      DJNZ    R2 ， L1
      DJNZ    R4 ， L3
RET
```

END 单击 Keil C51 工具栏的“”图标，弹出名为“Options for Target ‘Target 1’”的对话框。单击“Output”标签页，选中“Create HEX File”项，然后“确定”，以便生成.hex 的目标文件，参见图 2.10。

图 2.11 中，1、2、3 都是编译按钮，不同是按钮 1 是用于编译单个文件；按钮 2 是编译当前项目，如果先前编译过一次之后没有对文件进行编辑更改，这时再点击是不会再次重新编译的；按钮 3 是重新编译，每点击一次均会再次编译链接一次，而不管程序是否有改动。在按钮 3 右边的是停止编译按钮，只有点击了前三个中的任一个，停止按钮才会生效。5 是菜单中的编译命令。在 4 中可以看到编译的错误信息和使用的系统资源情况等，以方便编程者查找程序错误。单击工具栏的按钮“”编译当前源程序。编译结果会显示在输出窗口 4 内。如果是“0 Error(s)，0 Warning(s).”就表示程序在语法上不存在问题。如果存在错误或警告，双击错误，在源程序的错误行前会出现，修改后，再次编译，直到全部正确为止。

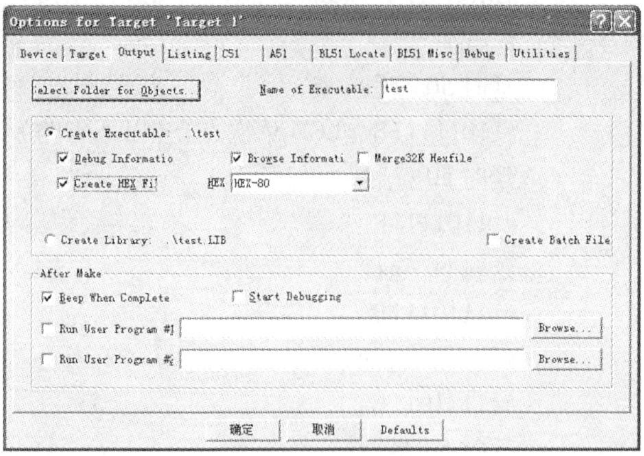

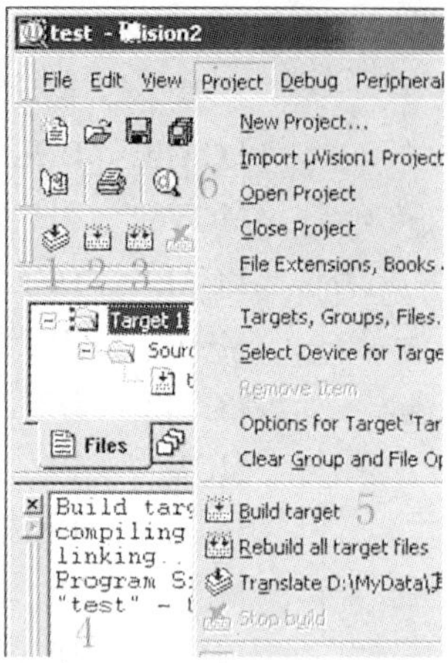

图 2.10　编译环境设置　　　　图 2.11　编译程序

编译后的结果会生成 Intel HEX　格式的程序文件“test1. hex”，如图 2. 12。该文件可以被专门的芯片烧写工具(也称编程器)载入并最终烧录到具体的芯片中。芯片安装到自己的电路板上，通电，就可以运行里面的程序了。

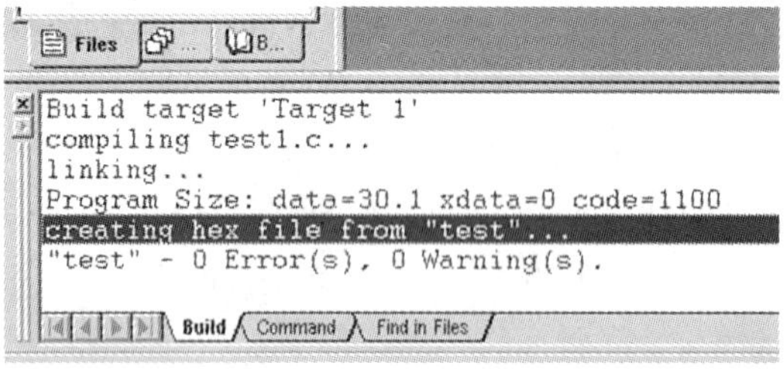

图 2. 12　编译信息窗口

2. 3. 3　在 Keil μVision 下调试程序

如果程序编译通过，就可以仿真调试了。在仿真之前，一般需要配置系统的时钟频率。仍然按“ ”图标进入编译环境设置，如图 2. 13，找到“target”下的“Xtal（MHz）”项，填入合适的晶振频率，比如 12，最后点击“确定”。其后，直接点击工具栏红色的“ ”图标即可进入仿真状态。

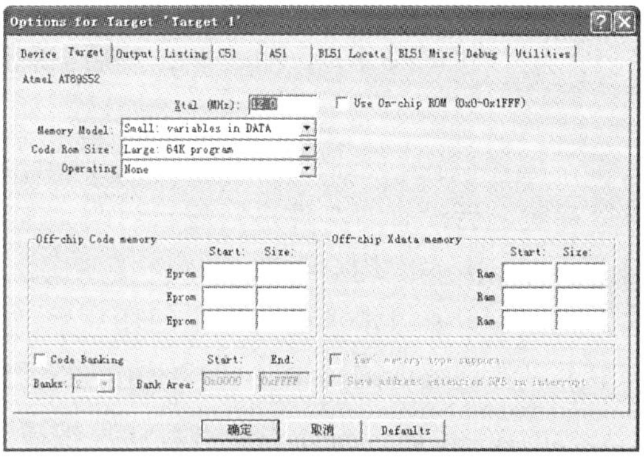

图 2. 13　编译调试环境设置

1. 认识各个仿真窗口

(1) 源程序窗口

调试界面的中间是源程序窗口。黄色箭头“”所指为当前即将执行的代码；以深灰色标记的程序行是可以执行的代码；以浅灰色标记的程序行不可作为代码来执行，它们是注释、空行、标号或ROM数据表；以绿色标记的程序行表示曾经执行过的代码。如图2.14。

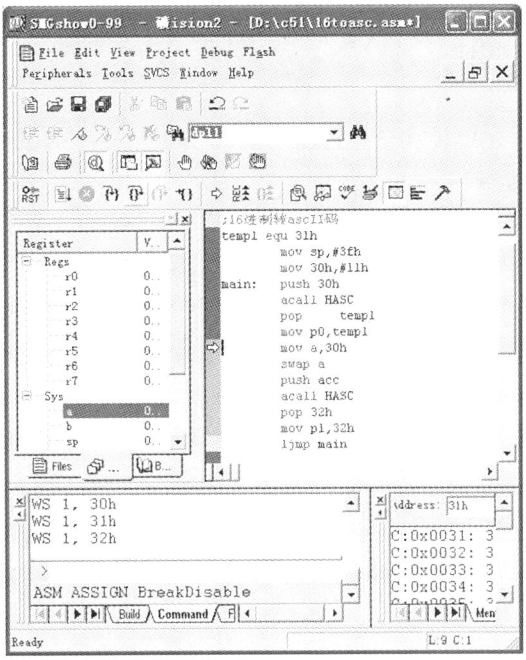

图2.14 仿真窗口

(2) 寄存器窗口

调试界面的左边是寄存器窗口。8051的工作寄存器(R0～R7)和系统寄存器(a、b、sp、dptr、PC、psw)都被罗列出来。Value栏显示的是寄存器的当前数值，如果在调试过程中某个寄存器的值有变化，则会用蓝色的背景标记。若单击psw寄存器左边的“+”，展开后还可以看到其中每一位的情况。

(3) 汇编窗口

单击工具栏的“”图标，源程序窗口会自动切换成汇编窗口。在汇编窗口里，我们可以看到每条指令的存储地址和编码等信息。再次单击“”，即返回到源程序窗口。

(4) 存储器窗口

单击工具栏的“”图标，将显示出存储器窗口。51单片机的存储器分为多个不同的存储空间，如果要观察代码存储器，就在地址栏“Address:”内输入“C: 地址”，例如：C:0080H；如果要观察外部数据存储器，就输入“X: 地址”；如果要观察内部数据存储器，则可以输入“D: 地址”或“I: 地址”。拖动存储器窗口右边的滚动条还可以观察输入地址附近的存储单元。存储器窗口共有“Memory #1～Memory #4”4个观察子窗，可用来分别观察多个代码存储器、内部数据存储器和外部数据存储器的信息。

存储器的内容是可以修改的。用鼠标右击打算要修改的存储单元，选择“Modify Memory at …”项，弹出修改对话框，可以随意修改存储单元的内容。

（5）变量观察和堆栈窗口

单击工具栏的“”图标，将显示变量观察和堆栈窗口（Watch & Call Stack Window）。在 Locals 标签页，会自动显示局部变量的名称和数值。在 C 语言程序的函数中，每一对花括号“{}”内定义的变量都是局部变量，能够自动显示。

在“Watch”标签页内，先用鼠标点击一次“type F2 to edit”，再按功能键“F2”，输入所要观察的局部或全局变量的名称，回车后就能显示出当前数值。在“Call Stack”标签页内，可以实时地观察到堆栈的使用情况。

2. 程序的运行控制

Keil C51 能够实现程序单步和全速运行，具体由工具栏上的按钮来实现：

（1）复位按钮“”：单击此图标，能够使程序复位，程序计数器指向地址C:0000H 处。

（2）全速运行“”：单击此图标，能够使程序全速运行。

（3）停止运行“”：该图标原来是灰色（不可操作），在进入全速运行状态后会变成红色。如果要停下来，可按此图标。

（4）单步进入“”：按此图标可以实现程序的单步执行。若遇到函数调用时，会跟踪进入函数体。

（5）单步跳过“”：也是单步执行，但是遇到函数时，视作“1 条指令”来执行，不会跟踪进入。

（6）单步跳出“”：在调试程序时，如果希望从某个函数中提前返回，则可以按此图标。

（7）执行到光标“”：用鼠标单击某条可执行的代码（深灰色标记的程序行）。然后按此图标，则程序开始全速执行，当遇到光标所在的行时，会自动停下来。如果单击不可执行的程序行（有浅灰色标记），试图让程序执行到该行，是不允许的，“”图标也会立即变成灰色，不让你操作。

（8）设置/清除断点“”：Keil C51 支持断点设置功能。单击需要设置断点的行，再单击此图标，我们会看到该行被一个红色的小方块标记。当程序全速运行时遇到断点，便会自动停下来。Keil C51 允许在同一个程序里设置多个断点。清除某个断点的方法是，将光标停在该行上，再按一次“”图标。另外一种设置/清除断点的快捷方法是，用鼠标在目标程序行的空白处双击。

（9）清除所有断点“”：如果设置了多个断点，想一并清除，则可按此图标。

3. 外围设备访问

μVision 的一大特色是在仿真调试时支持对外围设备的访问。

单击菜单“Peripherals”，会弹出外围设备菜单。在 Peripherals 菜单里列出了标准 51 的外围设备：如中断、I/O 端口、串行口和定时器等。

现在执行菜单“Peripherals→I/O－Ports→Port 1”，弹出 P1 端口的界面。在位 0～7 中，用√表示高电平，空白表示低电平。执行菜单“Peripherals→Timer→Timer 0”，弹出定时器 T0 的界面。参见图 2.15。

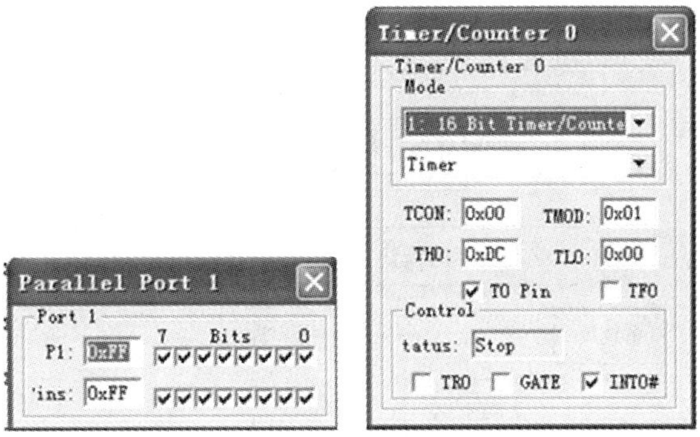

图 2.15　外围设备中的 P1 和 T0 对话框

4. 进入调试模式

单击开启/关闭调试模式按钮，使用 Peripherals 菜单→选择 I/O – Ports→P1，打开 P1 调试窗口，再按运行键，这时就可以看到 P1 因程序运行而不断变化的状态，其间空为“0”，打钩为“1”，如图 2.16。

若需要停止程序运行回到文件编辑模式，就要先按停止按钮，再按开启/关闭调试模式按钮。

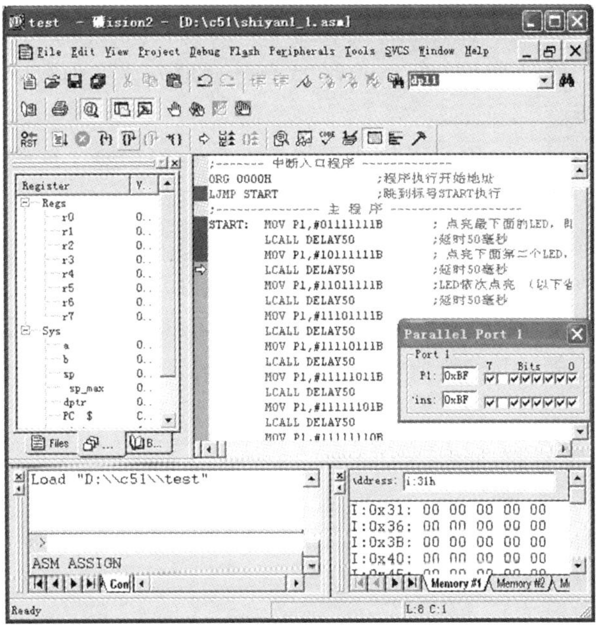

图 2.16　调试运行程序

2.4　C51 程序设计简介

C51 的程序开发过程如图 2.17 所示：

C 语言作为一种非常方便的语言而得到广泛的支持，程序本身不依赖于特定的机器硬件系统，基本上不作修改就可将程序从不同的单片机中移植过来；它还提供了很多数学函数并支持浮点运算，开发效率高，可缩短开发时间，并能增加程序可读性和可维护性。

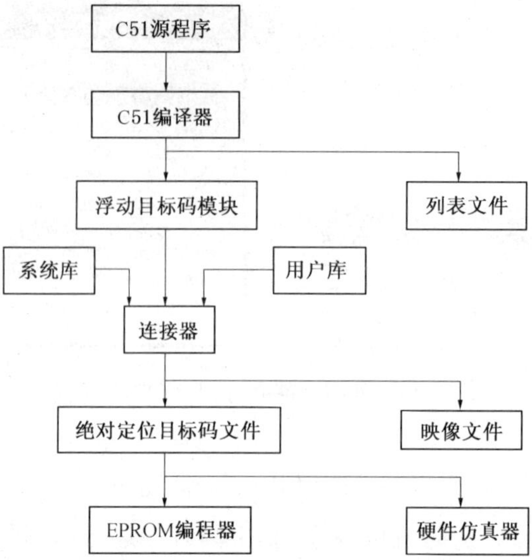

图 2.17　C 语言的程序开发过程

Keil C 程序结构与一般 C 语言没有什么差别。一个 C51 源程序大体上是一个函数定义的集合，因此函数是 C 程序的基本单位。一个 C 源程序至少应包含一个名为 main( ) 的函数，也可以包含其他函数。main( ) 主函数是程序的入口，一个 C 语言程序，总是从 main( ) 函数开始执行的，而不管物理位置上这个 main( ) 放在什么地方，主函数中的所有程序代码执行完毕，则程序执行完毕。

主程序通过直接书写语句和调用其他函数来实现有关功能，这些其他函数可以是由 C 语言本身提供给我们的，这样的函数称之为库函数；也可以是用户自己编写的，这样的函数称之为用户自定义函数。库函数是 C51 在库文件中已定义的函数，其函数说明在相关的头文件中，对于这类函数用户在编程时只要用 include 预处理指令将头文件包含在用户文件中直接调用即可。而自定义函数则是完全个性化的，是用户根据自己需要而编写的。

在 Keil C 中，函数定义由函数类型、函数名、参数表和函数体四部分组成，其一般格式如下：

```
类型    函数名(参数表)
{
        数据说明部分
        语句执行部分
}
```

【例】void　mDelay　(unsigned　int　DelayTime)；

函数的类型就是返回值的类型，函数类型(除整形外)均需在函数名前加以指定。函数名是一个标示符；参数表是用圆括号括起来的若干参数，项与项之间用逗号隔开。函数体是用大括号括起来的若干 C 语句，语句间用分号隔开，即函数首部下面的大括号“{}”内的部分，最后一个语句一般是 return(在主函数中或在不需返回值的子函数中可以省略)。函数体一般包括：声明部分：在这部分中定义所用到的变量；执行部分：由若干个语句组成。

一个函数在程序中可以三种形态出现：函数说明、函数定义和函数调用。函数的说明是告诉编译器函数的基本形态；函数的定义告诉编译器函数是如何实现的；函数调用就是具体对函数功能的运用。函数定义和函数调用不分先后，但若调用在定义之前，一般规定必须先进行函数说明。

C 语言源程序是普通的文本语言，可通过任意的文本编辑器输入与修改。C 语言的书写格式自由，一行内可以写几个语句，一条语句也可以分写在多行上，但每个语句的最后必须有一个分号。

C 语言的输入和输出操作常由库函数 scanf 和 printf 等实现。但 C51 编译器提供的输入输出库函数 scanf 和 printf 是通过 8051 单片机的串口实现的，故在程序中若需使用这种输入输出库函数，首先须对 8051 单片机的串口进行初始化。

可以用/*……*/的形式书写 C 程序中的注释文本。特别地，Keil C 也支持 C + + 风格的注释，就是用“//”引导注释文本。

2.5　本章小结

本章介绍 C51 语言编程的基本概念。

第 1 节介绍了 8051 单片机的编程语言，包括汇编、PL/M、C 和 BASIC 等。早期汇编语言得到广泛应用，由于 C 语言是一种结构化的程序设计语言，它兼具高级语言与汇编语言的优点，可代替汇编语言完成许多硬件级控制，并能产生紧凑的代码，因此，其应用范围日趋广泛，已成为单片机系统开发的首选语言。

第 2 节简单介绍了几种常见的 C51 编译器，其中 Keil 和 IAR 性能领先。Keil 能产生十分紧凑的代码，且使用方便灵活；而 Iar 则以性能完善和资料齐全著称。

第 3 节介绍 Keil C51 开发工具的特点、结构及功能。Keil C51 开发工具包括编译器 C51、汇编器 A51、连接定位器 L51/BL51、实时多任务操作系统 RTX51、库管理器 LIB51、集成开发环境 μVision　for Windows 等，功能强大且使用方便。本节同时详细介绍了在 μVision　IDE 环境下创建工程文件、输入源代码、编译、仿真运行、程序调试等过程的基本步骤及方法。

第 4 节则简要介绍了 C51 程序开发的基本过程、规范及特点。

习　题

1. C 语言的优点是什么？
2. 写出一个 C51 程序的构成。
3. 为什么当前会出现以 C 语言取代汇编语言的发展趋势？
4. 结合所使用的 C 编译系统说明 C 语言程序的具体开发过程。

第3章　C51 数据与运算

3.1　数据与数据类型

数据是具有一定格式的数字或数值，是计算机操作的对象。数据的不同格式称做数据类型。数据按照一定的数据类型进行的排列、组合及架构称为数据结构。

图 3.1 就是 C51 的数据类型，C51 数据类型与标准 C 数据类型的最大不同之处是增加了位类型。C51 编译器支持的数据类型及其长度与数域如表 3.1 所列。

- 数据类型
  - 基本类型
    - 位型(bit)
    - 字符型(char)
    - 整型(int)
    - 长整型(long)
    - 浮点型(float)
  - 构造类型
    - 数组类型(array)
    - 结构体类型(struct)
    - 共用体(union)
    - 枚举(enum)
  - 批针类型
  - 空类型

图 3.1　C51 数据类型

表 3.1　Keil C51 数据类型

数据类型	长度(bit)	长度(byte)	值域范围
bit	1	—	0，1
unsigned char	8	1	0～255
signed char	8	1	-128～127
unsigned int	16	2	0～65535
signed int	16	2	-32768～32767
unsigned long	32	4	0～4294967295
signed long	32	4	-2147483648～2147483647
float	32	4	±1.176E-38～±3.40E+38(6 位数字)
一般指针	24	3	存储空间 0～65535

(1) bit 位标量

bit 位标量是 C51 编译器的一种扩充数据类型，利用它可定义一个位标量，但不能定义位指针，也不能定义位数组。它的值是一个二进制位，不是 0 就是 1，类似一些高级语言中的 Boolean 类型中的 True 和 False。

(2) signed/unsigned char 字符类型

char 类型的长度是一个字节，通常用于定义处理字符数据的变量或常量。分无符号字符类型 unsigned char 和有符号字符类型 signed char，默认值为 signed char 类型。unsigned char 类型用字节中所有的位来表示数值，其可以表达的数值范围是 0～255。signed char 类型用字节中最高位表示数据的符号，“0”表示正数，“1”表示负数，负数用补码表示。所能表示的数值范围是 -128～+127。

（3）signed/unsigned int 整型

int 整型长度为两个字节，用于存放一个双字节数据。分有符号整型数 signed int 和无符号整型数 unsigned int，默认值为 signed int 类型。unsigned int 表示的数值范围是 0～65535。signed int 表示的数值范围是 -32768～+32767，字节中最高位表示数据的符号，“0”表示正数，“1”表示负数。8051 系列 CPU 将 int 数据的高位存放在低地址字节，如整型值 +0x1234 在内存中的表示顺序如图 3.2 所示。

地　址	+0	+1
内　容	0x12	0x34

图 3.2　整型值 0x1234 的存放顺序

（4）signed/unsigned　long 长整型

long 长整型长度为四个字节，用于存放一个四字节数据。分有符号长整型 signed long 和无符号长整型 unsigned long，默认值为 signed long 类型。unsigned long 表示的数值范围是 0～4294967295。signed long 表示的数值范围是 -2147483648～+2147483647，字节中最高位表示数据的符号，“0”表示正数，“1”表示负数。8051 系列 CPU 将 long 数据的高位存放在低地址字节，如整型值 +0x12345678 在内存中的表示顺序如图 3.3 所示。

地　址	+0	+1	+2	+3
内　容	0x12	0x34	0x56	0x78

图 3.3　长型值 0x12345678 的存放顺序

（5）float 浮点型

浮点型变量为 32 位占 4 个字节（byte），许多复杂的数学表达式都采用浮点数据类型。它用符号位表示数的符号，用阶码和尾数表示数的大小。用它们进行数学运算时可以直接使用由编译器提供的各种标准库函数。

C51 的浮点数据类型的格式采用 IEEE-754 标准（32），具有 24 位精度，尾数的高位始终为“1”，因而不保存，位的分布包括：1 位符号位、8 位指数位、23 位尾数。符号位在最高位，尾数在最低的 23 位，内存中按字节存储如图 3.4 所示：

地　址	+0	+1	+2	+3
内　容	SEEEEEEE	EMMMMMMM	MMMMMMMM	MMMMMMMM

图 3.4　IEEE-754 中浮点值的存放顺序

其中：

S：符号位，1 表示负，0 表示正；

E：阶码（在两个字节中，为实际阶码与偏移量 +127 之和）；

M：23 位尾数，最高位为“1”。

【例】：浮点变量值 -12.5 的十六进制为：0xC1480000，即按图 3.5 所示的方式保存于内存中。

地　址	+0	+1	+2	+3
内　容	11000001	01001000	00000000	00000000

图 3.5　浮点值 -12.5 的存放顺序

参照图 3.4 所示数据表达形式：S = 1，代表一个负数；E = 10000010，转为 10 进制为 130，130 - 127 = 3，即实际指数部分为 3；M = 10010000000000000000000，由于在底数左边省略存储了一个 1，故实际底数表示应为 1.10010000000000000000000。下面，还需根据指数部分 E 的值来调整底数部分 M 的值。调整方法为：如果指数 E 为负数，底数的小数点向左移，如果指数 E 为正数，底数的小数点向右移，小数点移动的位数由指数 E 的绝对值决定。这里，E 为正 3，使用向右移 3 为即得：1100.10000000000000000000。至次，这个结果就是 12.5 的二进制浮点数，由于 S 为 1，故最终代表的浮点值为 -12.5。

（6）指针型

指针型变量中存放的是指向另一个数据的地址，在 C51 中指针变量的长度一般为 1 ~ 3 个字节。其中通用指针变量的长度为 3 字节，包含 2 字节偏移和 1 字节存储器类型。

（7）数据类型的转换

当计算结果隐含着另外一种数据类型时，数据类型可以自动进行转换，例如，将一个位变量赋给一个整型变量时，位型值自动转换为整型值。有符号变量的符号也能自动进行处理，当然，也可以使用 C 语言的标准函数或语句进行人工转换。

3.2　常量与变量

（1）常量

C 语言中的常量是不接受程序修改的固定值，常量可为任意数据类型，参见示例：

char：　　'a'、'\ n'、'9'

int：　　12、567、0x21、-234

unsigned int：　　10000、9876、0xffff

long：　　1234567、-0x78ab8d

float：　　123.23、4.34e-3

（2）变量

其值在程序中可以改变的量称为变量。一个变量应该有一个名字（标识符），在内存中占据一定的存储单元，在该存储单元中存放变量的值。所有的 C 变量必须在使用之前定义。定义变量的一般形式是：

type variable_ list;

C51 中的变量除可以指定上节所述的各种数据类型外，还可选择说明该变量的存储器类型，存储器类型说明具体规定了该变量在 8051 硬件系统中所使用的存储区域。

变量说明举例：

```
sfr p0 = 0x80;
sbit RI = 0x98;
char data charvar;
char code msg[] = "Hello!";
unsigned long xdata array[100];
```

3.3 C51 数据的存储类型与 8051 存储器结构

第一章曾详细介绍过 8051 系列单片机的存储结构特点。从 C51 编译器的角度看，8051 存储器地址空间可分为 3 类：256B 片内数据存储器地址空间；64kB 片外数据存储器地址空间；64kB 片内、片外统一编址的程序存储器地址空间 0000H ~ FFFFH。如图 3.6 所示。

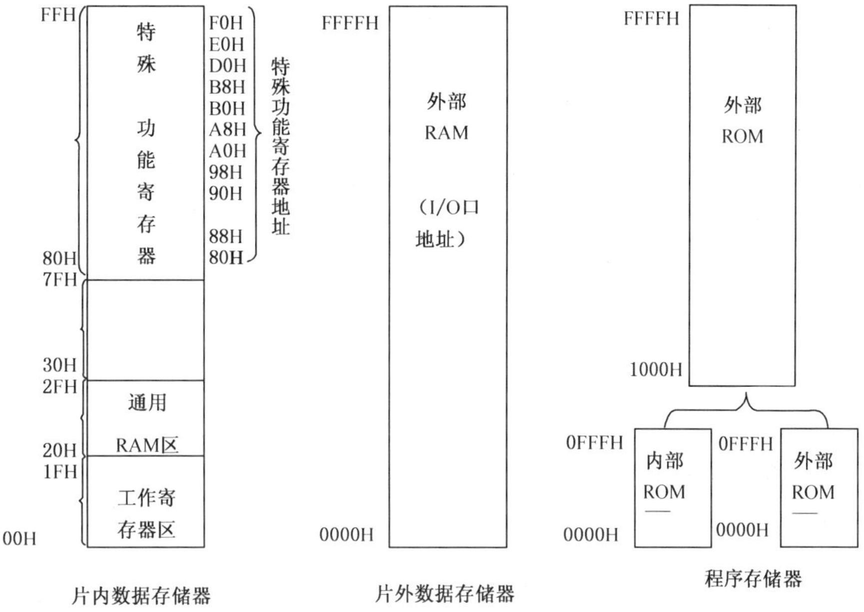

图 3.6 8051 单片机存储器结构

3.3.1 存储类型

C51 编译器完全支持 8051 系列微处理器及各种存储结构，并且允许对不同的变量准确地赋予不同的存储器类型，如表 3.2 所列。由于不同存储器类型具有不同的功能及操作特性，例如访问内部数据存储器(idata)要比访问外部数据存储器(xdata)相对要快一些，因此，可将经常使用的变量置于内部数据存储器中，而将大量且使用频率较低的数据单元置于外部数据存储器中。

表 3.2 C51 存储器类型与 8051 存储空间对照表

存储器类型	存储空间
data	直接寻址内部数据存储器，访问变量速度最快(128bytes)
bdata	可位寻址内部数据存储器，允许位与字节混合访问(16 bytes)
idata	间接寻址内部数据存储器，可访问全部片内 RAM(256bytes)
pdata	分页(256bytes)外部数据存储器，由操作码 MOVX @ Ri 访问
xdata	外部数据存储器(64kB)，由 MOVX @ DPTR 访问
code	代码数据存储器(64kB)，由 MOVC @ A + DPTR 访问

注意：在 8051 芯片中片内 RAM 只有低 128 字节，位于 80H 到 FFH 的高 128 字节则在 52 芯片中才可使用，并和特殊寄存器地址重叠。

(1) data 位于 8051 片内数据存储区，此区域变量的存取速度最快，但存储空间则较小，故只有频繁使用或对运算速度要求很高的变量才放到 data 区内，比如 for 循环中的计数值。另外 data 区内最好放局部变量，因为局部变量的空间是可以覆盖的(某个函数的局部变量空间在退出该函数时就释放，其存储空间可供别的函数的局部变量使用)，从而提高内存利用率。但应注意静态局部变量的内存使用方式与全局变量相同。

(2) 在程序中遇到的逻辑标志变量通常应定义到 bdata 区域。在 51 系列芯片中有 16 个字节位寻址区 bdata，其中可以定义 8×16 = 128 个位逻辑变量。定义方法是：

bdata LedState;

但位类型不能用在数组和结构体中。如果程序所使用的位变量较少，则此区域也可用作 data 区域。

(3) xdata 位于 8051 的片外数据存储空间，最大可寻址范围为 0x0000 – 0xffff 共 64K 字节，其特点是容量较大，但存取速度较慢，故此区域主要用于存放不常使用的变量，或收集等待处理的数据等。

(4) idata 是间接寻址内部数据存储器(对于 52 系列单片机可以超过 128 字节)。

(5) pdata 属于 xdata 类型，其地址高 8 位页面值固定且保存在 P2 口，使用 MOVX A,@ Ri、MOVX@ Ri，A 指令访问，常用于 I/O 操作。

综上，data、bdata、idata 访问的是片内数据存储器，而 xdata、pdata 访问的是片外数据存储器。一般情况都是将经常使用的变量存放在片内数据存储器，而将不常使用的数据置于片外数据存储器中。存储类型及其大小和值域如表 3. 3 所示。

表 3.3　存储类型及其大小和值域

存储类型	长度(bit)	长度(byte)	值域范围
data	8	1	0 ~ 255
idata	8	1	0 ~ 255
pdata	8	1	0 ~ 255
xdata	16	2	0 ~ 65535
code	16	2	0 ~ 65535

3. 3. 2　存储模式

存储模式是 C51 的一种编译选项，可在 SMALL、COMPACT 及 LARGE 三者中选定，它决定了程序中自动变量和默认存储器的类型。例如：在 SMALL 模式下参数传递是在内部数据存储区中完成的；LARGR 和 COMPACT 模式则允许参数在外部存储器中传递。C51 同时也支持混合模式，例如在 LARGE 模式下生成的程序中可将一些函数模块放入 SMALL 模式，从而加快执行速度。详细说明见表 3. 4。

表 3.4　单片机的存储模式

存储模式	说　明
SMALL	参数及局部变量放入可直接寻址的片内存储器(最大 128 字节，默认存储类型是 data)，因此访问十分方便。另外所有对象，包括栈，都必须嵌入片内 RAM
COMPACT	参数及局部变量放入分页片外存储区(最大 256 字节，默认的存储类型是 pdata)，通过寄存器 R0 和 R1 间接寻址，栈空间位于内部数据存储区中
LARGE	参数及局部变量直接放入片外数据存储区(最大 64kB，默认存储类型为 xdata)，使用数据指针 DPTR 来进行寻址。用此数据指针访问的效率较低，尤其是对二个或多个字节的变量，这种数据类型的访问机制直接影响代码的长度

3.4　8051 特殊功能寄存器(SFR)及其 C51 定义

8051 系列单片机片内 RAM 的高 128 字节(80H ~ FFH)地址空间是特殊功能寄存器寻址区。每个 SFR 如表 3.5 所列。

表 3.5　8051 特殊功能寄存器一览表

名　　称	符　号	字 节 地 址	位功能标记/位地址							
B 寄存器	B	F0H	B.7/F7	B.6/F6	B.5/F5	B.4/F4	B.3/F3	B.2/F2	B.1/F1	B.0/F0
累加器	A	E0H	ACC.7/E7	ACC.6/E6	ACC.5/E5	ACC.4/E4	ACC.3/E3	ACC.2/E2	ACC.1/E1	ACC.0/E0
程序状态字寄存器	PSW	D0H	CY/D7	AC/D6	F0/D5	RS1/D4	RS0/D3	OV/D2	-/D1	P/D0
中断优先级寄存器	IP	B8H	—	—	—	PS/BC	PT1/BB	PX1/BA	PT0/B9	PX0/B8
P3 端口寄存器	P3	B0H	P3.7/B7	P3.6/B6	P3.5/B5	P3.4/B4	P3.3/B3	P3.2/B2	P3.1/B1	P3.0/B0
中断允许寄存器	IE	A8H	EA/AF	—	—	ES/AC	ET1/AB	EX1/AA	ET0/A9	EX0/A8
P2 端口寄存器	P2	A0H	P2.7/A7	P2.6/A6	P2.5/A5	P2.4/A4	P2.3/A3	P2.2/A2	P2.1/A1	P2.0/A0
串行口控制寄存器	SCON	98H	SM0/9F	SM1/9E	SM2/9D	REN/9C	TB8/9B	RB8/9A	TI/99	RI/98
P1 端口寄存器	P1	90H	P1.7/97	P1.6/96	P1.5/95	P1.4/94	P1.3/93	P1.2/92	P1.1/91	P1.0/90
定时控制寄存器	TCON	88H	TF1/8F	TR1/8E	TF0/8D	TR0/8C	IE1/8B	IT1/8A	IE0/89	IT0/88
P0 端口寄存器	P0	80H	P0.7/87	P0.6/86	P0.5/85	P0.4/84	P0.3/83	P0.2/82	P0.1/81	P0.0/80
串行数据寄存器	SBUF	99H	—	—	—	—	—	—	—	—
定时器 1 高 8 位	TH1	8DH	—	—	—	—	—	—	—	—
定时器 0 高 8 位	TH0	8CH	—	—	—	—	—	—	—	—
定时器 1 低 8 位	TL1	8BH	—	—	—	—	—	—	—	—
定时器 0 低 8 位	TL1	8AH	—	—	—	—	—	—	—	—
定时器方式选择	TMOD	89H	—	—	—	—	—	—	—	—
电源及波特率选择	PCON	87H	—	—	—	—	—	—	—	—
数据高 8 位指针	DPH	83H	—	—	—	—	—	—	—	—
数据低 8 位指针	DPL	82H	—	—	—	—	—	—	—	—
堆栈指针	SP	81H	—	—	—	—	—	—	—	—

为了支持这些特殊功能寄存器(SFR)的声明，C51 编译器中引入了关键词“sfr”，语法如下：

```
sfr sfr_ name = int_ constant
```

【例】

```
sfr P0 =0x80;
sfr P1 =0x90;
```

“sfr”关键字后指定 SFR 的名称，“ = ”号后是该 SFR 的绝对地址。如上例中名字 P0 和 P1(port0 和 port1)定义为特殊功能寄存器并被赋予相应的绝对地址 0x80 及 0x90。其绝对地址必须是常数，不允许使用带有运算符的表达式，且这个常数必须在特殊功能寄存器的地址范围内，即位于 0x80 到 0xFF 之间。

在新的 8051 系列产品中，SFR 在功能上允许被组合为 16 位进行操作，为了有效的访问这类 SFR，可使用关键字“sfr16”。当“SFR”的高字节直接位于低字节之后时，对 SFR16 的访问是允许的。例如 8052 的定时器 2 就是这种情况，“sfr16”声明的语法与“sfr”类似，应取 16 位 SFR 的低地址部分作为 sfr16 的地址：

【例】

```
sfr16 T2 =0xCC;             /* Timer2: T2L =0CCH, T2H =0CDH */
sfr16 RCAP2 =0xCA;          /* RCAP2L =0CAH, PCAP2H =0CBH */
```

本例中，T2(由 T2L 和 T2H 组成)和 RCAP2(由 RCAP2L 和 RCAP2H 组成)被定义为 16 位 SFR。

SFR 中有 11 个寄存器具有位寻址能力(寄存器字节地址以 8 或 0 为尾数)，可使用保留字“sbit”定义这些特殊功能寄存器位。这种定义可采用以下三种方法之一：

(1) 方法 1：sfr_ name^int_ constant

当字节是特殊功能寄存器的地址可用这个方法。sfr_ name 必须是已定义的 SFR 的名字，“^”后的语句定义了基地址上某个指定位的位置，该位置必须是一个 0 ~7 的常数。

【例】

如已定义 sfr PSW =0xD0;

```
sbit OV = PSW^2;
sbit CY = PSW^7;
```

(2) 方法 2：int_ constant^int_ constant

这种方法以一 SFR 对应的整常数作基地址，该值必须在 0x80 ~0xFF 之间，并能被 8 整除，确定位的位置方法同上。

【例】

```
sbit OV =0xD0^2;
sbit CY =0xD0^7;
```

(3) 方法 3：int_ constant

这种方法是将 SFR 对应位的绝对地址赋给变量，地址必须位于 0x80 ~0xFF 之间。

【例】

```
sbit OV =0xD2;
sbit CY =0xD7;
```

3.5 8051 并行接口及其 C51 定义

单片机内部并行口 P0 ~P3 可用 sfr 定义，例如，如下代码可定义 P1：

```
sfr P1 =0x90;               /* 定义 P1 口的地址为 90H */
```

8051 单片机除了片内 4 个并行 I/O 接口外，常常还须在片外扩展并行接口，由于没有专用 I/O 指令，其外部并行口地址与外部数据存储器统一编址，即可将并行口视作外部数据存储器的一个单元，采用如下方法进行定义：

【例】

```
#include "absacc.h"
#define PA XBYTE[0xffec]   /* 外部并行口，其地址为 0xffec，将其定义为 PA 口 */
```

```
main()
{
    PA =0x3A;                    /* 将数据 3AH 写入地址为 0xffec 的存储单元或 I/O 端口 */
}
```

这里，XBYTE 是对外部数据存储区的直接存取指令，其定义在 absacc. h 头文件中。

3.6 位变量(BIT)及其 C51 定义

除了通常的 C 数据类型外，C51 编译器还扩展了"bit"数据类型。

(1) 位标量声明的语法及 C 声明的语义

```
static bit direction_ bit;           /* 定义 direction_ bit 为一个静态位变量 */
extern bit lock_ printer_ port;      /* 定义 lock_ printer_ port 为一个外部位变量 */
bit display_ invers;                 /* 定义 display_ invers 为一个位变量 */
```

(2) 对于位声明的限制

① 位变量不能声明为一个指针，如不能定义 bit *bit_ poiter;

② 不存在位数组，如不能定义 bit b_ array[5];

③ 位声明中允许定义存储器类型，位都被放入一个位段，它总是在 8051 内部 RAM 中，因此存储器类型限制为 DATA 或 IDATA，声明为其他存储器类型都将导致编译出错。

④ 函数可包含类型为"bit"的参数，也可将其作为返回值。但，使用禁止中断(#pragma disable)或包含明确的寄存器组切换(using n)的函数不能返回位值。此时，编译器会自动识别出来并产生一个错误信息。

(3) 可位寻址对象

可位寻址对象指 8051 中允许使用位寻址的对象，该对象应该位于片内 0x20 - 0x2F 可位寻址 RAM 区，并用"bdata"存储类型说明。

```
bdata int ibase;             /* 将 ibass 定义为 bdata 整型变量 */
bdata char bary[4];          /* 将 bary 定义为 bdata 字符型数组 */
```

其后可使用"sbit"定义可独立访问的可位寻址对象：

```
sbit mybit0 = ibase^0;
sbit mybit15 = ibase^15;
sbit ary00 = bary[0]^0;
sbit ary37 = bary[3]^7;
```

经过上述定义的位对象则可采用如下方法进行寻址及数据存取：

```
ary37 =0;                /* 寻址"bary[3]"中的位 7 */
mybit15 =0;              /* 寻址"ibase"的位 15 */
ibase = -1;              /* 寻址字节地址，全部数据字节数据位均为 1 */
```

注意：sbit 声明要求基址对象的存储器类型为"bdata"，否则只有绝对的位声明方法是合法的。位置('^'操作符号后)的最大值依赖于指定的基类型，这个值于 char/unsigned char 而言是 0 ~ 7，对于 int/unsigned int/short/unsigned short 而言是 0 ~ 15，对于 long/unsigned long 而言则是 0 ~ 31。可位寻址的段长最大不能超过 16 字节。

3.7 C51的运算符与表达式

3.7.1 C51的算术运算符与算术表达式

1. 算术运算符的种类

(1) (+)加法运算符，又叫正值符号；

(2) (-)减法运算符，又叫负值符号；

(3) (×)乘法运算符；

(4) (/)除法运算符；

(5) (%)求余运算符，或称模运算；

(6) (+ +)自增运算符；

(7) (- -)自减运算符。

2. 算术表达式和运算符的优先级与结合性

(1) 算术表达式：指用算术运算符和括号将运算对象(也称操作数，如常量、变量、函数等)连接起来、符合C语法规则的式子。如：a×b/c - 1.5 + ‘a’

(2) 运算符的优先级：指当运行对象两侧均有运算符时，执行运算的先后次序。

(3) 运算符的结合性：指运算对象两侧的运算符优先级相同时，执行运算的先后顺序，具体包括以下两种结合方向：

左结合性：结合方向为从左至右，算术运算符具左结合性。例：a - b + c，故应先执行a-b，再执行加c的运算。

右结合性：结合方向为从右至左，赋值运算符“ = ”具右结合性。例：a = b + c，应先执行右边的b+c，再赋值给a。

3. 自增、自减运算符

自增：使变量的值加1；自减：使变量的值减1。

应注意+ +i与i+ +的区别，前者在使用i之前应先使i加1，如下例所示：

【例】

```
i=3;
j= + +i;          //先使i加1，再赋给j。执行后：j=4，i=4。
j=i+ +;           //先把i赋给j，再使i加1。执行后：j=3，i=4。
```

注意：+ +和- -只能用于变量，不能用于常量和表达式；+ +和- -的结合方向为“右结合”。

4. 数据类型转换

若运算符两侧的数据类型不同，则必须通过数据类型转换将数据转换成同种类型参加运算。转换的方式有两种：

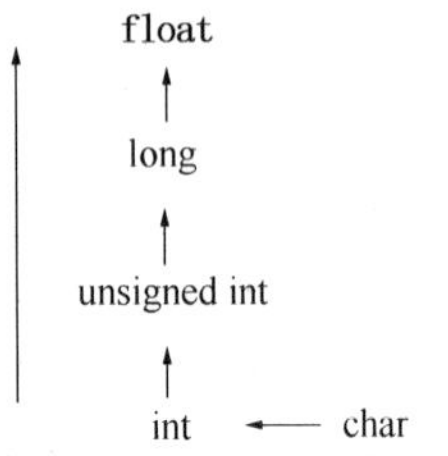

图3.7 自动数据类型转换规则

(1) 自动(缺省)类型转换

即在程序编译时由C编译自动进行数据类型转换。如图3.7所示为自动数据类型转换规则。图中横向左箭头表示必须的转换，如char，int变量同时存在时，必须将char转换成int类型。图中纵向箭头表示当运算对象为不同类型时建议的转换方向。例如int与long型数据进行运算时，应先将较低类型int转成较高的类型long，然后再进行运算，结果为 long 类型。一般来说，当运算对象的数据类型不相同时，均应先将较低的数据类型转换成较高的数据类型，运算的结果则为较高的数据类型。

（2）强制类型转换

这种方法需要使用强制类型转换运算符，将数据强制转换成规定的类型。其格式为：(类型名)(表达式)。

【例】

```
(int)(x+y)          /* 将 x+y 的值强制转换成 int 类型 */。
(float)(5%3)        /* 将模运算 5%3 的值强制转换成 float 类型 */。
```

【例】

```
unsigned char x, y;
unsigned int z;
z = x + (unsigned int)y;
z = (unsigned int)x * y;
```

这样的加法和乘法才能保证计算结果超过一字节时仍然正确。

3.7.2 C51 的关系运算符与关系表达式

1. 关系运算符

在程序中经常需要比较两个量的大小关系，以决定程序下一步的工作。比较两个量的运算符称为关系运算符，在 C51 语言中支持以下关系运算符：

（1）< 小于；

（2）<= 小于或等于；

（3）> 大于；

（4）>= 大于或等于；

（5）== 等于；

（6）!= 不等于。

2. 关系运算符的结合性与优先级

关系运算符都是双目运算符，其结合性均为左结合。关系运算符的优先级低于算术运算符，高于赋值运算符。在六个关系运算符中，“<，<=，>，>=”的优先级相同，“==”和“!=”的优先级相同。

【例】

```
c > a + b     等价于     c > (a + b)
a > b != c    等价于     (a > b) != c
a == b < c    等价于     a == (b < c)
a = b > c     等价于     a = (b > c)
```

3. 关系表达式

用关系运算符将两个表达式(可以是算术表达式、关系表达式、逻辑表达式、赋值表达式、字符表达式)连接起来的式子，称为关系表达式。例如，下面都是合法的关系表达式：

a>b，a+b>b+c，(a=3)>(b=5)，‘a’<‘b’，(a>b)>(b<c)。

关系表达式的值是一个逻辑值，即“真”或“假”。例如，关系表达式“5==3”的值为“假”，“5>=0”的值为“真”。C51 中以 1 代表“真”，以 0 代表“假”。

例如，若 a=3，b=2，c=1，则：

① a > b 的值为“真”，表达式的值为 1；

② (a > b) = c 的值为“真”(因为 a > b 的值为 1，等于 c 的值)，表达式的值为 1；

③ b + c < a 的值为“假”，表达式的值为 0；

④ 若 f = a > b > c，因为“ > ”运算符是自左至右的结合方向，先执行“a > b”的值为 1，再执行关系运算：“1 > c”，得值 0，赋给 f。

3.7.3　C51 的逻辑运算符与逻辑表达式

1. 逻辑运算符

逻辑运算符用于实现各种逻辑运算，C51 语言提供三种逻辑运算符：

(1) &&　　逻辑与(相当于其他语言中的 AND)；

(2) ||　　逻辑或(相当于其他语言中的 OR)；

(3) !　　逻辑非(相当于其他语言中的 NOT)。

“&&”和“ || ”是“双目运算符”，它要求有两个运算量(操作数)，如(a > b)&& (x > y)，(a > b) || (x > y)。“!”是“单目运算符”，只要求一个运算量，如! (a > b)。

表 3.6 为两元逻辑运算的真值表，表示当 a 和 b 的值为不同组合时，各种逻辑运算所得到的值。

表 3.6　两元逻辑运算的真值表

a	b	! a	! b	a&&b	a || b
真	真	假	假	真	真
真	假	假	真	假	真
假	真	真	假	假	真
假	假	真	真	假	假

2. 逻辑运算符的优先级

逻辑运算符的结合性是左结合。逻辑运算符与算术、关系、赋值运算符的优先关系如图 3.8所示：

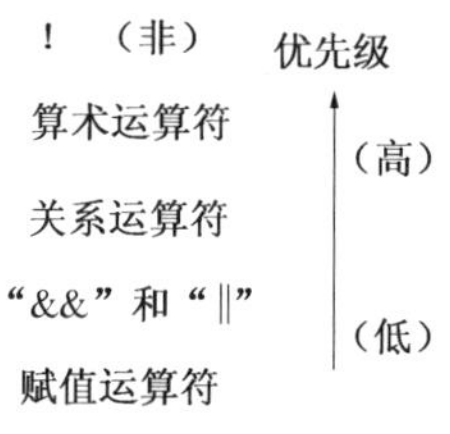

图 3.8　逻辑运算符的优先级

3. 逻辑表达式

逻辑表达式是指用逻辑运算符将关系表达式或逻辑量连接起来的式子，其值应该是一个逻辑量“真”或“假”。C51 中分别以数值 1/0 代表逻辑运算结果的“真”/“假”。但在判断一个量是否为“真”时，以 0 代表“假”，以非 0 代表“真”。

【例】

若 a = 4，b = 5，则

① ! a 的值为 0。因为 a 的值为非 0，对它进行非运算，值为 0；

② a&&b 的值为 1。因为 a 和 b 的值都为非 0，对它进行与运算，值为 1；

③ ！a || b 的值为 1。因为“!”的优先级高于“ || ”，应先执行“！ a”运算，其结果值为 0，再执行“ || b”运算，结果为 1。

通过这几个例子可以看出，逻辑运算符两侧的运算对象可以是任何类型的数据，系统最终以 0 和 1 来判定它们属于“真”或“假”。故可将表 3.6 改成表 3.7 的形式。

表 3.7　两元逻辑运算的真值表

a	b	！a	！b	a&&b	a || b
非 0	非 0	0	0	1	1
非 0	0	0	1	0	1
0	非 0	1	0	0	1
0	0	1	1	0	0

如果在一个表达式的不同位置上出现数值，应注意区分哪些是作为数值运算或关系运算的对象，哪些是作为逻辑运算的对象。

【例】

5 >3&&2 || 8 <4 -！ 0

依照图 3.8 的优先级关系，首先处理“5 >3”。在关系运算符两侧的 5 和 3 作为数值参加关系运算，“5 >3”的值为 1。再进行“ 1&&2”的运算，此时 1 和 2 均是逻辑运算对象，均为“真”处理，因此结果为 1。再往下进行“1 || 8 <4 -！ 0”的运算。根据优先次序，“！ 0”的结果为 1，表达式变成：“1 || 8 <3”，“8 <3”的结果为 0。最后得到“1 || 0”的结果为 1。

3.7.4　C51 的条件运算符与条件表达式

如果在条件语句中，只执行单个的赋值语句时，常可使用条件表达式来实现。

条件运算符为“?”和“:”，它是一个三目运算符，由条件运算符组成条件表达式的一般形式为：

表达式 1?　表达式 2：　表达式 3

其求值规则为：如果表达式 1 的值为真，则以表达式 2　的值作为条件表达式的值，否则以表达式 3 的值作为整个条件表达式的值。条件表达式通常用于赋值语句之中。

例如条件语句：

```
if(a >b) max = a;
else max = b;
```

可用条件表达式写为 max = (a >b)? a: b;

使用条件表达式时，还应注意以下几点：

① 条件运算符的运算优先级低于关系运算符和算术运算符，但高于赋值符。因此 max = (a >b)? a: b 可以去掉括号而写为 max = a >b? a: b。

② 条件运算符“?”和“:”是一对运算符，不能分开单独使用。

③ 条件运算符的结合方向是自右至左。

【例】

a >b? a：c >d? c：d 应理解为：a >b? a：(c >d? c：d)。这也就是条件表达式嵌套的情形，即其中的表达式又是一个条件表达式。

3.7.5　C51 的逗号运算符与逗号表达式

C51 语言提供一种特殊的运算符——逗号运算符，又称“顺序求值运算符”。逗号表达式是用逗号运算符把多个表达式连接起来的表达式。

逗号表达式的一般形式为：

表达式 1，表达式 2，……表达式 n

逗号表达式的求解过程是：先求解表达式 1，再求解表达式 2，依次类推。整个逗号表达式的值是表达式 n 的值。

逗号运算符是所有运算符中级别最低的，因此，下面两个表达式的作用是不同的：

① x =（a =3，6 ×3）；

② x = a =3，6 × a。

第①个是一个赋值表达式，将一个逗号表达式的值赋给 x，x 的值等于 18。第②个是逗号表达式，它包括一个赋值表达式和一个算术表达式，x 的值为 3。

再如，逗号表达式：a =3 ×5，a ×4。由于赋值运算符的优先级别高于逗号运算符，因此应先求解 a =3 ×5(也就是把“a =3 ×5”作为一个表达式)。经计算和赋值后得到 a 的值为 15，然后求解 a ×4，得 60。整个逗号表达式的值为 60(a 不变，仍为 15)。

一个逗号表达式又可以与另一个表达式组成一个新的逗号表达式，如(a =3 ×5，a ×4)，a +5 先计算出 a 的值等于 15，再进行 a ×4 的运算得 60(但 a 值未变，仍为 15)，再进行 a +5 得 20，即整个表达式的值为 20。

其实，逗号表达式就是把若干个表达式“串联”起来。在许多情况下，使用逗号表达式的目的只是想分别得到各个表达式的值，而并非一定需要得到和使用整个逗号表达式的值，逗号表达式最常用于循环语句(for 语句)中。

需要注意的是并不是任何地方出现的逗号都是作为逗号运算符。例如函数参数也是用逗号来间隔的。如 printf(“%d,%d,%d”，a，b，c)中的“a，b，c”并不是一个逗号表达式，它是 printf 函数的 3 个参数，参数间用逗号间隔。如果改写为 printf(“%d,%d,%d”，(a，b，c)，b，c)，则“(a，b，c)”是一个逗号表达式，它的值等于 c 的值。括弧内的逗号不是参数间的分隔符而是逗号运算符，括弧中的内容是一个整体，作为 printf 函数的一个参数。

3.7.6 C51 中的位操作符及其表达式

1. C51 的位操作运算符

① &　按位与；

② |　按位或；

③ ^　按位异或；

④ ~　按位取反；

⑤ < <位左移；

⑥ > >位右移。

除了按位取反运算符 ~ 以外，以上位操作运算符都是两目运算符，即要求运算符两侧各有一个运算对象。位运算符只能作用于整型或字符型数，而不能作用于实型数据。

(1)“按位与”运算符“&”

若 a =54H =01010100B，b =3BH =00111011B，则表达式：c = a&b 的值为 10H。

(2)“按位或”运算符“|”

若 a =30H =00110000B，b =0FH =00001111B，则表达式：c = a | b 的值为 3FH.

(3)“异或”运算符“^”

若 a = A5H =10100101B，b =37H =00110111B，则表达式：c = a^b 的值为 92H。

(4)“位取反”运算符“ ~ ”

若 a = FOH = 11110000B，则表达式：a = ~a 值为 0FH。

“ ~ ”运算符的优先级比别的算术运算符、关系运算符和其它运算符都高。例如，~a&b 的运算顺序为先作 ~a 再作 & 运算。

(5) 位左移和位右移运算符(“ < < ”,” > > ”)

位左移、位右移运算符，用来将一个数的各个二进制位全部左移或右移若干位，移位后，空白位补 0，而溢出的位舍弃。

若 a = EAH = 11101010B，则表达式：a = a < <2，将 a 值左移两位，其结果为 A8H。表达式：a = a > >2 将 a 右移两位，其结果为 3AH

2. 循环移位

若需实现循环移位，则可用下述方法间接实现。

【例】

若 a = 11000011B = 0C3H，需将 a 值右循环位移二位。

a 右循环 n 位，相当于将 a 中原来左面(8 - n)位右移 n 位，而将原来右端的 n 位移到最左面 n 位。上述问题可以由下列步骤来实现：

(1) 将 a 的右端 n 位先放到 b 中的高 n 位中：b = a < <(8 - n)，其右侧低 8 - n 位自动补 0；

(2) 将 a 右移 n 位，置于 c 中：c = a > >n，其左侧高 n 位自动补 0；

(3) 将 b，c 进行或运算，a = b | c，得到要求的结果为 0F0H。

3. 移位与数学运算

对于二进制数来说，左移一位相当于对该数乘 2，而右移一位相当于将该数除 2，利用这一性质我们可以用移位来做快速乘除法。例如，假如要对某数乘 10，使用如下方法将比直接做乘法更有效率：先将该数左移两位再与该数本身相加，然后再左移一位。

移位运算并不能改变原变量本身，除非我们将移位的结果赋给另一变量，例如，x = a < <3。

在控制系统中，位操作方式比算术方式更频繁地被使用。在实际控制应用中，人们常常想要改变 I/O 口中某一位的值而不影响其它位。此时可使用“&”运算将指定位清除，或使用“ | ”运算将某指定位置“1”。

【例】

a = P0 & (~0x51)　/* 0x51 = 01010001B，本语句将对 P0.0，P0.4，P0.6 位清 0 */

a = P0 | (0x51)　/* 0x51 = 01010001B，本语句将对 P0.0，P0.4，P0.6 位置 1 */

3.7.7 复合运算符及其表达式

C51 中，凡是二目运算符，都可以与赋值运算符“ = ”一起组成复合赋值运算符。共有 10 种复合赋值运算符，即：+ =、- =、× =、/ =、% =、< < =、> > =、& =、| =、^ =。

采用这种复合赋值运算的目的，可简化程序，提高 C 程序的编译效率。如：

① a + = b　相当于 a = a + b；

② a% = b　相当于 a = a% b；

③ a < < =8　相当于 a = a < <8。

3.8 本章小结

本章介绍了 C51 基本数据类型及运算规则。

第 1 节介绍了 C51 语言的基本数据类型，包括位型、字符型、整型、长整型、浮点型及指针型。在 C51 中指针型变量的长度依据所指向变量的存储类型一般为 1 ~ 3 个字节。其中通用指针变量的长度为 3 字节，包含 2 字节偏移和 1 字节存储类型编码。

第 2 节简单介绍了 C51 中的常量与变量的特点及其定义方法。

第 3 节重点讨论变量的存储类型、长度、值域、功能与操作特性。依据变量所在的存储器类型，变量的存储类型可细分为片内 RAM 区的 data、bdata、idata，片外 RAM 区的 pdata、xdata，以及 ROM 区的 code；存储模式则是 C51 的一种编译选项，可在 SMALL、COMPACT 及 LARGE 三者中选定，它决定了程序中自动变量和默认存储器的类型。

第 4 ~ 6 节介绍了 8051 片内特殊功能寄存器寻址区、并行接口及位变量的定义方法，C51 编译器引入了“sfr”及“sfr16”关键字用以描述 SFR；除了通常的 C 数据类型外，C51 编译器还扩展了“bit”数据类型以便对位变量进行描述。

第 7 节介绍了 C51 的运算符与表达式类型，C51 支持与 C 语言类似的算术、关系、逻辑、条件等运算符及其表达式；并扩展了与位变量相适应的按位“与”、“或”、“非”、“异或”及“移位”操作。

习　题

1. C51 支持的基本数据类型有哪些，各有何特点？

2. 8051 的主要的存储空间是如何安排的？

3. 编一段程序把 8 位口新的输入值和前一次的输入值进行比较，然后产生一个 8 位数，这个数中的位为“1”的条件是：仅当新输入的位为“0”，而前一次输入的位为“1”。

4. 按给定的存储类型和数据类型，写出下列变量的说明形式。

① up，down，整数，使用程序存储器存储；

② first，last，浮点小数，使用外部数据存储器存储；

③ CC，ch，字符，使用内部数据存储器存储。

5. 判断下列关系表达式或逻辑表达式的运算结果(1 或 0)。

(a)10 = =9 +1；　(b)0&&0；　(c)10&&8；　(d)8 | 0；

(e)! (3 +2)；　(f)设 x =10，y =9；x > =8&&y < =x。

6. 设 x =4，y =8，说明下列各题运算后，x，y 和 z 的值分别是多少？

(1)z =(x + +) ×(- -y)；　(2)z =(+ +x) -(y - -)；

(3)z =(+ +x) ×(- -y)；　(4)z =(x + +) +(y - -)。

7. 分析下列运算表达式运算顺序。

(1)c =a | | (b)；　(2)x + -y -z；　(3) -b > >2；

(4)c = + +a% b - -；　(5)! m&&n；　(6)a <b | | c&d。

8. C 中各种运算的优先级是如何定义的？

第4章　C51流程控制语句

C51语言是一种结构化编程语言。结构化语言的基本元素是模块，每个模块只能有一个出口和一个入口，不允许有偶然的中途插入或从模块的其他路径退出。结构化程序的每个模块中均包含着若干种基本结构，而每个基本结构又由若干条语句组成。归纳起来，C51语言有以下三种基本结构：①顺序结构；②选择结构；③循环结构。可以证明，任何复杂的问题均可由以上三种基本结构加以解决。

4.1　C51语言程序的基本结构及流程图

4.1.1　顺序结构及其流程图

顺序结构是一种最基本，最简单的编程结构，在这种程序结构中，程序按照语句的先后顺序顺次执行。如图4.1所示，程序将依次A、B、C操作。

4.1.2　选择结构及其流程图

计算机的一个基本特性是具有选择(决策)能力，从而可根据各种特定的运行条件，改变程序的运行模式，完成不同的功能操作。

选择结构的程序流程图如图4.2所示，P代表一个条件，当P条件成立(为真)时，执行A操作，否则执行B操作。但两者只能选择其一。两个方向上的程序流程最终将汇集到一起从一个出口中退出。

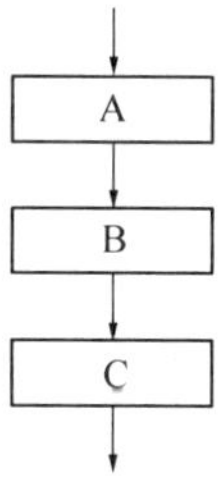

图4.1　顺序结构流程图

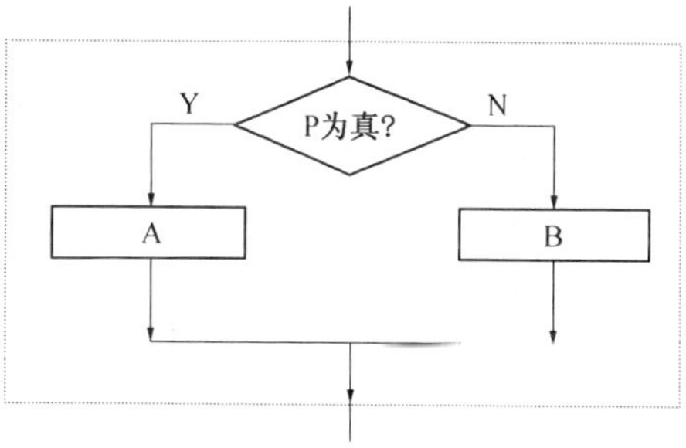

图4.2　选择结构流程图

由选择结构可以派生出另一种基本结构：多分支结构，具体可细分为串行多分支和并行多分支两种情况。

1. 串行多分支及其流程图

如图4.3所示，在串行多分支结构中，以单选择结构中的某一分支方向作为串行多分支方向(假如，以条件为“真”为串行方向)继续进行选择结构的操作。若条件为“假”时，执行另外的操作。最终程序在若干种选择之中选出一种操作来执行，并从一个共用的出口退出。

这种串行多分支结构由若干条if，else if语句嵌套构成。

2. 并行多分支结构及其流程图

如图4.4所示，在并行多分支结构中，根据K值的不同，可选择A1、A2、……，An等不同的操作中的一种来执行。

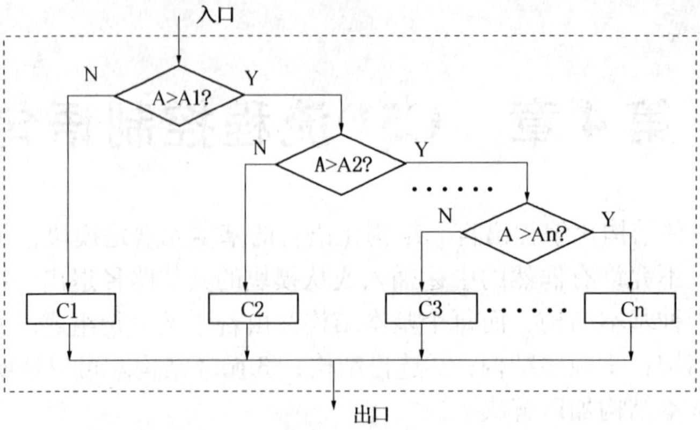

图 4.3　串行多分支结构流程图

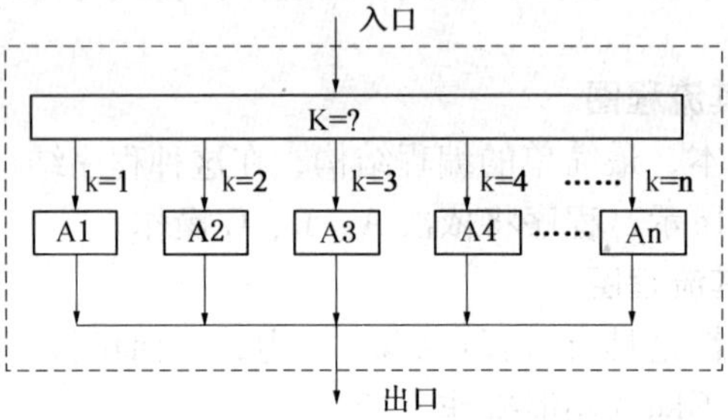

图 4.4　并行多分支结构流程图

常用的构成并行多分支结构的语句是 switch - case 语句。

4.1.3　循环结构及其流程图

循环结构可使分支流程重复地执行。循环结构又可细分为“当”(while)型循环结构和“直到”(do…while)型循环结构两种。

1.“当”(while)型循环结构及其流程图

如图 4.5 所示，在这种结构中，当判断条件 P 成立(为“真”)时，反复执行操作 A，直到 P 条件不成立(为“假”)时，才停止循环。

2.“直到”(do - while)型循环结构及其流程图

如图 4.6 所示，这种结构中，先执行操作 A，再判断条件 P，若 P 成立(为“真”)则再执行 A，反复直到 P 为假为止。

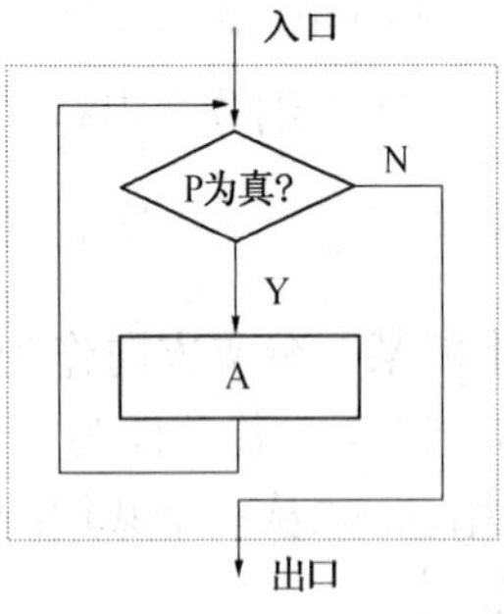

图 4.5　“while”循环结构

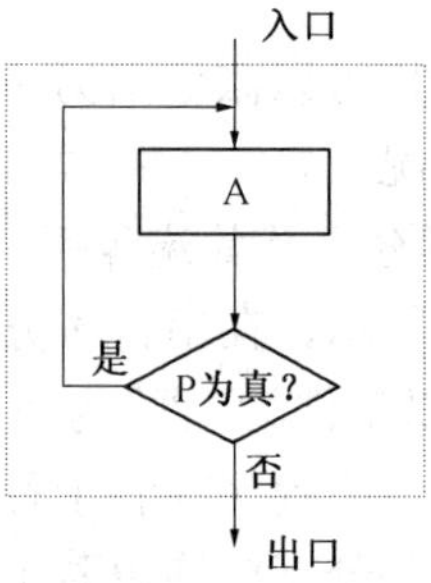

图 4.6　“do while”型循环结构流程图

构成循环结构的常见语句主要有：while，do while，for 等。

下面谈谈程序的流程图。在进行编程之前，一般首先需画出程序的流程图。程序的流程图不是一个程序的细节，而只是这个程序解决问题的方法概述。为便于理解，所有流程图应尽量使用功能命名而不应以特定的变量名作参考，例如等待某键按下启动，可采用图 4.7 所示的几种表示法：

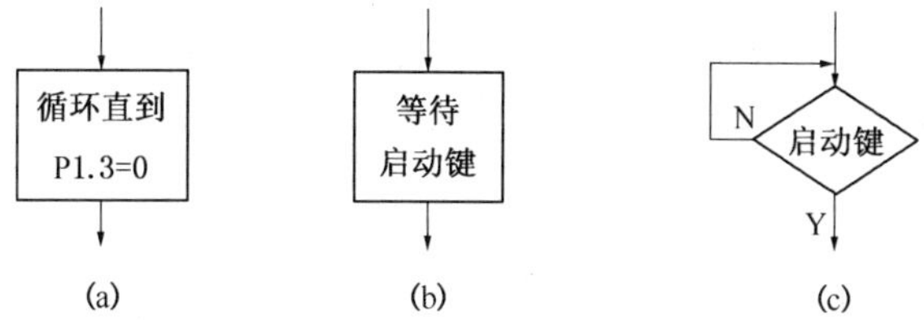

图 4.7　流程图表示法

其中 b 种表示法最好，c 种表示法次之。

4.2　选择语句

选择语句包括 if – else if 及 switch – case 两种形式。

4.2.1　选择语句 if

if 语句也称为条件语句，它提供程序的条件执行功能，其基本结构是：

if(表达式)

{语句}；

在这种结构中，如果括号中的表达式成立(为“真”)，则程序执行花括号中的语句。否则程序将跳过花括号中的语句部分，执行后面其他语句。

C 语言提供了三种形式的 if 语句，如下。

1. if(表达式){语句}

这是一种单分支选择结构，其执行过程是：若表达式为“真”，则执行花括号中的语句；否则退出选择结构。其程序结构如图 4.8 所示：

【例】if (p! =0)

{c =20;}

2. if(表达式){语句 1;} else {语句 2;}

这是一种两分支选择结构，其执行过程是：若表达式为“真”，则执行语句 1；否则执行语句 2。其程序结构如图 4.9 所示：

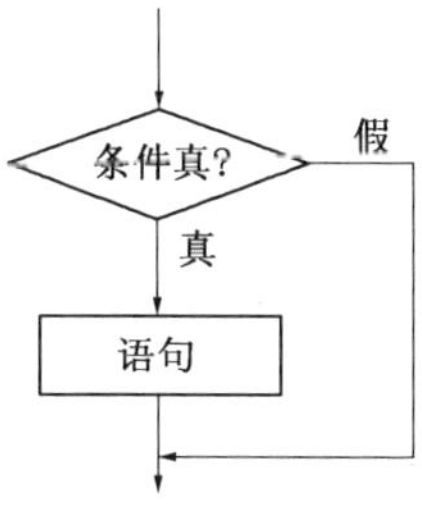

图 4.8　单分支选择结构

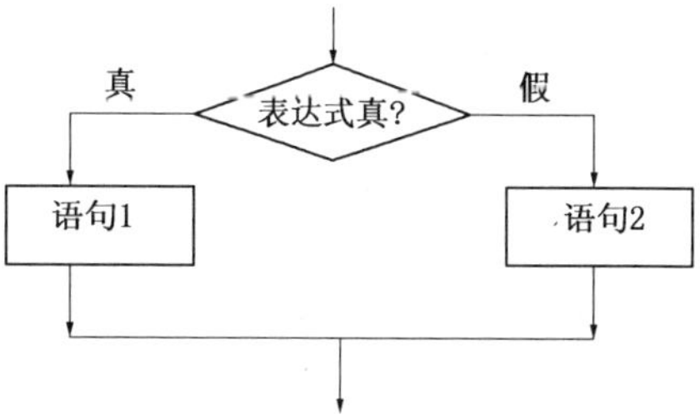

图 4.9　两分支选择结构

【例】if (p! =0)

{c =20;}

else

{c =0;}

3. If-else if 语句

其格式为:

if (表达式 1) {语句 1;}

  else if(表达式 2) {语句 2;}

  else if(表达式 3) {语句 3;}

  ……

  else if(表达式 n) {语句 n;}

  else {语句 n+1;}

这是一种多分支选择结构，它的执行过程是：先计算表达式 1 的值，为真时执行语句 1；否则再计算表达式 2 的值，为真时执行语句 2；以下类推。如果前 n 个表达式均不成立，则执行最后的语句 n+1。

值得注意的是，在所有的 n 个分支语句中，总是只执行其中一个分支语句。且程序在判断下一个表达式时，前一个表达式的值必为假。各个 else if 及 else 语句的先后次序对程序的最终结果将产生影响。其程序结构如图 4.10 所示:

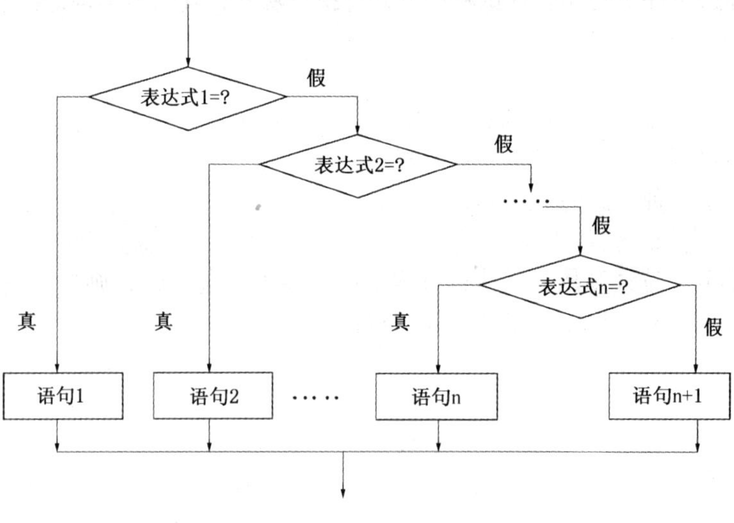

图 4.10 多分支选择结构

【例】

```
if(a>=1) {c=10;}
else if(a>=2) {c=20;}
else if(a>=3) {c=30;}
else if(a>=4) {c=40;}
else {c=0;}
```

4. if 语句的嵌套

在 if 语句中若又含有一个或多个 if 语句，这种情况称为 if 语句的嵌套。

if 语句的嵌套的基本形式如下:

if(表达式 1)

```
    if (表达式2){语句1}          /* 内层嵌套if语句 */
    else{语句2}
else
    if (表达式3){语句3}          /* 内层嵌套if语句 */
    else{语句4}
```

理解嵌套的 if 语句应特别注意 if 与 else 的对应关系。else 总是与它上面的最近的一个 if 语句相对应，在编程时最好使同一嵌套层次上的 if-else 语句排列在同一缩进深度。这样在阅读程序时，嵌套层次一目了然，可以提高程序的可阅读性。

C 语言中用花括号表示由多条语句组成的复合语句，如果 if 语句中花括号内只有一条语句，则花括号可以省略。

4.2.2 switch/case 语句

在实际应用中，常常会遇到多分支选择问题。虽然可以用前面已介绍过的 if-else if 语句来解决这个问题，但由于一个 if 语句只有两个分支可供选择，如果分支较多，则必然程序冗长，从而降低程序的可读性。为此，C 语言提供了一个 switch 语句，用于直接处理并行多分支选择问题。其一般形式如下：

```
switch(表达式)
{
    case  常量表达式1：{语句1;} break;
    case  常量表达式2：{语句2;} break;
      .
      .
    case  常量表达式n：{语句n;} break;
    default          ：{语句n+1;}
}
```

switch 语句在使用时应注意以下几点：

① 每一个 case 后面的"常量表达式"的值必须互不相同；

② 各个 case 的出现次序不影响执行结果；

③ 如果在 case 语句中遗忘了 break，则程序在执行了本部分功能语句之后，不会退出 switch 结构，而是继续执行后续的 case 语句；

④ default 代表所有 case 之外的选择，default 可以出现在 switch 语句体中任何标号的位置上，也可以没有或省略；

⑤ case 与常量表达式之间一定要有空格。例如：case6 不能写成 case6。

switch 语句的执行过程是：首先计算表达式的值，当表达式的值与某一个 case 后面的常量表达式相等时，就执行此 case 后面的所有语句，直到 switch 语句结束；若表达式的值与所有常量表达式的值都不匹配，就执行 default 后面的语句，直到 switch 语句结束。

图 4.11 给出了 switch 语句的结构流程图：

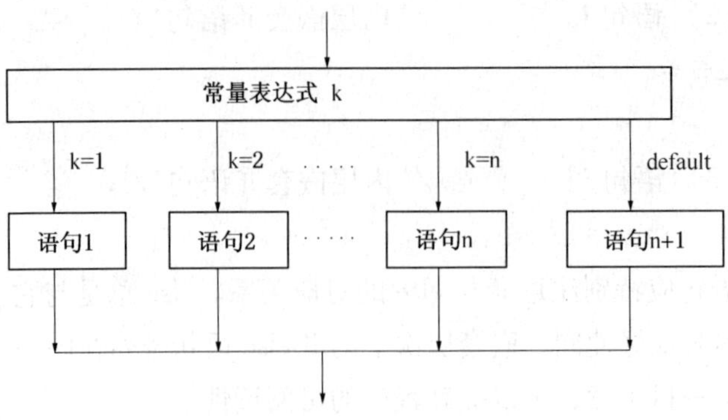

图 4.11 “switch”分支结构流程图

4.3 循环语句

在程序设计中经常会遇到需要重复执行的操作，如延时、累加、累乘、数据传递等，利用循环语句可方便地处理此类需要成千上万次重复操作的工作。

作为构成循环结构的循环语句，一般是由循环体及循环终止条件两部分组成的，一组被重复执行的语句构成循环体，而循环终止条件用于控制循环是否需要重复下去。

C 语言中提供了 3 种语句来实现循环结构，分别是 while 语句、do-while 语句和 for 语句。

4.3.1 while 语句

while 语句的一般形式为：

```
while(表达式)
    {语句;}                    /*循环体*/
```

在这里，“表达式”是 while 语句循环能否继续的条件，而语句部分则是循环体。“循环体”是循环语句中需要重复执行的部分，可以是一条简单的可执行语句，也可以是用花括号括起来的复合语句。只要表达式为真，就重复执行循环体内的语句；反之，则终止 while 循环，执行循环之外的下一行语句。图 4.12 给出了 while 语句的执行过程。

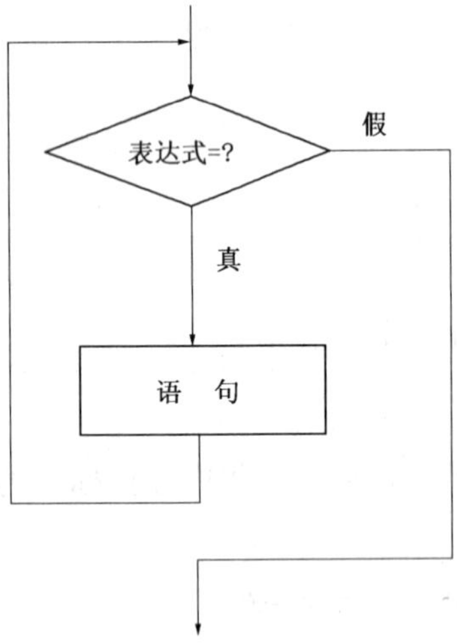

图 4.12 “while”型循环结构流程图

while 循环结构的最大特点在于，其循环条件测试处于循环体的开头，若条件不成立，则循环体内的重复操作一次也不能执行。

【例】

```
while((P1&0x10) = =0){ }
```

这个语句的作用是等待来自用户或外部硬件的某些信号的变化，语句中对 8031 的 P1 口的第五位(bit4)进行测试。如果第五位电平为低(0)，则由于循环体无实际操作语句，故继续测试下去(等待)；一旦 P1 口的第五位电平变高，则循环终止，程序将执行紧随其后的语句。

4.3.2 do-while 语句

do-while 语句的格式为：

```
do
    { 语句;}                          /* 循环体 */
while(表达式);
```

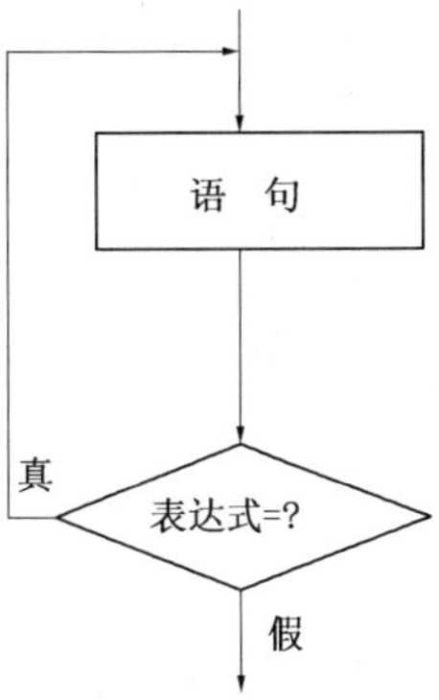

图 4.13 “do-while”型循环结构流程图

do-while 循环语句的执行过程如下：首先执行循环体语句，然后测试圆括号中的表达式。如果表达式的结果为真，则再一次执行循环语句。只有当表达式的结构为假时，循环才会终止。

do-while 循环语句把 while 语句做了移位，即把循环条件测试的位置从循环的起始处移至结束处，故适用于需要执行至少一次以上循环的情况。

图 4.13 给出了 do-while 语句的执行过程。

【例 4.1】 用 do-while 语句构成循环，求 1 +2 +3 +4 +5……… +10 的值。

```
int  i, sum =0;              /* 定义整形变量 i, sum, 并定义 sum 的初值是 0 */
i =1;                        /* 定义整形变量 i 的初值是 1 */
do
{
    sum + =i;                /* 循环体开始 */
    i + +;                   /* 循环体结束 */
}while(i < =10);             /* 循环执行条件 */
```

程序执行后，sum =55。

4.3.3 for 循环语句

在 C 语言中，for 循环语句是循环语句中最为灵活也是最为复杂的一种。它不仅可以用于循环次数已经确定的情况，而且可以用于循环次数不确定但可给出循环条件的情况。

for 循环语句的一般形式为：

```
for(表达式 1; 表达式 2; 表达式 3)
    { 语句;}                 /* 循环体 */
```

其中：“表达式 1”、“表达式 2”和“表达式 3”均为任一合法的 C 表达式。三个表达式之间必须用分号分隔。“表达式 1”为初始化部分，它通常用来设置循环控制变量(简称循环变量)的初值；“表达式 2”为循环条件部分，它用来设置循环的条件；“表达式 3”为增量部分，它通常用来修改循环变量的值。

for 循环的语句执行过程如下：

① 先对表达式 1 赋初值，进行初始化；

② 判断表达式 2 是否满足给定的循环条件，若满足循环条件，则执行循环体内语句，然后执行第③步；若不满足循环条件，则结束循环，转到第⑤步；

③ 若表达式 2 为真，则在执行指定的循环语句后，求解表达式 3；

④ 回到第②步继续执行；

⑤ 退出 for 循环，执行下面一条语句。

【例 4.2】 用 for 语句构成循环，求 1 +2 +3 +4 +5……… +10 的值

```
int i, sum =0;               /* 定义整形变量 i, sum, 并定义 sum 的初值是 0 */
```

```
for (i=1; i<=10; i++)                /*执行 for 循环*/
    sum+=i;
```

程序执行后，sum=55。

【例4.3】 完成 A/D 转换。

```
for(da=start; status==busy; leds=~leds)
{
        Delay500ms();
}
```

本例中，for 循环的表达式对预先用#define 语句指定的 A/D 转换口相应位进行赋值操作，并检测循环终止条件。本循环控制语句的功能包括：启动 A/D 转换器(da=start)，并等待转换完成(status==busy)，同时用延时的方法按预设的速率(每秒闪烁一次)触发指示信号(leds=~leds)。对 A/D 转换器来说，循环退出时意味着 A/D 转换结束，下一个动作可读 A/D 转换结果。

最后，对 for 循环语句的几种特例进行说明如下：

(1) for 语句的三个表达式全部为空

【例】

```
for( ;;)
        {……}                         /*循环体*/
```

在小括号内只有两个分号，无表达式。这意味着没有设初值，也无判断条件，这将导致一个无限循环。

(2) for 语句三个表达式中，有一个或两个省略

① 表达式 1 缺省

【例】

```
for(; i<=100; i++)   sum=sum+i;
```

由于末对 i 设初值，此时 i 由前面语句中继承。

② 表达式 2 缺省

【例】

```
for( i=1;  ; i++)   sum=sum+i;
```

由于循环条件省略，则循环将无休止地进行下去。它相当于：

```
i=1;
while(1)
{
     sum=sum+i;
         i++;
}
```

③ 表达式 1，3 省略

【例】

```
for( ; i<=100;)
{
sum=sum+i;
```

```
    i++;
}
```

由于未设置 i 的初值及步进增量，此时 i 的初值将由前面语句中继承，而循环变量的步进增量则应在循环体中完成。

（3）没有循环体的 for 语句

【例】

```
int sum=2000;
    for(t=0; t<sum; t++)
        ;
```

此例中循环体为空语句，但循环控制部分将正常执行，实际起到一定延时功能。

4.3.4 循环结束语句

break 与 continue 语句均是用于控制循环结束的语句。continue 是结束本次循环，跳到循环的开头；而 break 则直接结束整个循环，跳至循环出口。

1. break 语句

break 语句有两种用途：

① 用于 switch 语句中，从中途退出 switch 语句。

② 用于循环语句中，从循环体内直接退出当前循环。

注意：对于嵌套的循环语句和 switch 语句，break 只能退出直接包含 break 的那一层结构。

2. continue 语句

continue 语句和 break 语句相似。所不同的是，它不是退出一个循环，而是开始一次新的循环。continue 语句只能用在 while 语句、do-while 语句、for 语句的循环体内，在其他地方使用都会引起错误。

【例】

```
unsigned char i, sum=0;
for(i=1; i<10; i++)
{
    if (i==8) break;
    sum+=i;
}
```

故本例实际计算的是 1+2+3+…+7。

【例】

```
unsigned char i, sum=0;
for(i=1; i<10; i++)
{
    if (i==8) continue; sum+=i;
}
```

故本例实际计算的是 1+2+3+…+7+9。

4.4 本章小结

本章介绍 C51 的流程控制语句，作为结构化程序设计语言中的一种，C51 语言同样具有顺序、分支、循环 3 种基本结构。

第 1 节详细介绍了 C51 的 3 种基本结构，其中顺序结构是一种最基本、最简单的编程结构，在这种结构中，程序按照语句的先后顺序顺次执行。在选择结构中，程序将根据对一个条件语句的测试结果，选择不同的运行流程；使用循环结构可使程序流程重复地执行，循环结构又可细分为“当”(while)型循环结构和“直到”(do…while)型循环结构两种。

第 2 节介绍了 C51 中的选择语句及特点，C51 支持 if-else 条件选择语句；还可通过 switch-case 语句直接处理并行多分支选择问题。

第 3 节介绍了 C51 中的循环语句及特点，C51 中提供了 3 种语句来实现循环结构，分别是 while 语句、do-while 语句和 for 语句，使用 continue 及 break 语句可以更灵活地控制循环程序的结束。

习　题

1. 在 C51 程序设计中有几种基本结构？分别是什么？

2. 用选择分支编写程序，对于输入的一个字节数据，试确定其最右边第一个为“1”的位所在的位置。

3. C51 的 while 和 do while 语句有何异同？

4. 当 a = 1，b = 3，c = 5，d = 4 时，执行下面一段程序后，x 的值为多少？

```
if(a < b)
    if(c < d) x = 1;
    else
    if(a < c)
        if(b < d) x = 2;
        else x = 3;
    else x = 6;
else  x = 7;
```

A. 1　　B. 2　　C. 3　　D. 6

5. 用三种循环方式分别编写程序，计算整数 1 ~ 10 的平方和。

6. 如何编程可以不使用 goto 语句，而从 do 或 for 的循环中提前退出？

第 5 章　C51 构造数据类型

前面讲述的字符型(char)、整型(int)和浮点型(float)等数据，都属于基本数据类型。C51 语言还提供了一些扩展的数据类型，称之为构造数据类型。这些按一定规则构成的数据类型有：数组、结构、指针、联合和枚举等。

5.1　数　　组

数组是一组具有固定数目和相同类型成分分量的有序集合，其成分分量的类型为该数组的基本类型。如整型变量的有序集合称为整型数组，字符型变量的有序集合称为字符型数组。这些整型或字符型变量是各自所属数组的成分分量，称为数组元素。

数组元素可通过数组名及一个下标变量访问，数组的下标放在方括号中，它从 0 开始计数。例如对于数组 a[i]、a[0]、a[1]……分别是数组 a[i]的元素。数组有一维、二维、三维、多维数组之分。

5.1.1　一维数组

1. 一维数组的定义

一维数组的定义方式为：

类型说明符 数组名[整型表达式]

【例】char ch[10]定义了一个一维字符型数组，它有 10 个元素，每个元素由不同的下标表示，分别为 ch[0]、ch[1]、ch[2]、……、ch[9]。

2. 一维数组的初始化

所谓数组初始化，就是在定义数组的同时，给数组赋初值。数组的初始化可用以下方法实现：

(1) 在定义数组时对数组的全部元素赋予初值

【例】

int idata a[6] = {0, 1, 2, 3, 4, 5};

在上面进行的定义和初始化中，将数组的全部元素的初值依次放在花括号内。这样，在初始化后，a[0] =0，a[1] =1，……，a[5] =5。

(2) 只对数组的部分元素初始化

在定义数组时，若不对数组的全部元素赋初值，则数组的未赋值元素缺省为 0。

【例】

int idata a[10] = {0, 1, 2, 3, 4, 5};

上面定义的 a 数组共有 10 个元素，但花括号内只有 6 个初值，则数组的前 6 个元素被赋予指定初值，而后 4 个元素的值为 0。

3. 一维数组元素的引用

数组必须先定义，后使用。C51 语言规定只能逐个引用数组元素，而不能一次引用整个数组。数组元素的表示形式为：数组名[下标]。

例如：a[0]表示数组 a 的第 1 个元素，a[7]表示数组 a 的第 8 个元素。

引用数组元素应注意如下几个特点：

① 数组中的第一个元素用下标 0，而不是 1，其他依次类推；

② 数组元素可以出现在一般变量或表达式可以出现的任何地方，而且数组元素允许出现在赋值语句等号的左边，如 a[i] = a[i + 1]；

③ 下标可以是常数或者变量，如 a[0]，a[i]。

【例】

```
int i, a[10];
for (i = 0; i <= 9; i++)
    a[i] = i;
```

程序运行后，a[0]到 a[9]的值分别为 0，1，2，3，4，5，6，7，8，9。

其他高维数组的引用方式与此类似。

5.1.2 二维数组

1. 二维数组的定义

二维数组定义的一般形式为：

类型说明符 数组名[常量表达式][常量表达式]；

例：

```
int a[3][5];                    /* 定义了 3 行 5 列共 15 个元素的二维数组 a[][] */
```

二维数组的存取顺序是：按行存取，先存取第一行元素的第 0 列，1 列，2 列，……，直到第一行的最后一列。然后返回到第二行开始，再取第二行的第 0 列，1 列，……，直到第二行的最后一列。……，如此顺序下去，直到最后一行的最后一列。

即：a[0][0] - > a[0][1] - > a[0][2] - > a[0][3] - > a[0][4] - > a[1][0] - > a[1][1] - > a[1][2] - > a[1][3] - > a[1][4] - > a[2][0] - > a[2][1] - > a[2][2] - > a[2][3] - > a[2][4]

C51 语言允许使用多维数组。有了二维数组的基础，理解与掌握多维数组并不困难。例如，float a[2][3][4]；定义了一个类型为浮点数的三维数组。

2. 二维数组的初始化

（1）对数组的全部元素赋初值

可以采用以下两种方式，对数组的全部元素赋初值：

① 分行给二维数组的全部元素赋初值

例：int a[3][4] = {{1, 2, 3, 4}, {5, 6, 7, 8,}, {9, 10, 11, 12}};

这种赋值方法很直观，把第一个花括号内的数据赋给第一行元素，第二个花括号内的数据赋给第二行元素，……即按行赋初值。

② 按数组的排列顺序对各元素赋初值

例：

（2）对数组的部分元素赋初值

【例】

```
int a[3][4] = {{1}, {5}, {9}};
```

它的作用是只对各行的第一列元素赋初值，其余元素值自动为 0。赋初值后数组各元素分别为：$\begin{bmatrix} 1 & 0 & 0 & 0 \\ 5 & 0 & 0 & 0 \\ 9 & 0 & 0 & 0 \end{bmatrix}$

【例】

int d[3][4] = {{1}, {0}, {5, 6}};

则赋初值后数组各元素分别为：$\begin{bmatrix} 1 & 0 & 0 & 0 \\ 0 & 0 & 0 & 0 \\ 5 & 6 & 0 & 0 \end{bmatrix}$

5.1.3 字符数组

基本类型为字符的数组称为字符数组。在字符数组中，一个元素为一个字符，所以可以用字符数组来存储长度不同的字符串。

1. 字符数组的定义

字符数组的定义与前面所讲的数组定义的方法类似。

如 char a[10]，定义 a 为一个有 10 个字符的一维字符数组。

2. 字符数组初始化

字符数组置初值的最直接方法是将各字符逐个赋给数组中的各个元素。如：

char a[10] = {'B','E','I',' ','J','I','N','G','\0'};

定义了一个字符型数组 a[ ]，有 10 个数组元素，并且将 9 个字符(其中包括一个字符串结束标志'\0'分别赋给了 a[0] ~ a[8]，剩余的 a[9]被系统自动赋予空格字符。如图 5.1 所示。

a[0]	a[1]	a[2]	a[3]	a[4]	a[5]	a[6]	a[7]	a[8]	a[9]
B	E	I		J	I	N	G	\0	

图 5.1 字符数组初始化示例

C51 语言还允许用字符串常量直接给字符数组置初值，其方法有以下两种形式：

char abc[10] = {"BEI JING"};

char abcde[10] = "BEI JING";

以上用双引号" "括起来的一串字符，称为字符串常量。比如"Happy"。C51 编译器会自动地在字符串末尾加上结束符'\0'(NULL)。

注意：用单引号' '括起来的字符为字符的 ASCII 码值，而不是字符串。比如'a'表示 a 的 ASCII 码值 97，而"a"则表示一个字符串，它由两个字符'a'和'\0'组成。

一个字符串可以用一维数组来装入，但数组的元素数目一定要比字符多一个。以便 C51 编译器自动在其后面加入结束符'\0'。

若干个字符串可以装入一个二维字符数组中，称为字符串数组。数组的第一个下标是字符串的序号，第二个下标定义每个字符串的长度，该长度应当比这批字符串中最长的串多一个字符，用于装入字符串的结束符'\0'。比如 char a[60][81]，定义了一个二维字符串数组 a，它可容纳 60 个字符串，每串最长可达 80 个字符。

【例】

```
unsigned char code msg[ ][17] =
    {{"This is a test"},
```

```
{"message 1"},
{"message 2"}};
```

这里定义了一个二维数组，第二个下标必须给定，因为它不能从数据表中得到，第一个下标可缺省由数据常量表决定(本例中为实际的字符串个数3)。

5.1.4 查表

数组的一个非常有用的用途就是查表。许多用户希望单片机能对他们提出的公式进行高精度的数学运算，但对大多数实际应用来说，这并不是完全必要的。在许多嵌入式控制系统应用中，人们更愿意采用表格而不是数学公式计算。因为表格查找执行起来速度更快，所用代码较少。表可以事先计算好后装入 ROM 中，使用内插法还可以进一步增加查表值的精度，减少表的长度。

数组的使用非常适合于这种查表方法。下面举一个将摄氏温度转换成华氏温度的例子来说明这个问题。

【例】

```
#define uchar unsigned char
uchar code tempt[] = {32, 34, 36, 37, 39, 41};        /*数组，设置在代码区，长度为实际输入的数值数*/
uchar ftoc(uchar degc)
{
    return tempt[degc];            /*返回华氏温度值*/
}
main()
{
    uchar x;
    x = ftoc(5);                   /*得到5℃的华氏温度值*/
}
```

在程序的开始处，uchar code tempt[] = {32, 34, 36, 37, 39, 41}定义了一个无符号字符型数组 tempt[]，并对其进行初始化。将摄氏温度 0，1，2，3，4，5 对应的温度 32，34，36，37，39，41 赋予数组 tempt[]，类型代码 code 指定编译器将此表定位在代码区中。

在主程序 main()中调用函数 ftoc(uchar degc)，从 tempt[]数组中查表获取相应的温度转换值 x = ftoc(5)。执行后，x 的结果为 5℃相应的华氏温度 41℉。

5.1.5 数组与存储空间

当程序中设定了一个数组时，C51 编译器就会在系统的存储空间中开辟一个区域用于存放该数组的内容。对字符数组而言，它占据了内存中一串连续的字节位置；对整型(int)数组而言，它们将在存储区中占据一串连续的字节对的位置；对长型(long)或浮点型(float)数组，一个成员将占有 4 个字节的存储空间。对于多维数组来说，一个 10×10×10 的三维浮点数组需要大约 4K 字节的存储空间，而一个 25×25×25 的三维浮点数组就需要大于 64K 的存储空间(8051 单片机的最大可寻址空间只有 64KB)。

可见，当数组，特别是多维数组中大多数元素没有被有效地利用时，就会浪费大量的存储空间。8051 单片机的存储资源极为有限，因此在进行 C51 编程开发时要仔细地根据需要选择数组的大小。

5.2 指　　针

指针是C语言中的一个重要概念，也是C语言的重要特色之一。C语言区别于其他高级程序设计语言的主要特点就是它在处理指针时所表现出的能力和灵活性。使用指针可以有效地表示复杂的数据结构，有效而方便地使用数组；动态地分配存储器，直接处理内存地址，在调用函数时还能输入或返回多于1个的变量值……。使用指针可以使程序简洁、紧凑、高效。可以说，不掌握指针就没有掌握C语言的精华。同样的，C51中指针也是重要的编程元素。

5.2.1　指针的基本概念

为了了解指针的基本概念，首先必须了解数据在内存中是如何存储和读取的。

1. 变量的存储与指针

前已述及，一旦程序中定义了一个变量，C51编译器在编译时就给这个变量在内存中分配相应的内存空间。通常C51编译器对一个整型(int)变量分配两字节内存单元，对一个字符型变量分配一字节(char)内存单元，一个浮点型变量分配4字节内存单元。

对于变量要弄清两个概念，一个是变量名，一个是变量值。前者是指一个数据的符号，后者则是指这个数据的内容。对于内存单元，也要弄清两个概念，一个是内存单元的地址，一个是内存单元的内容。前者是内存对该单元的编号，它表示着该单元在整个内存中的位置；后者指的是在该内存单元中存放着的数据。在变量与内存单元的对应关系中，变量的变量名与内存单元的地址相对应，变量的变量值与内存单元的内容相对应。

假设程序中定义了三个整型变量a、b、c，它们的值分别为6、8、10，而C51编译器将地址为1000和1001的两字节内存单元分配给了变量a，将地址为1002和1003的两字节内存单元分配给了变量b，将地址为1004，1005的两字节的内存单元分配给了变量c。则变量a、b、c与地址为1000～1005的内存单元之间的对应关系如图5.2所示。

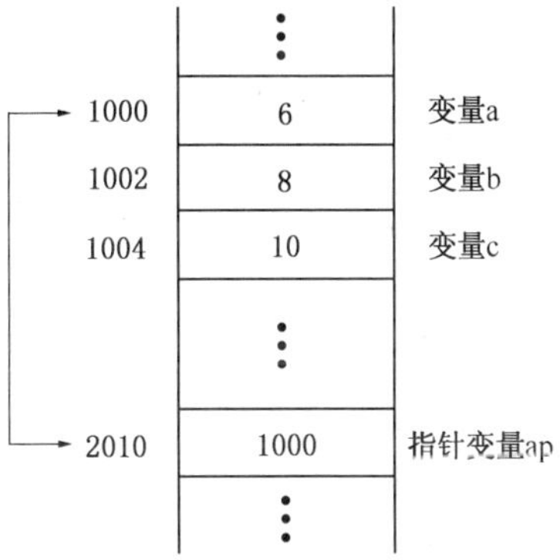

图5.2　变量与内存单元

在内存中，对变量值的存取是通过地址进行的。存取的方式有两种：

①“直接访问”方式。其执行过程是：根据变量名与内存单元地址的对应关系，找到变量a在内存中的位置，即地址1000，然后由地址1000开始的两个字节中取出变量a的值6。

②“间接访问”方式。其执行过程是：将变量a的地址放在另一个内存单元中(如放在2010，2011中)，访问时，先找到存放变量a的地址的内存单元地址(2010，2011)，从中取出变量a的地址(1000)，然后从地址为1000，1001的两字节内存单元中取出变量a的值6。在这种访问方式中就使用了指针。

为了使用指针进行间接访问，还须弄清关于指针的两个基本概念，即变量的指针和指针变量。

① 变量的指针。变量的指针就是变量的地址。对于上面提到的变量a而言，其指针就是1000。

② 指针变量。若有一个变量专门用来存放另一个变量的地址(即指针)，则该变量称为指向变量的指针变量(简称指针变量)。指针变量的值是指针，如果我们定义一个变量 ap，并使其定位在地址为2010 的这个内存单元上，则 ap 就是一个指针变量。因为 ap 中(即 2010 址址单元中)存放着变量 a 的地址 1000。

2. 指针变量的定义

C51 语言规定，所有的变量在使用之前必须定义，以确定其类型，指针变量也不例外。

指针定义的一般形式为：

类型识别符 *指针变量名;

【例】

```
int *ap:
float *pointer;
```

注意指针变量名前面的“ * ”号表示该变量为指针变量。但指针变量名应该是 ap，pointer，而不是 * ap 和 * pointer。

注意以下概念：

(1) 指针的值

指针变量与一般变量不同，它存放的是某个变量在内存中的地址值。

(2) 指针的类型

指针的类型仅指该指针所指向变量的类型。例如：一个指针变量指向 int 型变量，该指针为 int 型指针；另一个指针指向 char 型变量，该指针为 char 型指针。

3. 指针变量的引用

弄清指针和指针变量的概念，掌握了指针变量的定义后，我们就可以使用指针来进行前面所述的间接访问了。

【例】

```
int a, b, c;                  /*定义整型变量 a, b, c*/
int *ap;                      /*定义指针变量 ap*/
int *bp;                      /*定义指针变量 bp*/
int *cp;                      /*定义指针变量 cp*/
```

当我们进行完变量、指针变量定义之后，C51 编译器就会给每一个变量和指针变量在内存中安排相应的内存单元。然而，这些单元的地址除非我们使用特殊的调试程序，否则是看不到的。为了能清楚地说明问题，假设 C51 编译器对这些变量的地址定位如图 5.3 所示。

C51 编译器将地址为 1000、1001 的两字节内存单元指定给变量 a 使用，将地址 1002、1003 的两字节内存单元指定给变量 b 使用，将地址为 1004 和 1005 的两字节内存单元指定给变量 c 使用。同理指针变量 ap 的地址为 2010，指针变量 bp 的地址为 2012，指针变量 cp 的地址为 2014。注意：到现在为止我们还没有对上述所有的变量和指针变量进行赋值，故这些变量(指针变量)所对应的内存单元均为空白(未知的随机值)。

下面我们使用赋值语句对变量 a、b、c 进行赋值：a = 6；b = 8；c = 10；

通过编译，C51 编译器就会在变量 a、b、c 对应的地址单元中装入初值 6、8、10。具体情形如图 5.4 所示。

到现在为止，我们仍然没有对指针变量 ap，bp 和 cp 赋值，所以它们所对应的内存地址单元仍然为空白。为了使空白的指针变量指向某一个具体的变量，就必须执行指针变量的引用操作，使用取地址运算符“&”和赋值运算符“ = ”就可以使一个指针变量指向一个变量。

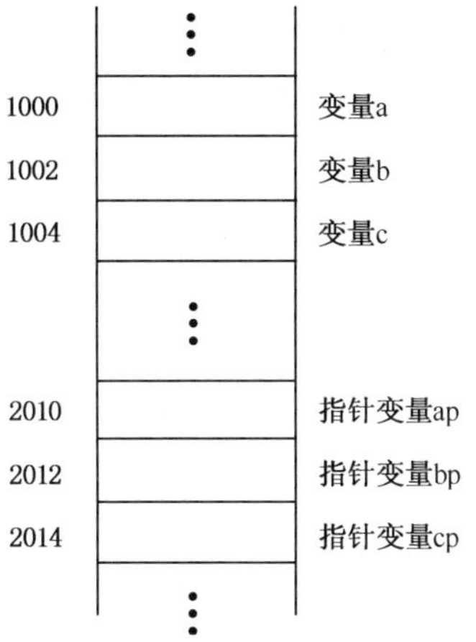

图 5.3　指针变量与变量的定位

图 5.4　变量的赋值

【例】

ap = &a;

bp = &b;

cp = &c;

通过这些取地址运算和赋值运算操作后，指针 ap 就指向了变量 a，即指针变量 ap 所对应的内存地址单元中就装入了变量 a 所对应的内存单元的地址 1000。同理，指针变量 bp、cp 分别指向了变量 b、c，如图 5.5 所示。

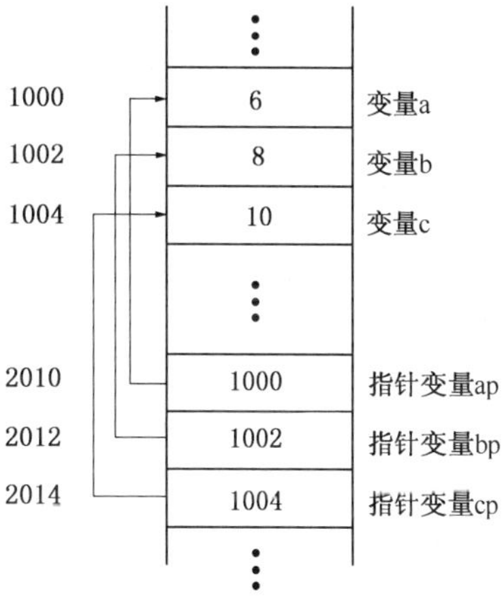

图 5.5　指针变量的赋值

在完成了变量、指针变量的定义以及指针变量的引用之后，我们就可以通过指针和指针变量来对内存进行间接访问了。这时我们就要用到指针运算符(又称间接运算符)“ * ”。

例如，我们要将整型变量 a 的值赋给整型变量 x；

① 若使用直接访问方式，则用语句 x = a;

② 若使用指针变量 ap 进行间接访问，则还可使用语句：x = * ap;

此时程序先从指针变量 ap 中取出 a 变量的指针(地址)1000，然后从地址为 1000 的内存单元中取出 a 变量的值 6 赋给变量 x。

应当特别注意的是：“ * ”符号在指针变量定义和指针运算时所代表的含义是不同的。在进行指针变量定义时， * ap 中的 * 是指针变量类型说明符；而在进行指针运算时 x = * ap 中的 * 则是指针运算符。

为加深理解，有必要对取地址运算符“&”和指针运算符“ * ”再做如下说明：

如果已经完成了指针变量的定义和引用：

int * ap;

int a;

ap = &a;

则在进行指针运算时：

① * ap 与 a 是等价的，即 * ap = a。

② & * ap：由于 * ap 与 a 等价，则 & * ap 与 &a 等价。

③ * &a：由于 ap 与 &a 等价，则 * &a 与 * ap 等价，即 * &a 与 a 等价。

④ * ap + + 相当于 a + +。

【例】

```
#define uchar unsigned char
uchar count;
uchar  * x;                    /* x 指向字符型变量 */
uchar xdata  * y;              /* y 存于片外数据 RAM */
uchar data  * z;               /* z 存于片内数据 RAM */
uchar code  * w;               /* w 存于程序代码空间 */
uchar data  * xdata zz;        /* 外部 RAM 指针指向内部 RAM 数据 */

x = &count;                    /* 得变量的地址即指针 */
 * x = 0xfe;                   /* 指针变量赋值 */
```

5.2.2 数组指针和指向数组的指针变量

指针既然可以指向变量，当然也可以指向数组。

① 数组的指针：所谓数组的指针，就是数组的起始地址。

② 指向数组的指针变量：若有一个变量，用来存放一个数组的起始地址（指针），则称它为指向数组的指针变量。

1. 指向数组的指针变量的定义、引用和赋值

首先，我们定义一个数组 a[10] 和一个指向数组的指针变量 app：

```
int a[10];                     /* 定义 a 为包含 10 个整型元素的数组 */
int  * app;                    /* 定义 app 为指向整型数据的指针 */
```

当我们未对指针变量 app 进行引用时，指针变量 app 并未指向数组 a。为了将指针变量 app 指向数组 a[ ]，可采用以下两种方法：

① app = &a[0]

此时数组 a[ ] 的第一个元素 a[0] 的地址就赋给了指针变量 app，也就是将指针变量 app 指向数组 a[ ] 的首元素 a[0]，如图 5.6 所示。

② app = a

此种引用方法的结果与前述方法完全等价，但形式上更为简单。C51 语言规定，数组名可以代表数组的首地址，即第一个元素的地址。

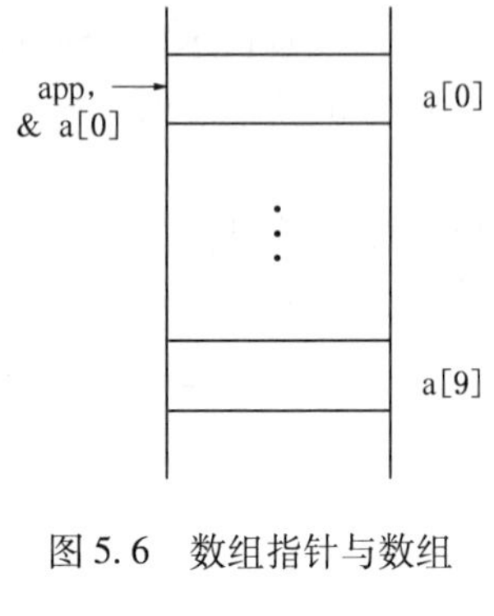

图 5.6　数组指针与数组

我们也可以把指针变量的定义和引用放在一个语句中完成。

【例】

```
int  * app = &a[0];
int       * app = a;
```

2. 通过指针引用数组元素

引用数组元素，可以使用数组下标法如 a[3]，也可以使用指针法。与数组下标法相比，使用指针法引用数组元素能使

目标程序代码效率更高(占用内存少，运行速度快)。

根据以上叙述，引用一个数组元素，可以用以下三种方法：

如果指针变量 app 的初值为 &a[0]，如图 5.7 所示。则可通过如下三种方法使用指针引用数组元素。

① app + i 和 a + i 就是数组元素 a[i]的地址，即它们均指向数组 a[ ]的第 i 个元素；

② *(app + i)或*(a + i)是 app + i 或 a + i 所指向的数组元素，即 a[i]；

③ 指向数组的指针变量可以带下标，故 app[i]与 *(app + i)等价。

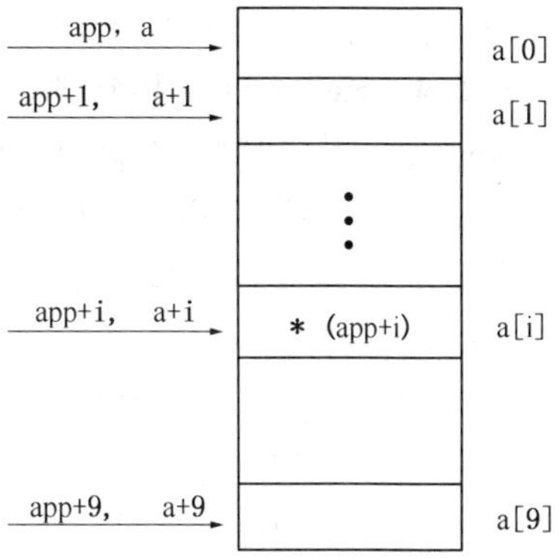

图 5.7　通过指针引用数组元素

值得特别注意的是，C51 语言规定：app + i 指向数组中的第 i 个元素，而不是将指针变量 app 的值简单加 i。例如，若数组的类型是浮点型(float)，每个数组元素将占 4 个字节，则对于浮点型指针变量 app 来说，app + i 意味着使 app 的原值(地址)加 4 * i 个字节，以使它指向第 i 个元素。一般来说，app + i 所代表的地址实际上是 app + i * d，而 d 是一个数组元素在内存中所占字节数(由元素的类型来确定，如对于整型 d = 2，对实型 d = 4，对字符型 d = 1)。

综上所述，引用一个数组元素，实际上可以采用以下三种方法之一：

① 下标法：如 a[i]表示数组 a 的下标为 i 的元素；

② 指针法：如 *(p + i)表示数组的第 i 个元素，其中 p 是指向数组的指针变量；

③ 利用数组名：如* a 表示数组元素 a[0]，*(a + i)就表示 a[i]，其中 a 是数组名。

3. 指针变量的运算

若先使指针变量 p 指向数组 a[ ](即 p = a;)，则：

① p + +(或 p + = 1)将使指针变量 p 指向下一个数组元素，即 a[1]；

② *p + +，等价于 *(p + +)，其作用是先得到 p 指向的变量的值(即 * p)，然后再执行指针 p 的自加运算；

③ *p + + 与 * + + p 作用不同，前者先取 * p 值，后使 p 自加 1；后者先使 p 自加 1 再取 * p 值。若 p 的初值为 &a[0]，则执行 x = * p + + 时，x 值为 a[0]的值，而执行 x = * + + p 后，则 x 值等于 a[1]的值；

④ (*p) + + 表示将 p 所指向的元素值加 1。若指针变量 p 指向 &a[0]，且 a[0] = 3，则执行(*p) + + 后，a[0]值增为 4；

⑤ 若 p 当前指向数组 a 中第 i 个元素，则*(p − −)与 a[i − −]等价；*(+ + p)与 a[+ + i]等价；*(− − p)与 a[− − i]等价。

5.2.3　指向多维数组的指针和指针变量

【例】

```
unsigned int a[3][4];
unsigned int (*p)[4];
p = a;
```

定义了一个整型的三行四列的两维数组 a[3][4]及指针变量 p，p 指向一个包含 4 个元素的一维数组，并指向数组 a 的首地址，则有：

① p+i 和 a+i 等价，均指向数组 a[3][4]的第 i 行首址；

② *(p+i)+j 与 &a[i][j]等价，均指向 a[i][j]的地址；

③ *(*(p+i)+j)与 a[i][j]等价，表示 a[i][j]的值。

5.2.4 Keil C51 的指针类型的特殊要求

Keil C51 支持“基于存储器”的指针和“一般”指针两种指针类型。

① 基于存储器的指针类型由 C51 源代码中存储器类型显式决定，并在编译时确定，用这种指针可以高效访问对象且只需 1 至 2 个字节；

② 一般指针需占用 3 个字节：1 个字节为存储器类型，2 个字节为偏移量。存储器类型决定了对象所用的 8051 存储空间，偏移量指向实际地址。一个“一般”指针可以访问任何变量而不管它在 8051 存储器空间中的位置。这样就允许一般函数，如 memcpy( ) 等将数据从任意一个地址空间拷贝到另一个地址空间。

1. 基于存储器的指针

基于存储器的指针以存储器类型为参量，它在编译时被确定。这种指针的长度可为 1 个字节(idata *，data *，pdata *)或 2 个字节(code *，xdata *)。

【例】

基于存储器的指针定义：

① char xdata *px；在 xdata 存储器中定义了一个指向字符类型(char)的指针。指针自身在默认存储区(决定于编译模式)，长度为 2 字节(值为 0 - 0xFFFF)；

② char xdata *data pdx；除了明确定义指针位于 8051 内部存储区(data)中外，其他与上例相同，它与编译模式无关；

③ data char xdata *pdx；本例与上例完全相同。存储器类型定义既可以放在定义的开头，也可以直接放在定义的对象名之前。这种形式与早期的 C51 编译器版本相兼容。

2. 一般指针

一般指针包括 3 个字节：2 字节偏移和 1 字节存储器类型，即：

地　址	+0	+1	+2
内　容	存储器类型	偏移量高位	偏移量低位

其中，第一个字节代表了指针的存储器类型，存储器类型编码如下：

存储器类型值	idata	xdata	pdata	data	code
	1	2	3	4	5

例如：以 xdata 类型的 0x1234 地址作为指针可以表示如下：

地　址	+0	+1	+2
内　容	0x02	0x12	0x34

【例】将常数值 0x41 写入地址为 0x8000 的外部数据存储器。

```
#define XBYTE ((char *)0x020000L)
XBYTE[0x8000] =0x41;
```

其中，XBYTE 被定义为(char *)0x020000L，0x020000L 即为一般指针，其存储类型为 2，偏移量为 0000，这样 XBYTE 成为指向 xdata 零地址的指针。而 XBYTE[8000]则指向外部数据存储器的 0x8000 绝对地址。

注意：表示一般指针需使用长整数(long)型常量(如 0x02OOOOL)，其中低 16 位包含偏移量，而高 8 位表明了存储器类型。由于 KeilC51 编译器并不检查指针常数，用户必须选择有实际意义的值。

5.3 结构(Struction)

C51 语言中的结构，就是把多个不同类型但相互关联的变量结合在一起形成的一个组合型变量，称为结构变量，简称结构。这些不同类型的变量可以是基本类型、枚举类型、指针类型、数组类型或其他结构类型的变量。这些构成结构的成分变量称为结构元素。

5.3.1 结构的定义和引用

结构的定义和引用主要的有以下三个步骤：

1. 定义结构的类型

定义一个结构类型的一般形式为：

```
struct 结构名
{
    结构成员说明
};
```

结构成员说明的格式为：

类型标识符 成员名;

例：

```
struct date
{
    int month;
    int day;
    int year;
};
```

以上语句定义了一个结构类型 date。其中 struct 是关键字，不能省略；date 为结构名，它包含了三个整型结构成员：month、day、year。

特别要指出的是：struct date 是程序员自己定义的结构类型，它和系统定义的标准类型(如 int，char，float 等)一样，可以用来说明变量的类型。

2. 定义结构类型变量

上面我们定义的 date 只是结构的类型名，而不是结构的变量名。为了在程序中正常使用具有相应结构类型的变量，除了定义结构的类型之外，还需进一步定义具有该结构类型的结构变量。

定义一个结构变量的方法有三种：

(1) 先定义结构的类型，再定义该结构变量

【例】

```
struct date
{
```

```
    int month;
    int day;
    int year;
};
date date1, date2;                    /*定义结构变量*/
```

(2) 在定义结构类型的同时定义该结构的变量

【例】

```
struct date
{
    int month;
    int day;
    int year;
}datel, date2;                        /*定义结构变量名*/
```

这种定义的方法的一般形式为:

```
struct   结构名
{
        结构成员说明;
}变量名1, 变量名2, …, 变量名n;
```

(3) 直接定义结构类型变量

其一般形式为:

```
struct
    {
        结构成员说明;
}变量名1, 变量名2…变量名n;
```

应注意:

① 结构体类型和结构体变量是两个不同的概念, 不能混淆。对于一个结构变量来说, 在定义时一般先定义一个结构类型, 然后再定义该结构变量为该种结构体类型;

② 结构的成员可以与程序中的其他变量名相同, 但两者代表不同的对象。如在程序中我们可以另行定义一个 name 变量, 但它与 struct clerk 中的成员 name 不是一回事, 互不相干;

③ 如果在程序中所用到的结构数目多, 规模大, 一般可以将它们集中定义在一个头文件(以.h为后缀)中, 然后用宏指令 include 将该头文件包含在需要它们的源文件中, 以方便修改和使用;

④ 结构体的成员也可以是一个结构变量。

【例】

```
struct date
{
        int month;
        int day;
        int year;
```

```
};
struct clerk
{
        int num;
        char name[20];
        char sex;
        int age;
        struct date birthday;      /* birthday 是结构类型 date 的变量 */
        float wages;
}clerk1, clerk2;
```

上面程序中先定义了一个结构类型 date，它代表"日期"，包括 month、day、year 三个成员。然后将结构 clerk 的成员元素 birthday 定义为 date 结构类型。

3. 结构类型变量的引用

前面已经指出：结构体类型与结构变量是两个不同的概念。就结构而言，可操作的对象是结构类型变量，而不是结构类型。

对结构类型变量的引用应当遵守如下规则：

(1) 结构不能做为一个整体参加赋值、存取和运算，也不能整体地作为函数的参数，或函数的返回值。

(2) 对结构所执行的操作，只能用 & 运算符取结构的地址，或对结构变量的成员分别加以引用。引用的方式为：

结构变量名 . 成员名;

【例】datel. year = 1996;

这里，"."是结构成员运算符，它在所有的运算符中优先级最高，因此可以把 date. year 作为一个变量来看待。上面的赋值语句作用是将年号 1996 赋给 struct date 类型的结构变量 datel 的成员 year。

(3) 如果结构类型变量的成员本身又属于一个结构类型变量，则要用若干个成员运算符"."，一级一级地找到最低一级的成员，只有最低一级的成员才能参加赋值、存取、或运算。例 clerkl. birthday. year = 1957。

注意：不能用 clerkl. birthday 来访问 clerk1 变量的成员 birthday，因为 birthday 本身也是一个结构类型变量。

(4) 引用结构成员更常用的是使用" - > "符号，与"."符号不同，此时需使用结构的指针进行引用。

(5) 结构类型变量的成员可以象普通变量一样进行各种运算。

【例】float sum = clerk1. wages + clerk2. wages;

5.3.2 结构数组

可以将具有同样结构类型的若干个结构变量定义成结构数组，以方便使用。

结构数组的定义：当数组中的每个元素都是具有相同结构类型的结构变量，则称该数组为结构数组。

【例】

```
struct date
```

```
{
    int month;
    int day;
    int year;
};
struct date date1[10];              /* 定义一个有10个元素的结构数组变量 date1 */
```

也可以这样定义：

```
struct date
{
    int month;
    int day;
    int year;
}date1[10];                         /* 定义一个有10个元素的结构数组变量 date1 */
```

或：

```
struct
{
    int month;
    int day;
    int year;
}date1[10];                         /* 定义一个有10个元素的结构数组变量 date1 */
```

5.3.3 指向结构类型数据的指针

一个指向结构类型数据的指针，就是该数据在内存中的首地址。我们也可以设一个指针变量，指向一个结构数组，此时该指针变量的值也就是结构数组的起始地址。

1. 指向结构变量的指针变量

指向结构体变量的指针变量的一般形式为：

struct 结构类型名 *指针变量名；

或

```
struct
{
    结构成员说明
} *指针变量名;
```

【例】

```
#define uint unsigned int
#define uchar unsigned char
struct msg
{
    uint ink;
    uchar len, flg, nod, sdt, cmd, stuff;
};
struct msg *msgp;
```

```
void rqsendmessage(struct msg  * m);         /*"传递信息"函数*/
main()
{
     uchar stuff =0;
     msgp - > len =8;
     msgp - > flg =0;
     msgp - > nod =0;
     msgp - > sdt =0x12;
     msgp - > cmd =0;
     msgp - > stuff = stuff;
     rqsendmessage(msgp);
}
```

在程序中，函数 rqsendmessage()便是用于在两任务之间进行结构变量指针传送的用户自定义函数，而 struct msg ＊msgp 正是所要传递的结构变量的指针变量。在主程序中，首先对信息结构赋值，然后调用 rqsendmessage()函数将指针变量 msgp 发送出去。

上例也可采用下述方法实现同样功能，请注意"- >"与". "运算符的差异。

```
#define uint unsigned int
#define uchar unsigned char
struct msg
{
     uint ink;
     uchar len, flg, nod, sdt, cmd, stuff;
};
struct msg msgp;
void rqsendmessage(struct msg  * m);         /*"传递信息"函数*/
main()
{
     uchar stuff =0;
     msgp. len =8;
     msgp. flg =0;
     msgp. nod =0;
     msgp. sdt =0x12;
     msgp. cmd =0;
     msgp. stuff = stuff;
     rqsendmessage(&msgp);
}
```

2. 指向结构数组的指针变量

指向结构数组的指针变量的一般形式为：

Struct 结构数组名　＊结构数组指针变量名；

或：

```
struct
{
    结构成员说明
} *结构数组指针变量名[];
```

我们可以将前面的例程作适当修改，使 rqsendmessage( )函数传送一个指向结构数组的指针变量：

【例】

```
#define uint unsigned int
#define uchar unsigned char
struct msg
{
    uint ink;
    uchar len, flg, nod, sdt, cmd, stuff;
} msg_ Array[4];
void rqsendmessage(struct msg *m);                /*"传递信息"函数*/
main()
{
    struct msg *msgp;
    uchar stuff=0;

    for(msgp=msg_ Array; msgp<msg_ Array+4; msgp++)
    {
        msgp->len=8;
        msgp->flg=0;
        msgp->nod=0;
        msgp->sdt=0x12;
        msgp->cmd=0;
        msgp->stuff=stuff;
        rqsendmessage(msgp);
    }
}
```

在本程序中，定义了一个具有四个元素的结构数组 struct msg msg_ Array[4]，并定义了一个指向该结构数组的指针变量 p：(struct msg * msgp)。在主程序 main( )中使用 for 循环语句和 msgp 指针对结构数组 msg_ Array[4]的每个成员进行初始化赋值，并且每初始化一个 msg 结构数组的成员，就将其指针变量用 rqsendmessage(msgp)函数发送出去供接收侧进行相应的操作处理。

在 for 循环中，msgp =msg_ Array 意味着结构数组指针 msgp 的初值指向结构数组 msg_ Array[0]的首地址。在第一次循环中 rqsendmessage( )输出的是结构数组元素 msg_ Array[0]的首址。然后 msgp ++使指针 msgp 自加 1，msgp 所增加的地址值为结构数组 msg_ Array[ ]中一个结构元素的所有成员所占有的字节数(在本例中为 8 字节)，即 msgp ++使 msgp 指向 msg_ Array[1]的首址，故在第二次循环中，rqsendmessage(msgp)传送的是 msg_ Array[1]的首址。……当 msgp + +使 msgp 值变为 msgp +4，根据循环判断条件 msgp < msgp +4，循环终止。

最后对 msgp 指针的运算再做几点说明：

如果指针 msgp 指向结构数组 msg_ Array[0]的首址，则：

(1) (* msgp). flg 与 msgp - >flg 和 msg_ Array[0]. flg 三者完全等价。即：(* msgp). 成员名与 msgp - >成员名和结构数组元素成员名，这三种形式是等价的；

(2) msgp +1 使指针 msgp 指向结构数组 msg_ Array[0]的下一个元素 msg_ Array[1]的首址；

(3) 由于指向运算符 - >的优先级高于自加运算符 + +，则：

① (+ +msgp) - >flg 先使 msgp 自加 1 指向 msg_ Array[1]的首址，然后得到它指向的 msg_ Array[1]. flg 成员值；

② (msgp + +) - >flg：先得到 msg_ Array[0]. flg 的值，然后 msgp 自加 1 指向 msg_ Array[1]的首址；

③ msgp - >flg + +：先得到 msg_ Array[0]. flg 成员值，然后使 msg_ Array[0]. flg 的值加 1；

④ + +msgp - >flg：先将 msg_ Array[0]. flg 成员值加 1，再使用。

5.4 联合(union)

前已述及，无论任何数据，在使用前必须定义其数据类型，只有这样，在编译时，C51 编译器才会根据其数据类型，在内存中为其指定相应长度的内存单元。不同数据类型的数据占据各自拥有的内存空间，彼此互不“侵犯”。那么是否存在某种数据类型，使 C51 编译器在编译时为其指定一块内存空间，并允许各种类型的数据共同使用呢？回答是肯定的，这种数据类型就是联合或称共用体。

联合与数组，结构等一样，也是 C51 语言的构造类型数据结构之一，它也可以包含多个不同数据类型的元素，但其变量所占有的内存空间并不是各成员所需存储空间的总和，而是在任何时候，其变量至多只能存放该类型所包含的一个成员，即它所包含的各个成员只能分时共享同一存储空间。这是联合与结构的区别所在。

定义联合类型的一般格式为：

```
union 联合类型标识符
{
    类型说明符变量名;
};
```

说明联合变量的一般格式为：

union 联合类型标识符 联合变量名表;

【例】

```
union int_ or_ char
{
    int i;
```

```
    char ch;
};
union int_ or_ char cnvt;
```

以上定义了一个名为 int_ or_ char 的联合类型，该类型包含两个不同类型的元素：一个是 int 型，另一个是 char 型。同时定义了一个 int_ or_ char 类型联合变量 cnvt，它能使一个整型变量 cnvt. i 和一个字符型变量 cnvt. ch 分时共享同一存储空间。

与结构变量一样，也可以在定义联合类型的同时，定义联合变量。

【例】

```
union int_ or_ char
{
    int i;
    char ch;
}cnvt;                              /*定义联合变量*/
或
union
{
    int i;
    char ch;
}cnvt;                              /*定义联合变量*/
```

对于联合变量，系统将给该变量按其各联合成员中所需空间最大的那个成员的长度分配一个内存空间。如上面的 cnvt 联合变量，它共有两个元素：一个为 int 类型需要 2 字节内存空间；另一个是 char 类型只需 1 字节空间，所以 C51 编译器只给联合变量 cnvt 分配两字节内存空间。联合变量常用于需按不同长度存取同一对象的特定应用场合。

5.5 枚举(enum)

枚举变量通常用于需要限定变量可取值范围的场合。

1. 枚举的定义和说明

枚举数据类型是一个有名字的某些整数型常量的集合。这些整数型常量是该类型变量可取的所有的合法值，枚举定义中应当列出该类型变量的所有可取值。

一个完整的枚举定义说明语句的一般格式是：

```
enum 枚举名{枚举值列表};              /*定义枚举类型*/
enum 枚举名 变量列表;                 /*定义枚举变量*/
或
enum 枚举名{枚举值列表} 变量列表;     /*直接定义枚举类型及枚举变量*/
```

【例】

```
    enum day{Sun, Mon, Tue, Wed, Thu, Fri, Sat};
    enum day d1, d2;
    或:
    enum day{Sun, Mon, Tue, Wed, Thu, Fri, Sat} d1, d2;
```

只有在建立了枚举类型的原型 enum day，将枚举名与枚举值列表联系起来．并进一步说明该原型的具体变量 enum day d1，d2 之后，C51 编译系统才会给 d1，d2 分配存储空间，这些变量才可以具有与所定义的枚举列表中相应的值。

2. 枚举变量的取值

枚举列表中，每一项符号代表一个整数值。在默认情况下，第一项符号取值为 0，第二项取值为 1，第三项取值为 2，……，依次类推。此外，也可以通过初始化，指定某些项的符号值。某项符号值初始化后，该项后续符号值将随之依次递增，例如：

enum direct{up，down，left =10，right}；

将使 up 赋值为 0，down 为 1，由于 left 被初始化为 10，则 right 值为 11。

5.6 本 章 小 结

本章介绍 C51 的构造数据类型，C51 中除支持 char、int 等基本数据类型之外，还可按一定规则构成数组、结构、指针、联合及枚举等构造数据类型。

第 1 节介绍数组的定义及使用方法。数组是一组具有固定数目和相同类型成分分量的有序集合，数组中的单个变量称为数组元素，数组元素可通过数组名及一个下标变量访问。

第 2 节描述 C51 语言中指针变量的概念，指针可用于方便高效地表示各种复杂的数据结构。与一般变量不同，指针存放的是某个变量在内存中的地址值。指针的类型不是它所存放的某个变量的地址值的类型，而是该指针所指向的变量的类型；数组的指针是指数组的起始地址，数组元素的指针则是指数组元素的地址；本节同时说明了 C51 中“基于存储器”的指针和“一般”指针的区别及用法。

第 3 节介绍结构类型的概念，结构是不同类型相互关联的数据组成的一个有机整体。本节给出了结构类型、结构变量的定义及引用方法，并说明了结构数组及其指针的使用方法。

第 4 节介绍联合类型的概念。联合与结构类似，它也可以包含多个不同数据类型的元素，但它所包含的各个成员只能分时共享同一存储空间。

第 5 节介绍枚举类型的概念。枚举类型是某些整数型常量的集合，这些整数型常量代表了枚举变量可取的所有的合法值。

习 题

1. 十个元素的 int 数组要有多少字节？它们是低位字节一组，然后高位字节一组，还是字节对？若数组在 2020H 开始放置，在哪个位置能找到该数组第五个元素的第 2 个字节？

2. 写出二维数组 Data[2][4]的各个元素，并按它们在内存中存储时的顺序排列。

3. 在 C51 语言中，下面有关数组描述，错误的是：

（1）字符数组可以存放字符串。

（2）数组的下标从 0 开始。

（3）程序运行时可以定义可变长度的数组。

（4）字符数组以‘\0’作为字符串结束标志。

4. 对于 8051，为什么多于 2 维的数组不常见？

5. 怎样使用指针解决不同存储空间的问题？所采用的折衷方案是什么？

6. 解释指向数组的指针和指针数组的不同。各举一个例子。

7. 指针的存储类型和数据类型的意义是什么？指针本身的数据类型如何确定？

8. 写出下列数组元素使用 * 运算的替换形式。

(a) data[2]；　(b) num[i+1]；　(c) man[5][3]。

9. 设下列运算表达式中 p 是指针，试分析各表达式的运算顺序。

(a) b = *p--；　(b) x = *p++；

(c) a[++i] = *p++；　(d) y = *--*++p-6。

10. 结构的定义和说明在程序中的作用是什么？在对结构初始化时应该注意些什么问题？

11. 设计一个结构保存坐标值(假设在 X-Y 空间画图)。

12. 使用 union 的目的是什么？定义 union，可容纳下列数据：

```
int      data[4];
char     ch[8];
float    f。
```

第 6 章　C51 的函数

C51 语言程序由若干个函数构成，并且其中有且仅有一个名称为 main( ) 的主函数。在程序设计中，常将一些常用的功能模块编写成函数，善于利用函数，可以给编写程序带来很大方便。

以下为 C51 语言程序的一般组成结构：

```
全局变量说明;
main( )            /* 主函数 */
{
    局部变量说明;
    执行语句;
}

function_ 1 (形式参数表)              /* 子函数 1 */
形式参数说明;
{
    局部变量说明;
    执行语句;
}
……
function_ n (形式参数表)          /* 子函数 n */
形式参数说明;
{
    局部变量说明;
    执行语句;
}
```

函数不能嵌套定义，即一个函数中不能再定义其他函数，但可以互相调用。函数调用的一般规则是：主函数可以调用其他普通函数；普通函数之间也可以互相调用，但普通函数不能调用主函数。

一个 C 程序的执行总是从 main( ) 函数开始，而无论该函数位于程序的什么位置。除了 main 函数之外，其他任何一个函数，如果不被调用，即使定义了也不能执行；main 函数可以调用任何一个其他函数，而其他函数不能调用 main 函数；main 函数可看作是由系统调用的，main 函数调用其他函数后仍返回到主函数 main 中，最后在主函数 main 中结束整个 C51 程序的运行。

6.1　函数的分类

C51 语言函数可简单分为主函数 main( ) 和普通函数两种。

对于普通函数，从不同的角度又可以对它们进行如下分类：

（1）从用户使用的角度划分，函数有两种：一种是标准库函数，一种是用户自定义函数。

① 标准库函数。标准库函数是由 C51 编译系统的函数库提供的公用函数，供系统的使用者在设计应用程序时使用。设计者在进行程序设计时，应该善于充分利用这些功能强大，内容丰富的标准库函数资源，以提高程序效率，节省开发时间。

② 用户自定义函数。用户自定义函数，顾名思义，它是用户根据自己的需要而编写的专用函数。

（2）从函数定义的形式上划分，函数可以分为：无参数函数、有参数函数及空函数。

① 无参数函数：此种函数在被调用时，既无参数输入，也不返回结果给调用函数，一般是为完成某种特定的功能操作而编写的；

② 有参数函数：在调用此种函数时，必须提供实际的输入参数。此种函数在定义时，必须说明与实际参数一一对应的形式参数，并在函数结束时返回结果供调用它的函数使用；

③ 空函数：此种函数体内无语句，是空白的。调用此种空函数时，不能实现任何功能。定义这种函数的目的并不是为了执行某种操作，而是作为占位函数，以便为今后程序功能的扩充提供方便。

6.2 函数的定义

函数定义的一般形式为：

```
[函数类型标识]函数名(形式参数列表)
形式参数说明
{
    说明部分;
    语句部分;
}
```

其中：

① 函数定义中的“类型标识”指定函数返回值的类型，缺省时，自动按 int 处理；

② 函数名是一个 C 标识符，用来区分不同的函数；

③ 函数体由说明部分和语句部分组成，是调用此函数时要完成的工作，说明语句只能出现在第一条可执行语句之前；

④ 在函数定义的一般形式中，除函数名、( )、{ }不可省略外，其他部分都可以省略。

下面是一个函数定义简单的例子：

【例】

```
int  power(x, n)
int  x, n;                      /* 形式参数说明 */
{
    int j, p;                   /* 函数体中的变量说明 */
    p = 1;
    for (j = 1; j < = n; j + + )
```

```
        p * =x;
    return  p;
}
```

依据函数定义的形式，函数可细分成：无参数函数，有参数函数及空函数。以下将具体说明及定义方法。

1. 无参数函数的定义方法

无参数函数的定义形式为：

返回值类型标识符 函数名()

{函数体语句;}

无参数函数一般不带返回值，因此函数返回值类型识别符也可以省略。

【例】

```
#include <stdio.h>
#include "reg51.h"
func()
{
        printf("func 函数输出信息\n");
}
main()
{
    SCON =0x50;                    /* 以下代码对 MCS51 串行口初始化 */
    TMOD =0x20;
    TH1 =0xfd;
    TR1 =1;
    TI =1;

    printf("主函数输出信息\n");
    func();
}
```

程序运行后，将通过串行口输出下述信息：

主函数输出信息

func 函数输出信息

上面程序中，实际定义了二个函数，main()和 func()，它们都是无参数函数。因此它们的返回值标识符可以省略，默认值是 int 类型。

程序中代码行 SCON =0x50；/TMOD =0x20；/TH1 =0xfd；/TR1 =1；/TI =1；用于对 MCS51 单片机的内部串行接口进行初始化，供 printf()库函数输出信息之用。

上面程序中函数 func()放在主函数 main()之前，这是经典的 C 写法。但是标准 ANSI C 则要求用另一种格式进行规范化书写：首先，既使是无参数函数，其返回值类型标识符也要注明"void"关键字；主函数 main()，要放在文件的前面，被调用的函数则应在开头进行原型声明。上面的程序若按 ANSI C 写法应改为：

```
#include <stdio.h>
```

```
#include "reg51.h"

void func(void);                         /*进行函数原型声明*/
int main(void)
{
    SCON =0x50;                          /*以下代码对 MCS51 串行口初始化*/
    TMOD =0x20;
    TH1 =0xfd;
    TR1 =1;
    TI =1;

int gcd(int u, int v)
{
    int temp;
    while(v! =0)
    {
        temp = u% v;
        u = v;
        v = temp;
    }
    return(u);
}

main()
{
    int result, a =56, b =35;            /*变量初始化 */

    SCON =0x50;                          /*以下代码对 MCS51 串行口初始化*/
    TMOD =0x20;
    TH1 =0xfd;
    TR1 =1;
    TI =1;

    result =gcd(a, b);
    printf("The gcd of %d and %d is : %d\n", a, b, result);
}
```

程序运行后，将通过串行口输出下述信息：

The gcd of 56 and 35 is 7

在本程序中，int gcd(int u, int v)就是一个典型的有参数函数，其中 int 为函数返回值类型标志符，gcd 为函数名，而括号中的 u，v 则为函数的输入形式参数。在 gcd 函数的结尾处有一个返回语句 return(u)，其中 u 为函数的返回变量。

2. 空函数的定义方法

空函数的定义形式为：

```
返回值类型说明符 函数名()
{     }
```

【例】

```
float min(float x, float y)
{ }
```

本例中定义了一个名为 min()的空函数，其返回类型是 float，目前未定义任何操作(该函数编译时将产生一个无返回值的警告，可予以忽略)，编程者可在适当的时候完善其功能。

6.3　函数的参数和函数值

通过函数之间的参数传递，可使一个函数能对不同的变量进行相似的功能处理，从而大大提高了函数的通用性与灵活性。

函数之间的参数传递，由函数调用时，主调用函数的实际参数与被调用函数的形式参数之间进行数据传递来实现；被调用函数的返回结果则由被调用函数的 return 语句返回给调用函数。

1. 形式参数和实际参数

在函数定义时，函数名后面括号中的变量名称为“形式参数”，简称形参；而在函数调用时，主调用函数名后面括号中的表达式则称为“实际参数”，简称实参。多个形参或实参用逗号分隔，无形参与实参时括号不能省略。

以前面提到的求两个数的最大公约数程序为例，程序中，函数说明语句 int gcd(u, v)的括号中的变量 u、v 即为该函数的形式参数。而在主函数 main()中的 result = gcd(a, b)语句括号中的变量 a、b 则是调用函数的实际参数。该语句在调用 gcd()函数的同时，将已赋值的实际参数 a、b 传递给 gcd(u, v)函数的形式参数 u、v，由 gcd 函数用 u、v 进行运算。

注意：

① 在 C51 语言的函数调用中，实际参数与形式参数之间的数据传递是单向进行的，只能由实际参数传递给形式参数，而不能由形式参数传递给实际参数；

② 实际参数与形式参数的类型、个数及顺序必须一一对应，否则会发生类型不匹配的错误；

③ 被调用函数的形式参数在函数未被调用之前，并不占用实际内存单元，只有当函数调用发生时，被调用函数的形式参数才被分配给内存单元，此时内存中调用函数的实际参数和被调用函数的形式参数位于不同的单元中。在调用结束后，形式参数所占有的内存被系统释放，而实际参数所占有的内存单元仍然保留并维持原值；

④ 一般情况下，main 主函数均无参数，但这并不表示 main 函数必须为无参函数。在必要时，main 函数也可以带有参数，但最多只允许有两个参数，分别记作 argc 和 argv。其中 argc 表示命令行所带的参数的个数，argv 里面的各个元素分别对应命令行的各个字符串，其

中第一个元素为可执行文件的完整路径。由于 main 函数不能被其他函数调用，因此不可能在程序内部取得实际值。实际上，main 函数的参数值是从操作系统命令行上获得的。

2. 函数的返回值

通常希望通过函数调用使主调函数得到一个确定的值，这就是函数返回值，主调函数一般可以用变量接受这个返回值，但也可不使用此返回值。

如上例所示，被调用函数 gcd( )使用形式参数 u，v 对输入变量进行运算处理，所得结果通过返回语句 return(u)返回给主函数，并在主函数的 result = gcd(a，b)语句中通过等号赋值给变量 result。

被调用函数的返回值是通过该函数中的 return 语句获得的。一个函数可以有一个以上的 return 语句，但多于一个的 return 语句只能在选择结构(if 或 do-case)中使用，因为被调用函数一次只能返回一个变量值。

return 语句中的返回值也可以是一个表达式

【例】return(x > y? x：y)

则当 x > y 时，将返回 x 值，否则返回 y 值。

函数的返回值的类型一般在定义函数时，用返回类型标识符来指定。例如：

int gcd(u，v)中在函数名 gcd 之前的 int 指定函数的返回值为整型；

C51 语言中，缺省的返回类型标识符为整型。如果函数返回值的类型说明和 return 语句中表达式的变量类型不一致，则以函数返回类型标识符为标准进行强制类型转换。有时为了明确表示被调用函数不带返回值，可以将该函数返回类型定义为“无类型”(void)。

6.4 函数的调用

6.4.1 函数调用的一般形式

函数调用的一般形式为：

函数名(实际参数列表)；

对于有参数型函数，若包含多个实际参数，应将各参数之间用逗号分隔。主调用函数提供的实际参数列表与被调用函数的形式参数列表的类型、数目应该相等，并且顺序也须一一对应。如果调用的是无参数函数，函数名后面的一对空括号不能省略。

6.4.2 函数调用的方式

主调用函数对被调用函数的调用可以有以下三种方式：

(1) 函数调用语句

即把被调用函数名作为主调用函数中的一个语句。

【例】

```
print_ message( );
```

此时并不要求被调用函数返回结果数值，只要求函数完成某种操作。

(2) 函数结果作为表达式的一个运算对象

【例】

```
result =2 * gcd(a，b);
```

此时被调用函数以一个运算对象的身份出现在一个表达式中。这就要求被调用函数带有 return 语句，以便返回一个明确的数值参加表达式的运算。

(3) 函数参数

即被调用函数作为另一个函数的实际参数。

【例】

m = max(a, gcd(u, v));

其中 gcd(u, v)是一次函数调用，它的值作为另一个函数调用 max()的实际参数之一。

6.4.3 对被调用函数的说明

在一个函数中调用另一个函数必须具有以下条件：

① 被调用函数必须是已经存在的函数(库函数或用户自定义函数)；

② 如果程序中使用了库函数，或不在同一文件中的另外的自定义函数，则应该在程序的开头处使用#include 包含语句，将所用的函数信息包括到程序中来。

【例】

#include"stdio. h"将标准输入、输出函数库的函数包含到程序中来。

#include"math. h"将专用数学运算库的函数包含到程序中来。

这样在程序编译时，系统就会自动将函数库中的有关函数调入到程序中去，编译出完整的程序代码。

③ 如果程序中使用了自定义函数，且该函数与调用它的函数同在一个文件中，若被调用函数的定义出现在主调用函数之后，一般应在主调用函数中(或主调用函数之前)，对被调用函数的返回值类型，作出前向声明。其形式为：

返回值类型说明符 被调用函数的函数名()；

④ 对于不在同一文件中的自定义函数，还可用 extern 关键字加以说明。

6.4.4 函数的嵌套

在 C51 语言中，函数不能嵌套定义，但允许嵌套调用函数。也就是说，在调用一个函数的过程中，允许调用另外一个函数。

有些 C51 编译器对嵌套的深度有一定限制，但这样的限制并不苛刻。就 8051 系列单片机而言，它对函数嵌套调用层次的限制，是由于其片内 RAM 中缺少大型堆栈空间所致。C51 编译器通常依靠堆栈来频繁地进行参数传递，但 C51 编译器，由于片内 RAM 有限所致，常将参数放在一个人工的外部堆栈中。然而即便是使用片内堆栈，倘若不传递参数的话，5 至10 层的函数嵌套调用也是不成问题的。所以对丁小规模程序而言，即使是忽略嵌套调用的层次和堆栈的深度，通常也是安全的。

6.4.5 函数的递归调用

在调用一个函数的过程中，又直接或间接地调用该函数本身，这种情况称为函数的递归调用。C51 语言的强大优势之一，就在于它允许函数的递归调用。

下面以计算一个数的阶乘为例来说明函数的递归调用。

对于任何大于 0 的正整数 n 的阶乘，有 $n! = n \times (n-1)!$。用 $(n-1)!$ 的值来表示 $n!$ 的值的表达式就是一种递归调用，因为一个阶乘的值是以另一个阶乘的值为基础的。

【例】采用递归调用求正数 n 的阶乘。

```
int factorial(int n) reentrant
{
    int result;
      if(n = =0)
```

```
            result = 1;
        else
            result = n * factorial(n - 1);
    return(result);
}
main()
{
    int val;
    val = factorial(5);
}
```

程序运行结果 val = 120。

在函数 factorial()中，包含着对它自身的调用，这使该函数成为递归型函数。

下面让我们来看看当函数计算 3 的阶乘时发生递归调用的全过程：

(1) 当函数开始工作时，形式参数 n 被指定为 3。因为此值不为 0，故程序将跳过 if(n = =0)一句而执行 result = n * factorial(n - 1)；即 result = 3 * factorial(2)；

(2) 在这个表达式中将首先计算 factorial(2)，这产生了对 factorial()函数的再次调用，只不过现在的实际参数变为 2；尽管我们正再一次调用同一个函数，而实际上我们却是在调用各自独立的函数。因为每当 C51 语言中的任意函数被调用时(无论是否递归)，函数都将获得一套属于自己的局部变量和形式参数。当函数执行完毕，系统会自动将这套局部变量释放掉。因此当调用 factorial()函数计算 2 的阶乘时所用的局部变量 result 和形式参数 n 与调用该函数计算 3 的阶乘时所用的局部变量 result 和形式参数 n 并不相同，不会发生覆盖。

(3) 当调用 factorial(2)时，程序将执行语句：result = 2 * factorial(1)；这时又会导致首先计算 factorial(1)，产生对 factorial()函数的新的调用，

(4) 当调用 factorial(1)时，程序将执行语句：result = 1 * factorial(0)；这将造成以参数 0 为实际参数，对 factorial()函数的新调用；

(5) 而当调用 factorial(0)时，函数将 result 赋值为 1，并返回；

(6) 此后开始计算那一串悬而未决的表达式。factorial(0)的值(1)将返回(return)到发出调用的 factorial(1)中。在那里 result 将赋值 1 * factorial(0)即 1 ×1，然后再返回发出调用的 factorial(2)中，在那里 result 将被赋值 2 * 1 * factorial(1)，即 2 ×1 ×1，并返回发出调用的 factorial(3)中，同样在那里，result 将被赋值 3 × factorial(2)即 3 ×2 ×1 ×1，并返回主调用函数。这样就完成了 factorial()函数的全部递归调用运算，得到结果为 6。

6.4.6 用函数指针变量调用函数

前面在学习指针的概念时，我们知道可以用指针变量指向变量、字符串、数组。其实，我们也可以用指针变量指向一个函数。即可以用函数的指针变量来调用函数。

一个函数在编译时，C51 编译器会给它分配一个入口地址。这个入口地址就称为函数的指针。我们可以用一个指针变量指向函数，然后通过该指针变量调用此函数。

仍以前面讲述的递归调用程序为例：

```
int factorial(int n) reentrant
{
    int result;
```

```
    if(n = =0)
        result =1;
    else
        result = n * factorial(n -1);
    return(result);
}

main()
{
    int i, val;
    for (i =0; i <8; i + +)
    {
        val = factorial(i);
    }
}
```

main 函数中的“val = factorial(i);”中包含了一次函数调用(调用 factorial()函数)。每一个函数都占用一段内存单元，它们有一个起始地址。因此可以定义一个指针变量，把它指向 factorial()函数，并通过该指针变量来访问 factorial()函数，基于这种思想，我们可以将 main()函数改写如下：

```
main()
{
    int i, val;
    int (*p)(int);                    /* 函数指针变量定义 */

    p = factorial;                    /* 函数指针变量 p 指向 factorial()函数 */
    for (i =0; i <8; i + +)
    {
        val = (*p)(i);                /* 用指针变量 p 调用 factorial 函数 */
    }
}
```

注意：程序中 int (*p)(int)是函数指针定义语句，说明 p 是一个指向函数的指针变量，此函数的返回值类型为整型 int，且其形式变量为 int 类型(形式参数的类型必须包含，否则将出错!)。注意(*p)()不能写成 *p()，即 *p 两边的括号不能省略，表示 p 先与 * 号结合，是指针变量，然后再与()结合，表示此指针变量指向函数。如果写成 *p()，由于()优先级高于 * 号，则表示 p 为一个函数，该函数的返回值类型是指针。

语句 p = factorial；的作用是将函数 factorial()的入口地址赋给指针变量 p。此后调用(*p)(i)就是调用 factorial(i)函数。

在 main()中赋值语句 val = (*p)(i)，包含着函数调用，它和 val = factorial(i)是等价的，这就是在用函数指针变量来调用函数。

通过上面的讨论，我们对用函数的指针变量调用函数归纳如下：

① 指向函数的指针变量的一般定义形式为：

函数值返回类型（＊指针变量名）（函数形参表……）

以上仅定义了一个指向函数的指针变量，若不对它进行赋值，它便不能固定指向某一个函数。在程序中若把哪个函数的地址赋给它，它就指向哪个函数。在一个程序中，通过不同的赋值，一个函数指针变量可以先后指向不同的函数；

② 给函数指针变量赋值时，只需给出函数名而不必给出参数。如 p = factorial；

③ 用函数指针变量调用函数时，只需用（＊指针变量名）代替函数名即可，之后的括号中可根据需要写上实际参数。如 val =（＊p）（i）表示调用由 p 指向的函数，实参为 i，返回的函数值赋给 val；

④ 对指向函数的指针变量进行诸如 p + n，p + + 或 p - - 的运算是没有意义的。

6.5 数组、指针作为函数的参数

6.5.1 用数组作为函数的参数

前面我们已经讨论过如何用变量作为函数的参数。其实我们也可以用数组元素，乃至整个数组作为函数的参数。

【例】编写一个 min 函数，以便在含有 10 整数元素的数组中找出最小值。

```
int min(int values[10])
{
    int minimum = values[0], i;
    for(i = 1; i < 10; i + +)
    {
        if(values[i] < minimum)
            minimum = values[i];
    }
    return(minimum);
}

main()
{
    int minimum_ score;
    int scores[10] = {6, 5, 7, 9, 1, 4, 2, 8, 9, 3};
    minimum_ score = min(scores);
}
```

程序运行结果，minimum_ score = 1。

在程序中，主函数 main( )定义了一个 10 元素的数组 scores[10]，并进行的初始化赋值，在语句 minimum_ score = min(scores)中调用函数 min(scores)，同时将数组 scores[ ]作为被调用函数的实际参数，每当 min( )被调用时，实际参数——scores[10]的全部便传递给被调用函数的形式参数——values[10]数组。min( )函数的作用是，将数组元素中最小的值找出来，并作为函数的返回值，返回给调用函数。

通过以上讨论，我们对用数组作为函数的参数总结如下：

① 当用数组名作函数的参数时，应该在调用函数和被调用函数中分别定义数组。如上例中，values 是形式参数数组名，scores 是实际参数数组名，应分别在其所在的函数中定义，不能只在一方定义，只有这样，作为调用函数的实际参数数组的全部元素，才能顺利地传递到被调用函数的形式参数数组中；

② 实参数组与形参数组的类型应一致，否则将导致结果出错；

③ 实参数组与形参数组的大小可以一致，也可以不一致。C51 编译器对形参数组的大小不作检查，只是将实参数组的地址传给被调用函数。如果要求形参数组得到实参数组的全部元素值，则应使形参数组不小于实参数组。

6.5.2 用指向函数的指针变量作为函数的参数

函数指针变量常用的用途之一是把指针作为参数传递给其他函数。

【例】设函数 sub()有两个形式参数(x1, x2)，定义 x1 和 x2 为指向函数的指针变量。调用函数 sub 时，实际参数用两个实用函数的函数名 f1 和 f2 给形式参数传递函数地址。这样在函数 sub 中就可以调用 f1 和 f2 了。如：

```
sub(int(*x1)(int), int (*x2)(int, int))
{
    int a, b, i, j;
    a=(*x1)(i);
    b=(*x2)(i, j);
}

main()
{
    int (*f1)(int), (*f2)(int, int);
    sub(f1, f2);                    /*f1、f2 为函数名*/
}
```

其中变量 i 和 j 是函数 f1 和 f2 所要求的参数。函数 sub()中的函数指针变量 x1，x2 在函数未被调用时并不占内存单元，也不指向任何函数。在调用 sub()函数时，把实参函数 f1 和 f2 函数的入口地址传给形式参数指针变量 x1 和 x2，使 x1 指向函数 f1，x2 指向函数 f2，这时在函数 sub()中，就可以使用 *x1 和 *x2 来调用 f1 和 f2 了。(*x1)(i)等价于 f1(i)，而(*x2)(i, j)等价于 f2(i, j)。

下面通过一个简单的实例来说明这两种方法的应用。

【例】设一个函数 process，在调用它时每次实现不同的功能。对于主程序的两个变量值 a，b，第一次调用 process 时，找出 a，b 中的最大值，第二次找出其中最小者，第三次求 a，b 之和。

```
int max(int x, int y)
{
    int z;
      if(x>y)
          z=x;
```

```
        else
                z = y;
            return(z);
    }
    int min(int x, int y)
    {
        int z;
        if(x < y)
                z = x;
        else
                z = y;
            return(z);
    }
    int add(int x, int y)
    {
            int z;
            z = x + y;
            return(z);
    }
    int process(int x, int y, int (*fun)(int, int))
    {
            int result;
            result = (*fun)(x, y);
    }
    main()
    {
        int max(int, int), min(int, int), add(int, int);
        int a=6, b=2, val;
        val = process(a, b, max);
        val = process(a, b, min);
        val = process(a, b, add);
    }
```

在程序中，max()、min()和 add()是三个已定义的函数，分别用来实现求最大、最小及求和的功能。

main()函数在第一次调用 process 函数时，除了将 a，b 作为实际参数把两个变量值传给 process 的形式参数 x，y 之外，还将函数名 max 作为实际参数，将其入口地址传送给 proeess 函数中的形式参数 - -指向函数的指针变量 fun，这样 process()中；语句(*fun)(x，y)等价于 max(x，y)。

同理第二次调用 process(x，y，min)函数时，(*fun)(x，y)等价于 min(x，y)。

第三次调用 process(x，y，add)函数时，(*fun)(x，y)等价于 add(x，y)。

可见，不论执行 max( )，min( )，还是 add( )，函数 process( )中的内容一点没有改变。因此用指向函数指针变量作为函数的调用参数，可以使用同一个函数来完成不同的函数功能，这样就大大增强了函数使用的灵活性。

6.5.3 用指向结构的指针变量作函数的参数

前面，我们曾经提到，C51 语言不允许整体引用结构变量名，那么如何将一个结构变量的值从一个函数传递给另一个函数呢？有两种方法：

① 直接引用结构体变量的成员作函数的参数；

② 用指向结构变量的指针变量作实际参数，将结构变量的地址传递给被调用函数。

下面举例说明第二种方法。

【例】在结构变量 record 中，存放着一个记录，内含记录号、记录名称和三项数据。要求在 main( )函数中，对该结构进行赋值，而在另一个函数 show 中将它们打印出来。

```
#include <stdio.h>
#include <string.h>
#include "reg51.h"

struct record
{
    int number;
    char name[20];
    float score[3];
};
void show(struct record *p)
{
    int i;
      printf("note.number=%d\n", p->number);
      printf("note.name=%s\n", p->name);
      for(i=0; i<3; i++)
          printf("note.score[%d]=%f\n", i, p->score[i]);
      printf("\n");
}
main()
{
    void show(struct record *p);
    struct record note;

    SCON=0x50;                  /*以下代码对 MCS51 串行口初始化*/
    TMOD=0x20;
    TH1=0xfd;
    TR1=1;
    TI=1;
```

```
    note.number = 3361;
    strcpy(note.name,"VGK");
    note.score[0] = 11.25;
    note.score[1] = 15.15;
    note.score[2] = 20.05;
    show(&note);
}
```

程序运行结果：

```
note.number = 3361
note.name = VGK
note.score[0] = 11.250000
note.score[1] = 15.150000
note.score[2] = 20.050000
```

在主函数 main( )中，对 struct record 类型的结构变量 note 的各个成员进行赋值。而 show(&note)则是调用 show( )函数，并用 &note 作为实际参数，&note 是 struct record 结构变量 note 的地址。在调用 show(p)函数时，地址 &note 被传递给 show 的形式参数 p，p 是一个指向 struct record 类型结构变量的指针，这样 p 就指向 note，在 show( )函数中 p 指向的结构体变量的各个成员 p－ > number，p－ > name。p－ > score[i]就是 note 的成员 note.number，note.name，note.score[i]。

显然，在结构类型成员众多的情况下，用指向结构变量的指针变量作为函数的参数，比一个一个地直接引用结构变量成员作为函数的参数效率高得多。

6.5.4 返回指针的函数

一个函数可以返回一个整型(int)值、字符(char)值、浮点(float)值，同样也可以返回一个指针型数据，即返回一个数据的地址。

这种返回指针值的函数的一般定义形式为：

返回值类型　* 函数名　(参数表)

【例】int　* A(x，y)

其中 A 是函数名，调用它后可以得到一个指向整型数据的指针(地址)。在 A 的两侧，分别是 * 运算符和( )运算符。由于( )优先级高于 *，故 A 选与( )结合，A( )显然是函数形式，而 A( )前面的 * 表示此函数是指针型函数(函数的返回值是指针)。

【例】 有一个数据档案记录，每个记录中含有四项数据，要求用返回指针的函数来实现。

```
#include <stdio.h>
#include "reg51.h"


float * view(float pp[4], int j)
{
    float * pt;
    pt = pp + j * 4;
    return(pt);
```

```
}
main()
{
    float idata score[][4] = {{8.87, 8.83, 8.64, 8.91},
                {12.11, 12.23, 12.34, 12.20},
                {30.44, 30.66, 30.58, 30.40},
                {20.12, 20.08, 20.21, 20.66}};
    float *view(float pp[4], int);
    float *p;
    int i, n=2;

    SCON=0x50;                  /*以下代码对 MCS51 串行口初始化*/
    TMOD=0x20;
    TH1 =0xfd;
    TR1 =1;
    TI =1;

    printf("The record of N0. %d are: \n", n);
    p=view(score, n);
    for(i=0; i<4; i++)
        printf("%6.2f \t\t\t", *(p+i));
    printf("\n");
}
```

程序运行结果：

The record of N0. 2 are

30.44　30.66　30.58　30.40

在上面程序中，函数 view 被定义为指针型函数，它的形式参数 pp 是指向包含 4 个元素的一维数组的指针变量。pp+4 指向 score 数组的下一行。而 *(pp+j*4)则指向 score 数组的第 j 行的第 0 项元素，pt 是 float 型指针变量。

在主函数 main()中，p 是 float 型指针变量，在没有执行调用赋值语句 p=view(score, n)之前，它没有指向任何数据。而在执行 p=view(score, n)时，首先，程序调用 view()函数，并把实际参数 score[]和 n 值传递给 view()函数的形式参数 *pp[4]和 j，然后通过语句 pt=*(pp+j)。将 view()函数的内部指针 pt 指向 score[][]数组的第 j 行地址，并将此指针值返回给主调用函数，继而该地址被赋给指针变量 p。此时，p 指针指向 score[][]数组的第 n 行，最后这个记录行的四项记录数据就被打印出来。

6.6 本章小结

本章介绍 C51 函数的特点、功能及编程规范。

第 1 节介绍 C51 中函数的基本概念。C51 语言函数可简单分为主函数 main()和普通函数，普通函数又可分成两类：一类是由系统提供的标准库函数，这种函数不需要系统定义即可使用。另一种是用户自己定义的函数，这种函数必须先定义后使用。

第 2、3 节给出了函数定义及参数传递的方法。函数定义中的“类型标识”指定函数返回值的类型；函数名是一个 C51 标识符，用来区分不同的函数；函数体由说明部分和语句部分组成，描述调用此函数时要完成的工作。函数之间的参数传递，由函数调用时，主调用函数的实际参数与被调用函数的形式参数之间进行数据传递来实现；被调用函数的返回结果则由被调用函数的 return 语句返回给主调用函数。

第 4 节介绍函数的调用方法。主调用函数对被调用函数的调用有三种方式：函数调用语句、函数结果作为表达式的一个运算对象、被调用函数作为另一个函数的实际参数。本节同时通过实例介绍了函数递归调用及函数指针变量的概念及使用方法。

第 5 节进一步讨论使用数组、结构、指针作为函数参数的概念及使用方法。

习　题

1. C51 语言中函数是如何定义的？主调用函数与被调用函数如何进行参数传递？
2. 当一个函数需要返回多于一个值时，可以怎么做？
3. 试总结指针在函数间数据传递中的重要作用。
4. 编写字符串字符替换函数 replace(s，c1，c2)，把字符串 s 中的字符 c1 置换为 c2。
5. 编写把十六进制字符串 s 变换成整数值返回的函数 htoi(s)。
6. 编写将整数转换成对应十六进制字符串的函数 itos(int)。
7. 编写函数 itob(n)，它把整数 n 变换成二进制字符串，并返回该字符串地址。
8. 编写把字符串 s 逆转的函数 reverse(s)。
9. 把上题的 reverse(s)编写成递归函数。

第 7 章　模块化程序设计

7.1　基本概念

1. 程序的组成

程序是指人们存储在计算机内部存储器中，可以连续执行的一条条指令的集合。程序包括数据说明和数据操作。其中数据说明由数据定义部分来实现，主要用于定义数据结构(由数据类型表示)和数据的初值；数据操作由语句来实现，其任务是对已提供的数据进行加工。

从结构化编程的角度，程序应分成若干源程序，每个源程序完成特定的功能，源程序中可重复使用的部分由子程序完成。在 C 语言中，子程序的作用是由函数来完成的，函数是 C 语言最基本的组成单位。C 程序的组成如图 7.1 所示。

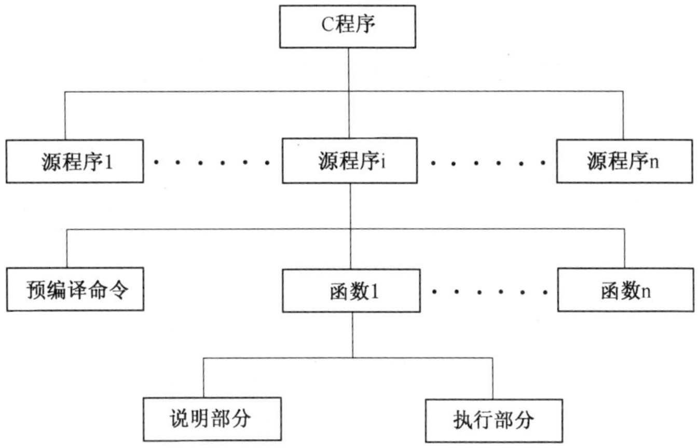

图 7.1　C 程序的组成

2. 常用术语

下面简单介绍与模块化编程有关的术语。

(1) 文件

计算机中数据或程序都是以文件来存储的。文件是计算机的基本存储单位。计算机中用户可见的是各种各样的文件。

(2) 源程序文件

一个 C 源程序文件是由一个或多个函数组成，它完成特定的功能。

(3) 目标文件

目标文件包含所要开发使用的单片机的机器代码。目标指的是所要用的单片机，目标文件即目标程序文件，是单片机可执行的程序文件。

(4) 汇编器/编译器

汇编器是针对汇编语言程序的，编译器是针对高级语言(如 C 语言)程序的。它们的作用是把源程序翻译成单片机可执行的目标代码产生一个目标文件。一个源程序文件是一个汇编/编译的单位。对 Keil C 工具软件，其汇编/编译过程如图 7.2 所示。

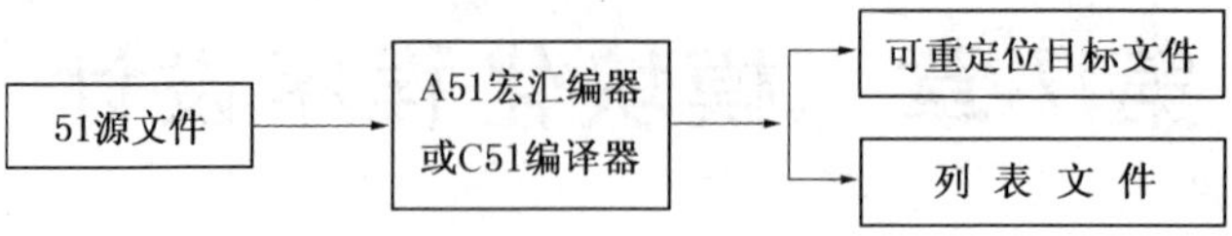

图 7.2　汇编/编译图示

因 C 程序可由多个源文件组成，对每个源程序的编译只能得到相对地址，这需要最后重新进行统一的地址分配(重定位)。列表文件是汇编器或编译器生成的包含源程序、目标代码和错误信息等的可打印文件。

(5) 段

段和程序存储器或数据存储器有关，有程序段和数据段。段可以是重定位的，具有一个段名、类型及其属性。它们在存储器的最终位置留给连接器/定位器确定或由编程者指定其绝对地址(例如，扩展接口芯片的存储器映像地址或其它硬件地址不由连接器选择)。一个完整段由各个模块中具有相同段名的段组合而成，例如，多模块程序的整个程序段是各个子程序段和主程序段的组合。

(6) 模块

模块是包含一个或多个段的文件，它由编程者命名，模块的定义决定局部符号的作用域。通常模块为显示、计算或用户接口相关的函数或子程序的集合。

(7) 库

库是包含一个或多个模块的文件。这些模块通常是由编译或汇编得到的可重定位的目标模块，在连接时和其他模块组合。连接器从库中仅仅选择与所需模块相关的部分，即由其他模块调用的部分。

(8) 连接器/定位器

连接是把各模块中所有具有相同段名及类型名的段连接起来生成一个完整程序的过程。连接由连接器完成，它识别所有的公共符号(变量、函数和标号名)，并为其分配相对其他同类型的程序或数据的相对地址。

一旦所有的外部 RAM 数据收集起来，而且没有和其他模块的地址重叠，定位器就可以决定绝对地址。定位器是分配地址给每个段的工具，在连接时把模块的同名段放入一整段，定位时重新填入段的绝对地址。所有同类对象(程序 CODE、内部数据 DATA、外部数据 XDATA 等)组合成相应的单一段。Keil C 工具软件中，连接器和定位器合二为一，成为连接/定位器 L51。如图 7.3 所示。

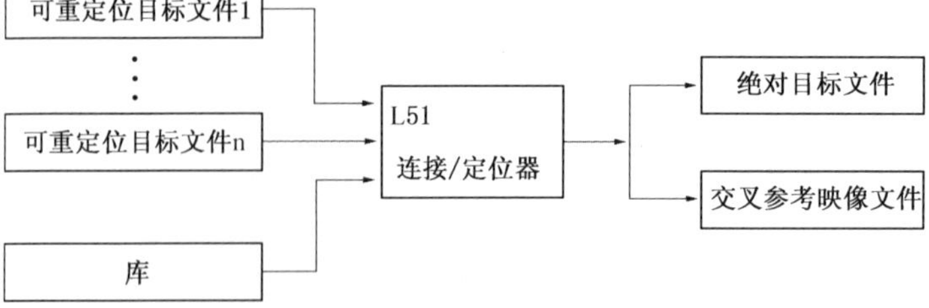

图 7.3　连接/定位功能

绝对目标文件生成后，可由仿真器调试或者进行 ROM 固化，或与模拟器一起使用。交叉参考映像文件包含存储器映像、全局和局部符号的存储分配及外部和公共符号的交叉参考报告。

(9) 应用程序

应用程序是整个开发过程的目的，它是单一的绝对目标文件，它是把全部输入模块的所有绝对的及可重新定位的段连接起来，最后形成的单一的绝对模块。应用程序准备下载到仿真器调试运行，调试通过后可固化到 ROM 中，在用户目标系统中运行，完成所需的功能。

3. 文件命名常规

程序开发有几种常用的文件扩展名，如表 7.1 所示。

表 7.1　程序开发常用文件扩展名

扩展名	说明
ASM 或 A51	汇编语言源文件
P51	PL/M 语言源文件
C51 或 C	C 语言源文件
h	头文件
LST	包含汇编/编译的程序和错误的列表文件
OBJ	可重定位的目标模块
BIN	绝对目标文件
HEX	Intel 标准的绝对目标文件
LIB	库文件
M51 或 MAP	连接/定位后的映像文件
LNK	连接/定位器使用的文件

7.2　模块化程序开发

模块化编程是一种软件设计方法。各模块程序分别编写、编译和调试，最后模块一起连接/定位。模块化编程有以下优点：

① 模块化编程使程序开发更有效。小块程序更容易理解和调试；

② 模块化编程允许将经过反复调试的程序放入库中以便共享；

③ 模块化编程使得要解决的问题与特定模块分离，便于查找出错的模块，简化了调试。

1. 开发过程

模块化编程通常采用如图 7.4 所示的开发过程。这个开发过程经常会重复许多遍，因为需要不断完善。好的系统开发者先让各模块工作，然后再把它们集成到最终的软件中。图 7.4 所示的开发过程可描述如下：

① 规划整个项目，包括使用哪些硬件并规划软件怎样分工；

② 编写程序，并把它输入到文件中以便汇编或编译；

③ 编译/汇编源程序，可包括把目标模块放入库中；

④ 让目标文件分配到特定的存储位置，这是定位，通常包括连接。整个程序通常有几个源程序，它们分别编写，或许也有库包含在内；

⑤ 让绝对目标文件传入单片机执行控制任务；

⑥ 调试并修改程序。

2. 汇编和编译

8051 系列有几种汇编器支持。许多 C 编译工具软件包也含有或附带有汇编器。汇编器

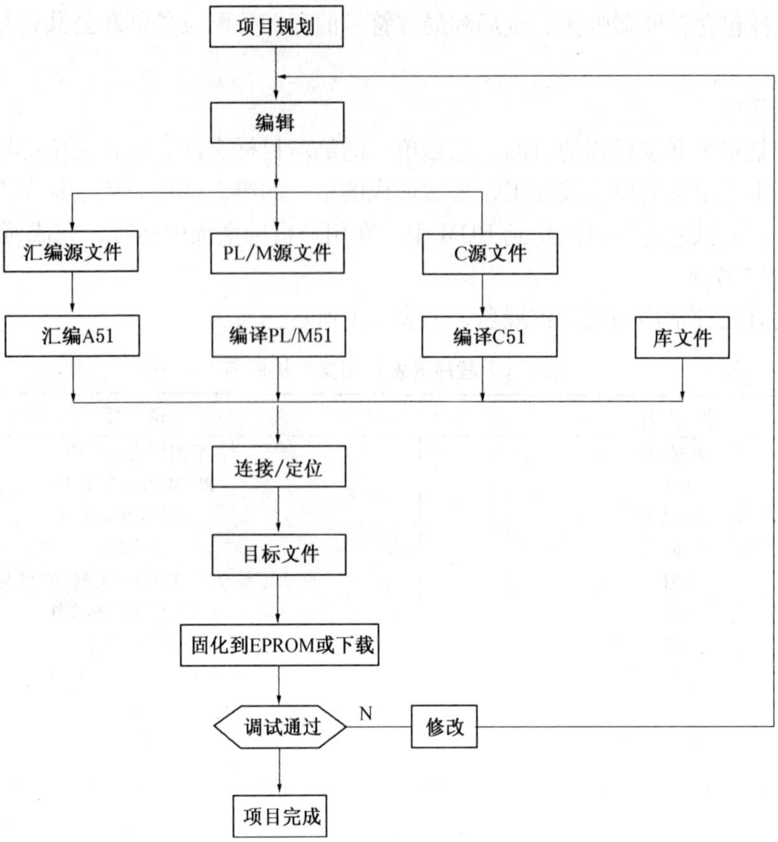

图 7.4　程序开发过程

接受指令助记符把它翻译成相应的机器码。因为存在一对一的简单对应关系，汇编器相对容易编制。某些 C 编译器仅产生汇编助记符（汇编语言程序），然后再借助于汇编器汇编成机器代码。若采用汇编和 C 语言的混合编程，一般不能随便混用一个公司的汇编器和另一个公司的编译器。

3. 覆盖

单片机片内存储空间有限，连接/定位器通常重新启用程序不再用的位置。这就是说，若一个程序不再调用，也不由其他程序调用（甚至间接调用），那样在其他程序执行完之前，这个程序不再运行。这个程序的变量可以放在与其他程序完全相同的 RAM 空间，很像可重用的寄存器，这种技术就是覆盖。在汇编中直接通过手工完成这些空间分配，C 中可以由连接器自动管理。若有几个不相关连的程序时，它可以使 RAM 单元比手工考虑要用的少。

4. 共享

（1）共享变量

共享变量要弄清不同模块之间变量的关系，连接/定位器将给共享变量分配相同的地址。在函数中定义的局部变量（动态变量）可以被覆盖；在文件（模块）中某函数外定义或说明的变量（全局变量），在此函数后和此函数中使用可共享。

（2）共享函数/子程序

C 中函数若是全局的（公用的），则可被其他函数共享。

5. 库

目标模块可以集中放在一个库中，以后通过连接器使用。库工具使用 create 生成一个新库；add 或 replace 用于将目标模块放到库中；delete 删除模块；list 可显示当前库中的模块。库中不能加入同名模块或公用符号相同的模块，以避免连接时查找外部参考时的混乱。

C 编译特别普遍使用的是编译器提供的库，好的嵌入式软件工具仅包含特定应用所必需的部分，连接器将在编译库中找寻必须包含的程序模块。

7.3 连接/定位器

连接/定位是模块化编程的核心。Keil C51 的 L51 程序可完成下列功能。

1. 组合程序模块

将几个不同程序模块组合为一个模块，并自动从库中挑选模块嵌入目标文件。通常的程序模块是由 C51 编译器或 A51 宏汇编生成的可重入的目标文件。

2. 组合段

将具有相同段名的可重定位段组合成单一的一个段。在一个程序模块中定义的一个段称为部分段，它在源文件中以下列形式指定：

① 名字：每个可重定位段有一个名字，它可与来自其他模块的同名的可重定位段组合，绝对段没有名字；

② 类型：类型标明段所属的地址空间 CODE，XDATA，DATA 或 BIT；

③ 定位方式：可重定位段的定位方式有 PAGE，INPAGE，INBLOCK，BITADDRESSABLE 或 UNIT；

④ 长度：一个段的长度；

⑤ 基址：段的首址，对于绝对段，地址由汇编器赋予；对于可重定位段，地址由 L51 决定。

3. 存储器分配

为段分配工作所需的存储器，段经过组合后，它们的位置被定义在 8051 系列单片机的物理存储器中，每个物理存储器区域被单独处理。不同的物理存储区列于表 7.2。

表 7.2　8051 系列的物理存储区

物理存储区	最大长度	地址区	段类型
程序	64K 字节	0 ~ 0FFFFH	CODE
外部数据	64K 字节	0 ~ 0FFFFH	XDATA
直接寻址片内数据	128 字节	0 ~ 7FH	DATA
间接寻址片内数据	256 字节	0 ~ 0FFH	IDATA
片内数据的位空间	128 位	0 ~ 7FH	BIT

4. 采用覆盖技术使用数据存储器

通过采用一定的覆盖技术，8051 系列少量的片内数据存储器可由 L51 有效地分配与使用。由 C51 编译器或是 A51 汇编器生成的参数和局部变量(若使用它们的函数不相互调用)可在存储器中覆盖。这样，所用的存储器得到相当程度地减少。

为完成数据覆盖，L51 分析所有不同函数间的调用，以确定哪个数据和位段可被覆盖。使用控制参数 OVERLAY 和 NOOVERLAY 可允许或禁止覆盖。OVERLAY 是默认值，用它可产生非常紧凑的数据区。

5. 决定外部参考地址

具有相同名的外部符号(EXTERN)和公用符号(PUBLIC)被确定后，外部符号指向其他模块中的地址。一个已声明的外部符号用具有相同名字的公用符号确定，外部参考地址由公共参考地址确定，公用符号的绝对地址在段定位后决定。

6. 绝对地址计算

在段分配和外部公用参考地址处理完成后，程序模块中所有可重定位地址和外部地址要重新进行计算，以获得最终的绝对地址。此时生成的目标文件中的符号信息(DEBUG)被改变以反映新的值。

7. 产生绝对目标文件

可执行程序以绝对目标格式产生。该绝对目标文件可包含附加的符号信息(DEBUG)，从而使符号调试成为可能。符号信息可用参数 NODEBUGSYMBOLS，NODEBUGPUBLICS 和 NODEBUGLINES 禁止。输出文件是可执行的，并可由仿真器装入调试或被 OHS51 翻译为 Intel HEX 格式文件以供 ROM 固化。

8. 产生映像文件

产生一个反映每个处理步骤的映像文件，它显示有关连接/定位过程的信息和程序符号，并包含一个公用和外部符号的交叉参考报告。映像文件包含下列信息：

① 文件名和命令行参数；

② 所有被处理模块的文件名和模块名；

③ 一个包含段地址、类型、定位方法和名字的存储器分配表；

④ 段和符号的所有错误列表，列表文件末尾显示出所有出错的原因；

⑤ 一个包含输入文件中符号信息的符号表；

⑥ 一个按字母顺序排列的有关所有 PUBLIC 和 EXTERN 符号的交叉参考报告；

⑦ 在连接/定位器运行期间检测到的错误同时显示在屏幕上和文件尾部。

7.4　C51 语言与汇编语言的混合编程

单片机软件设计的主要内容是应用软件的编写、调试和系统联调。编写应用软件在语言的选择上有三个方案：

① 完全用汇编语言编写；

② 完全用 C51 高级语言编写；

③ C51 高级语言和汇编语言混合编写。

对于第 1 个方案，在单片机发展的早期得到广泛的应用，因为那时只有汇编语言。汇编语言编程的缺点是可读性、可移植性、可维护性差。

对于第 2 个方案，现在用得越来越多。如果没有汇编语言子程序可调用，所有单片机外围芯片也可用 C51 高级语言来处理。

第 3 个方案，是目前编程者选用最多的方案。此方案的特点是兼有高级语言和汇编语言编程的优点。主程序用 C51 语言编写，C51 语言不好处理的部分或已有现成汇编语言子程序的部分则用汇编语言编写。换句话说，将复杂的数学运算、多任务管理等交给高级语言完成，而系统底层的硬件操作则由汇编语言完成，两者有机结合。

混合编程包含两方面内容：C51 高级语言调用汇编语言子程序以及汇编语言调用 C51 语言子程序。在工程上，通常采用 C 语言编写主体程序，其间调用必要的汇编子程序，故本书仅介绍 C51 高级语言调用汇编语言子程序的方法。

7.4.1 Keil C51 和 A51 接口所涉及的几个主要问题

1. C51 函数名的转换及其命名规则

C51 程序模块编译成目标文件后，其中的函数名依据其定义的性质不同会转换为不同的函数名。因此，在 C 和汇编程序的相互调用中，要求汇编程序必须服从这种函数名的转换规则，否则，将无法调用到所需的函数或出现错误。C51 中函数名的转换规则如表 7.3 所列。

表 7.3　C51 中函数名的转换

C51 函数声明	转换函数名	说　明
void func(void)	FUNC	无参数传递或参数不通过寄存器传递的函数，其函数名不作改变转入目标文件中
void func1(char)	_FUNC1	带有经寄存器传递参数的函数，在其名字前加上前缀"-"字符以示区别，它表明这类函数包含寄存器内的参数传递
void func2(void) reentrant	_?FUNC2	对于再入函数，在其名字前加上前缀"_?"字符以示区别，它包含堆栈内的参数传递

2. C51 函数及其相关段的命名规则

一个 C51 源程序模块被编译后，其中的每一个函数以"?PR?函数名?模块名"的命名规则被分配到一个独立的 CODE 段。例如，如果模块"FUNC51"内包含一个名为"func"的函数，则其 CODE 段的名字是"?PR?FUNC?FUNC51"。如果一个函数包含 DATA 和 BIT 对象的局部变量，则编译器将按"?函数名?BYTE"和"?函数名?BIT"命名规则建立一个 DATA 和 BIT 段。这些段是公开的，因而它们的地址可被其他模块访问。另外，这些段被编译器赋予"OVERLAYABLE"标志，故可被 L51 链接/定位器作覆盖分析。

依赖于所使用的存储器模式，这些段的段名按表 7.4 所列规则命名，在相互调用时，汇编语言必须服从 C51 有关段名的命名规则。

表 7.4　各种存储器模式下函数相关段的命名规则

数　据	段类型	段　名
程序代码	CODE	?PR?函数名?模块名(所有存储器模式)
局部变量	DATA PDATA XDATA	?DT?函数名?模块名(SMALL 模式) ?PD?函数名?模块名(COMPACT 模式) ?XD?函数名?模块名(LARGE 模式)
局部 bit 变量	BIT	?BI?函数名?模块名(所有存储器模式)

3. C51 函数的参数传递规则

C 和汇编语言混合编程时，还必须清楚两者传递参数和函数返回值的规则。汇编语言通常很容易自如地控制参数的传递，因而一般汇编模块应服从高级语言。

Keil C51 具有确定的参数传递规则，Keil C51 函数最多可通过 CPU 寄存器传递三个参数，这种传递技术的优点是可产生与汇编语言相比拟的高效代码。表 7.5 是利用寄存器传递参数的规则。

表 7.5　寄存器参数传递规则

参数数目	char；1 字节指针	int；1 字指针	long，float	一般指针
第 1 个参数	R7	R6，R7	R4 ~ R7	R1．R2，R3
第 2 个参数	R5	R4，R5	R4 ~ R7	R1．R2，R3
第 3 个参数	R3	R2，R3	无	R1．R2，R3

如果参数较多而使得寄存器不够用时，部分参数将在固定的存储区域内传送。如果在源程序中选择了编译控制命令"#pragma NOREGPARMS"，则所有参数传递都发生在固定的存储区域，所使用的地址空间依赖于所选择的存储器模式。这种参数传递技术的优点是，传递途径非常清晰；缺点是代码效率不高，速度较慢。

当函数具有返回值时，也须传递参数，这种返回值参数的传递均是通过 CPU 内部寄存器完成的，其传递规则如表 7.6 所列。

表 7.6　函数返回值传递规则

返回类型	使用寄存器	说　明
bit	Carry Flag	单个位经由进位位返回
(unsigned)char，1 字节指针	R7	单字节类型经由 R7 返回
(unsigned)int，2 字节指针	R6，R7	高位在 R6，低位在 R7
(unsigned)long	R4 ~ R7	高位在 R4，低位在 R7
float	R4 ~ R7	32 位 IEEE 格式
一般指针	R1 ~ R3	存储器类型在 R3，高位在 R2，低位在 R1

下面是几个说明参数传递规则的例子：

① funcl(int a)：a 在 R6/R7 中传递，高 8 位在 R6 中，低 8 位在 R7 中。

② func2(int b，int c，int * d)：b 和 c 分别在 R6/R7 和 R4/R5 中传递，d 在 R1/R2/R3 中传递。

③ func3(long e，long f)：e 在 R4/R5/R6/R7 中传递，其中最高 8 位在 R4 中，最低 8 位在 R7 中；f 不能在寄存器中传递，须通过局部数据段传递。

④ func4(float g，char h，bit i)：g 在 R4/R5/R6/R7 中传递，其中指数和符号位在 R7 中，尾数最高位在 R6 中，最低位在 R4 中；h 和 i 不能在寄存器中传递，h 在局部数据段，i 在局部位段中传递。

不能被寄存器传递的参数只能通过局部数据段或局部位段传递，用这些局部段的别名可确定其起始地址。所有非寄存器传递的参数，可根据其数据类型分别置于以这些起始地址开始的存储器中。

在汇编子程序中，当前选择的寄存器组及寄存器 ACC、B、DPTR 和 PSW 都可能改变，当被 C 函数调用时，必须无条件地假定这些寄存器的内容已被破坏。此外，每个有局部变量的汇编程序必须指定自己的数据段，这个数据段可为其它函数访问作参数传递用。

7.4.2　在 C51 中调用汇编程序应用举例

这里给出一个在 SMALL 编译模式下 C51 调用汇编语言函数的例子。

C51 在程序文件"C_ FUNC. C"中定义了一个被调用的外部汇编语言函数：

extern int afunc(int v_ a，char v_ b，long v_ c，bit v_ d)；

汇编语言函数接受从 C51 程序传递过来的参数 v_ a，v_ b，v_ c 和 v_ d，并依次放入它自己的局部变量 a，b，c 和 d 中。函数调用时须传递 4 个参数，按照表 7.5 的规定，只有参数 v_ a 在寄存器 R6 和 R7 中传递(高位在 R6，低位在 R7)；参数 v_ b 在寄存器 R5 中传递；而参数 v_ c 和 v_ d 则在参数传递段中传递。

在 SMALL 编译模式下，参数传递段位于 8051 单片机内部数据存储器 DATA 区，因此汇编语言函数应按 C51 编译器关于 SMALL 模式下段名的规定在 DATA 区建立相应的局部数据段。

由于被调用函数 afunc( )具有 int 类型，按照表 7. 6 的规定，函数的返回值将在工作寄存器 R6(高位)，R7(低位)中。

高级语言程序 C_ FUNC. C 文件如下：

```
#include <reg51. h>
extern int afunc(int v_ a, char v_ b, long v_ c, bit v_ d);    /*说明被调用的汇编语言函数*/
void main(void)                                    /*主函数*/
{
    int a =1000;                                   /*说明函数调用参数*/
    char b =100;
    long c =1000000;
    bit d =1;
    int a_ ret;
    a_ ret =afunc(a, b, c, d);                     /*带参数调用*/
}
```

汇编语言函数 AFUNC. A51 程序文件如下：

```
NAME AFUNC                                         ; 定义模块名
? PR? _ afunc? AFUNC   SEGMENT CODE                ; 定义程序代码段
? DT? _ afunc? AFUNC   SEGMENT DATA OVERLAYABLE    ; 定义可覆盖局部数据段
? BI? _ afunc? AFUNC   SEGMENT BIT OVERLAYABLE     ; 定义可覆盖局部位段

PUBLIC    ? _ afunc? BIT
PUBLIC    ? _ afunc? BYTE
PUBLIC    _ afunc
RSEG      ? DT? _ afunc? AFUNC                     ; 可覆盖局部数据段

? _ afunc? BYTE:                                   ; 起始地址
    v_ a:       DS 2                               ; 定义参数传递字节
    v_ b:       DS 1
    v_ c:       DS 4
    val_ a:     DS 2                               ; 定义其他局部变量
    val_ b:     DS 1
    val_ c:     DS 4
    retval:     DS 2

RSEG      ? BI? _ afunc? AFUNC                     ; 可覆盖局部位段
```

```
?_afunc?BIT:                                 ;起始地址
    v_d:        DBIT 1                       ;定义参数传递位
    val_d:      DBIT 1                       ;定义其他局部位变量

RSEG    ?PR?_afunc?AFUNC                     ;程序代码段
_afunc:                                      ;起始地址
    MOV val_a, R6                            ;val_a=v_a
    MOV val_a+01H, R7
    MOV val_b, R5                            ;val_b=v_b
    MOV val_c+03H, v_c+03H                   ;val_c=v_c
    MOV val_c+02H, v_c+02H
    MOV val_c+01H, v_c+01H
    MOV val_c, v_c
    MOV C, v_d                               ;val_d=v_d
    MOV val_d, C

    MOV retval, #0                           ;返回值=0
    MOV retval+01H, #0
    jnb val_d, _afunc_1
    MOV retval, R6                           ;若v_c==1，返回值=v_a
    MOV retval+01H, R7

_afunc_1:
    MOV R6, retval                           ;返回值高位
    MOV R7, retval+1                         ;返回值低位
    RET                                      ;子程序返回

    END
```

对以上两个模块文件 C_ FUNC. C 和 AFUNC. A51 分别用 C51 编译器和 A51 汇编器进行编译和汇编，再对所生成的目标文件用链接定位器 L51 进行链接（或在 μVision 中直接联编），即可生成一个完整的应用程序。上述编程原理还可推广到多模块设计，需要时可调用多个汇编语言函数。

该例只说明了设计 SMALL 存储模式下汇编模块接口的方法。对于其他存储模式下汇编模块接口，其差异表现在局部数据段的段类型不同。在 COMPACK 模式下，局部数据段的段类型为 PDATA，简写为 PD；在 LARGE 模式下，局部数据段的段类型为 XDATA，简写为 XD；而在 SMALL 模式下，局部数据段的段类型为 DATA，简写为 DT。参见表 7.4 各种存储器模式下函数相关段的命名规则。

可见，如果希望将汇编语言变成可为 C51 高级语言调用的子程序形式，需完成下述步骤：

① 汇编语言程序必须以 C51 的方法建立参数传递段和全局变量段，并向其他模块公布

局部数据段和局部位段的别名和全局变量名；

② 按 C51 参数传递规则从 CPU 寄存器中或参数传递段中获取参数，并按 C51 返回值存储规则将子程序的返回值放在 CPU 的寄存器中；

③ 为了不使通过寄存器传递的参数长期占用寄存器，汇编子程序宜在其入口处将寄存器中的参数转储到局部数据段和局部位段中，以便高效的寄存器资源可移作它用。

7.4.3 Keil C51 初始化代码

启动文件"STARTUP. A51"中包含目标板的初始化代码，用于为 C 语句的运行提供必要的内存环境。使用者可在每个 project 中加入这个文件，只要复位，则该文件立即执行，其功能包括：

① 定义内部 RAM 大小、外部 RAM 大小、可重入堆栈位置；

② 清除内部、外部数据存储器；

③ 按存储模式初始化重入堆栈及堆栈指针；

④初始化 8051 硬件堆栈指针；

⑤ 向 main( ) 函数交权。

开发人员常可通过修改如表 7.7 所示的变量以适应不同的硬件环境配置，完成对系统初始化。

表 7.7 STARTUP. A51 的部分配置变量

常 数 名	意 义
IDATALEN	指定待清零内部 RAM 长度
XDATASTART	指定待清零外部 RAM 起始地址
XDATALEN	指定待清零外部 RAM 长度
IBPSTACK	小模式重入堆栈指针需初始化标志。1 为需要，缺省为 0。
IBPSTACKTOP	指定小模式重入堆栈顶部地址
XBPSTACK	大模式重入堆栈指针需初始化标志。1 为需要，缺省为 0。
XBPSTACKTOP	指定大模式重入堆栈顶部地址
PBPSTACK	Compact 模式重入堆栈指针需初始化标志。1 为需要，缺省为 0。
PBPSTACKTOP	指定 Compact 模式重入堆栈顶部地址
PPAGEENABLE	P2 初始化允许开关
PPAGE	指定 P2 值
PDATASTART	指定待清零外部 RAM 页首址
PDATALEN	指定待清零外部 RAM 页长度

以下给出了 startup. A51 的源代码及注释，有兴趣的读者可对其作进一步分析。

```
; ------------------------------------------------
; startup. A51：用户上电初始化程序
; ------------------------------------------------
; 使用以下 EQU 命令可定义在 CPU 复位时需要用 0 进行初始化的内存空间
; IDATA 存储器的空间的绝对起始地址总是零
IDATALEN      EQU   80H        ; 需用 0 进行初始化的 IDATA 存储器空间的字节
数
XDATASTART    EQU   0H         ; XDATA 存储器空间的绝对起始地址
XDATALEN      EQU   0H         ; 需用 0 进行初始化的 XDATA 存储器的空间字
节数
```

```
PDATASTART     EQU   0H             ; PDATA 存储器的空间的绝对起始地址
PDATALEN       EQU   0H             ; 需用0进行初始化的 PDATA 存储器的空间字节数
; 注意：IDATA 存储器的空间在物理上包括了 8051 单片机的 DATA 和 BIT 存储空间
; 至少要保证与 C51 编译器运行库有关的存储器的空间进行0初始化

; 再入函数模拟初始化
; ------------------------------------------------------
; 以下用 EQU 指令定义了再入函数模拟堆栈指针的初始化
; 使用 SMALL 存储器模式时再入函数的堆栈空间
IBPSTACK       EQU   0              ; 使用 SMALL 存储器模式再入函数时将其设置成1
IBPSTACKTOP    EQU   0FFH+1         ; 将堆栈顶设置为最高地址加1
; 使用 LARGE 存储器模式时再入函数的堆栈空间
XBPSTACK       EQU   0              ; 使用 LARGE 存储器模式再入函数时将其设置成1
XBPSTACKTOP    EQU   0FFFFH+1       ; 将堆栈顶设置为最高地址加1
; 使用 COMPACT 存储器模式时再入函数的堆栈空间
PBPSTACK       EQU   0              ; 使用 COMPACT 存储器模式再入函数时将其设置成1
PBPSTACKTOP    EQU   0FFFFH+1       ; 将堆栈顶设置为最高地址加1
; ------------------------------------------------------
; 使用 COMPACT 存储器模式时，64KB X DATA 存储器空间的分页定义
; 以下用 EQU 指令定义 PDATA 类型变量在 XDATA 存储器空间的页地址
; 使用 EQU 指令定义 PAGE 时必须与 L51 连接定位器 PDATA 指令的控制参数一致
PPAGEENABLE    EQU   0              ; 使用 PDATA 类型变量时将其设置成1
PPAGE          EQU   0              ; 定义页号
; ------------------------------------------------------
NAME           ?C_STARTUP           ; 模块名为?C_STARTUP
?C_51STARTUP   SEGMENT CODE         ; 代码段
?STACK         SEGMENT IDATA        ; 堆栈段
RSEG           ?STACK               ; 堆栈
DS 1

EXTRN          CODE(?C_START); 程序开始地址

PUBLIC ?C_STARTUP
CSEG           AT     0x0000        ; 定义用户程序的起始地址，用 MON51 仿真器时可能有用
?C_STARTUP:
```

```
            LJMP STARTUP1
    RSEG    ? C_ 51STARTUP
    STARTUP1:
    ; 单片机上电 IDATA 内存清零，如果不需要上电清零 IDATA，可以注销 IF 到 END IF 之间的
    ; 语句，或者修改 IDATALEN 的长度，为了让 CPU 具有掉电保护功能，需要确定 IDATALEN 的长度
          IF IDATALEN  < > 0
              MOV R0, # IDATALEN - 1
              CLR A
    IDATALOOP:
              MOV @ R0, A
              DJNZ R0, IDATALOOP
          ENDIF
    ; 单片机上电 XDATA 内存清零，如果不需要上电清零 XDATA，可以注销 IF 到 END IF 之间的语句，或者修改 XDATALEN 的长度
          IF XDATALEN  < > 0
              MOV DPTR, #XDATASTART
              MOV R7, #LOW (XDATALEN)
              IF (LOW(XDATALEN))  < > 0
                  MOV R6, #(HIGH(XDATALEN)) +1
              ELSE
                  MOV R6, #HIGH (XDATALEN)
              ENDIF
              CLR A
    XDATALOOP:
              MOVX @ DPTR, A
              INC DPTR
              DJNZ R7, XDATALOOP
              DJNZ R6, XDATALOOP
          ENDIF
    ; 送 PDATA 存储器页面高位地址
          IF PPAGEENABLE  < > 0
              MOV P2, #PPAGE
          ENDIF
    ; 单片机上电 PDATA 内存清零，如果不需要上电清零 XDATA，可注销 IF 到 IFEDN 之间的语句或者修改 PDATALEN 的长度
          IF PDATALEN  < > 0
              MOV R0, #PDATASTART
              MOV R7, #LOW (PDATALEN)
```

```
        CLR A
PDATALOOP:
        MOV @R0, A
        INC R0
        DJNZ R7, PDATALOOP
    ENDIF
; 设置使用 SMALL 存储器模式时再入函数的堆栈空间
    IF IBPSTACK <> 0
        EXTRN DATA(?C_IBP)
        MOV ?C_IBP, #LOW IBPSTACKTOP
    ENDIF
; 设置使用 LARGE 存储器模式时再入函数的堆栈空间
    IF XBPSTACK <> 0
        EXTRN DATA (?C_XBP)
        MOV ?C_XBP, #HIGH XBPSTACKTOP
        MOV ?C_XBP +1, #LOW XBPSTACKTOP
    ENDIF
; 设置使用 COMPACT 存储器模式时再入函数的堆栈空间
    IF PBPSTACK <> 0
        EXTRN DATA(?C_PBP)
        MOV ?C_PBP, #LOW PBPSTACKTOP
    ENDIF
; 设置堆栈的起始地址
    MOV SP, #?STACK-1            ; 例如 MOV SP, #4FH
; 如果程序超过 64K, 则使用程序分组技术, 启动下面的程序
; EXTRN CODE(?B_SWITCH0)
; CALL ?B_SWITCH0                ; 程序从第一组 bank 0 块开始执行
    LJMP ?C_START                ; 跳转到用户程序 MAIN 函数
END
```

7.5 程序优化

讨论程序效率问题，首先应判定何为效率高的程序，是占用的存储空间更少的程序，还是运行的指令周期更少的程序，还是编程省力省时的程序?

混合编程总的说来改善了编程的效率。通常说汇编编程比高级语言编程的程序效率高，则是指最终程序代码的长度和运行速度，而不是编写和调试所耗用的时间。

总的来说，不经常重复的和包含用户接口的程序应该用高级语言编写；对小的、经常重复的紧凑循环应该用汇编编写，循环重复效率的改善呈乘法增加。有时，包括硬件或特定的数学操作的程序用汇编特殊编制比使用库更有效。

此外，以下方面的选择对提高效率有很大的影响：

① 尽量选择小存储模式以避免使用 MOVX 指令。

② 使用大模式(COMPACT/LARGE)时应仔细考虑需要放在内部数据存储器的变量。由于访问内部数据存储器要比访问外部数据存储器快得多，那些经常使用的或是存储中间结果的变量应尽量放在内部数据存储器中。

③ 注意程序编写细则。例如，若使用 for(;;)循环，DJNZ 指令比 CJNE 指令更有效，可减少重复循环计数。

④ 用逻辑 AND/& 取模比用 MOD/% 操作更有效。

⑤ 因计算机基于二进制，仔细选择数据缓冲区和数组大小可提高效率。

⑥ 尽可能使用最小的数据类型。8051 系列是 8 位机，显然对具有"char"类型的对象操作比"int"或"long"类型的对象操作要方便得多。

⑦ 尽可能使用"unsigned"数据类型。8051 系列 CPU 并不直接支持有符号数的运算。因而 C51 编译器必须产生与之相关的更多的程序代码以解决这个问题。

⑧ 尽可能使用局部函数变量。编译器总是尝试在寄存器里保持局部变量。这样，将用循环变量(如 FOR 和 WHILE 循环中的计数变量)说明为局部变量有助于提高效率。

⑨ 选择好的编译器会对效率产生巨大影响。Keil C51 可对即使是有经验的汇编程序员编制的程序进行优化。用户可选择 6 种优化级别，此外，用 OPTIMIZE(SIZE)、NOREGPARMS 和 NOAREGS 编译选项时也会影响代码效率。

7.6 本章小结

本章介绍模块化程序开发的基本概念及原则。

本章第 1 ~3 节介绍了模块化程序开发的特点、过程及基本规范，并介绍了模块化编程中连接/定位器的功能特点。

第 4 节介绍了 C51 语言与汇编语言混合编程的规则与技巧。混合编程是目前编程者选用最多的方案，其特点是兼有高级语言和汇编语言编程的优点，将复杂的数学运算、多任务管理等交给高级语言完成，而系统底层的硬件操作则由汇编语言完成。本节详细说明了 C51 函数名的转换及命名规则，存储段的转换规则以及参数传递规则。并通过实例介绍了在 C51 中调用汇编程序的应用技巧；最后，本节对 Keil C51 中的 STARTUP. A51 汇编级初始化代码进行了简单介绍，方便用户根据所设计目标板的硬件配置对其作相应修改。

第 5 节简单介绍了用户程序优化的基本原则及方法。

习　题

1. 为什么要使用模块化设计?

2. 试说明模块化编程的基本过程。

3. 试说明连接/定位器的主要功能。

4. 试说明 C 语言与汇编语言混合编程时函数名、段名转换规则及参数传递规则。

5. Keil C51 初始化代码文件名是什么? 其主要功能是什么?

6. 试编写一程序，用汇编语言将一个字节内容反转，并由 C 语言实现对该汇编子程序的调用。

第 8 章　8051 内部资源的 C51 编程

8051 内部资源，即 8051 的片内外围部件。包括中断系统、计数/定时器及串行接口等，本节介绍采用 C 语言对其进行编程控制的方法及技巧。

8.1　中　　断

在单片机中，当 CPU 在执行程序时，由单片机内部或外部的原因引起的随机事件要求 CPU 暂时停止正在执行的程序，而转向执行一个用于处理该随机事件的程序，处理完后又返回被中止的程序断点处继续执行，这一过程就称为中断。

设置中断可以提高 CPU 工作效率，使其具有实时处理功能，故障处理功能，并能实现分时操作。

8051 单片机有 5 个中断源，2 个中断优先级，每个中断源的优先级可以编程控制。中断允许受到 CPU 开中断和中断源开中断的两级控制。

8.1.1　中断源

中断源是指能发出中断请求，引起中断的装置或事件。8051 单片机的 5 个中断源，其中 2 个为外部中断源，3 个为内部中断源，它们分别是：

① $\overline{\text{INT0}}$：外部中断 0，中断请求信号由 P3.2 输入；

② $\overline{\text{INT1}}$：外部中断 1，中断请求信号由 P3.3 输入；

③ T0：定时/计数器 0 溢出中断，对外部脉冲计数由 P3.4 输入；

④ T1：定时/计数器 1 溢出中断，对外部脉冲计数由 P3.5 输入；

⑤ 串行中断：包括串行接收中断 RI 和串行发送中断 TI。

为了判断中断源是否产生中断请求，8051 单片机中设置了中断请求触发器(标志位)实现记忆，这些中断源请求标志位分别由特殊功能寄存器 TCON 和 SCON 的相应位锁存。

1. 定时器/计数器控制寄存器 TCON

$\overline{\text{INT0}}$、$\overline{\text{INT1}}$、T0、T1 中断请求标志放在 TCON 中。TCON 的结构、位名称、位地址和功能如下所示：

TCON	D7	D6	D5	D4	D3	D2	D1	D0
位名称	TF1	—	TF0	—	IE1	IT1	IE0	IT0
位地址	8FH	8EH	8DH	8CH	8BH	8AH	89H	88H
功能	T1 中断标志	—	T0 中断标志	—	INT1 中断标志	INT1 触发方式	INT0 中断标志	INT0 触发方式

TCON 的各位功能：

① TF1：T1 溢出中断请求标志，T1 计数溢出后，TF1 = 1；

② TF0：T0 溢出中断请求标志，T0 计数溢出后，TF0 = 1；

③ IE1：INT1 外中断中断请求标志，当 P3.3 引脚信号有效时，IE1 = 1；

④ IE0：INT0 外中断中断请求标志。当 P3.2 引脚信号有效时，IE0 = 1；

⑤ IT1：INT1 外中断触发方式控制位，IT1 =1，边沿触发方式；反之，电平触发方式；

⑥ IT0：INT0 外中断触发方式控制位，其意义和功能与 IT1 相似。

2. 串行控制寄存器 SCON

串行中断请求标志放在 SCON 中。SCON 的结构、位名称和位地址如下：

SCON	D7	D6	D5	D4	D3	D2	D1	D0
位名称 位地址 功能	— — —	— — —	— — —	— — —	— — —	— — —	TI 99H 串行发送中断标志	RI 98H 串行接收中断标志

SCON 的各位功能：

① TI：串行口发送中断请求标志，当串行口发送完一帧数据后请求中断时，由硬件置位(TI =1)。

② RI：串行口接收中断请求标志，当串行口接收完一帧数据后请求中断时，由硬件置位(RI =1)。

注意：CPU 响应中断后，硬件并不能自动使 TI 和 RI 清 0，必须由软件清零。

8.1.2 中断的控制

中断的控制主要实现中断的开关和中断优先级的管理，这些控制及管理由特殊功能寄存器 IE 与 IP 的编程实现。

1. 中断允许控制寄存器 IE

8051 对中断源的开放或关闭由中断允许控制寄存器 IE 控制。IE 的结构、位名称和位地址如下：

IE	D7	D6	D5	D4	D3	D2	D1	D0
位名称	EA	—	—	ES	ET1	EX1	ET0	EX0
位地址	AFH	—	—	ACH	ABH	AAH	A9H	A8H
中断源	CPU	—	—	串行口	T1	外部中断 0 的中断允许位	T0	外部中断 1 的中断允许位

IE 的各位功能：

① EA：CPU 中断允许控制位，EA =1，CPU 允许中断，反之 CPU 禁止中断。

② EX0：外中断 INT0 中断允许控制位，EX0 =1，INT0 允许中断；反之禁止中断。

③ EX1：外中断 INT1 中断允许控制位，EX1 =1，INT1 允许中断；反之禁止中断。

④ ET0：定时/计数器 T0 中断允许控制位，ET0 =1，T0 允许中断；反之禁止中断。

⑤ ET1：定时/计数器 T1 中断允许控制位，ET1 =1，T1 允许中断；反之禁止中断。

⑥ ES：串行口中断(包括串发、串收)允许控制位，ES =1，串行口允许中断；反之禁止中断。

说明：8051 对中断实行两级控制，总控制位是 EA，每一中断源还有各自的控制位。若打开某中断源，首先要使 EA =1，其次还要使相关中断源的控制位置“1”。

2. 中断优先级控制寄存器 IP

若多个中断源同时请求中断，CPU 将按中断源的优先级别，由高至低依次响应。使用不同中断优先级可以实现中断嵌套：即一个正在执行的低优先级中断服务程序可以被较高优先级的中断请求中断，但不能被同级或较低级的中断请求中断。

8051有高优先级和低优先级两个中断优先级；若优先级相同，则各中断源的默认优先顺序从高到低依次为：INT0、T0、INT1、T1、串行口中断。

中断优先级通过特殊功能寄存器IP设置。IP的结构、位名称和位地址如下：

IP	D7	D6	D5	D4	D3	D2	D1	D0
位名称	—	—	—	PS	PT1	PX1	PT0	PX0
位地址	—	—	—	BCH	BBH	BAH	B9H	B8H
中断源	—	—	—	串行口	T1	外部中断1优先级控制位	T0	外部中断0优先级控制位

IP的各位功能：

① PS ：串行口中断优先级控制位。PS=1，串行口为高优先级中断，反之为低优先级中断；

② PT1：定时器1中断优先级控制位。PT1=1，定时器1为高优先级中断；反之为低优先级中断；

③ PX1：外部中断1中断优先级控制位。PX1=1，外部中断1为高优先级中断；反之为低优先级中断；

④ PT0：定时器0中断优先级控制位。PT0=1，定时器T0为高优先级中断；反之为低优先级中断；

⑤ PX0：外部中断0中断优先级控制位。PX0=1，外部中断0为高优先级中断；反之为低优先级中断。

8.1.3 中断响应

8051的CPU在每个机器周期采样各中断源的中断请求标志。如某一个或多个中断源有中断请求，且不存在下述情况，将在下一机器周期响应最高级中断请求。

① 无同级或高优先级中断正在服务；

② 当前指令周期末结束，即查询中断请求的机器周期不是当前指令的最后一个周期；

③若现行指令是RETI、RET或访问IE、IP的指令。

单片机响应中断后，自动执行下列操作：

① 硬件清除相应的中断请求标志(TI/RI除外，以供中断服务程序识别中断源)；

② 硬件清除中断允许标志EA；

③ 置位中断优先级有效触发器，关闭同级和低级中断；

④ 断点(返回地址)入栈，硬件调用中断服务程序；

⑤ 结束中断服务程序前执行RETI(供识别其他中断)，恢复断点，从主程序中断位置继续运行后续程序。

8051单片机响应中断时，其中断服务程序入口地址(称为中断矢量)由单片机硬件电路决定，如表8.1所示。

表8.1 中断源中断服务程序入口

中断号	中断源	中断入口地址
0	外部中断0	0003H
1	定时器T0中断	000BH
2	外部中断1	0013H
3	定时器T1中断	001BH
4	串行口中断	0023H

中断服务程序很像其他子程序。当中断发生时，硬件禁止所有中断(EA=0)。在重新允许全局CPU中断(EA)之前，必须仔细清除各种标志，否则可能引起立即的重复中断。8051对中断有特殊的返回指令：使用RETI而不是RET，它重新允许系统识别其他中断。

一旦设置了中断请求标志，都将可能触发中断，而不管标志是由硬件或是由软件设置。即可通过设置TCON中的TF0、TF1、IE0或IE1，SCON中的RI或TI位用软件引发中断。同理，在中断被硬件识别之前，也可以用软件清除中断请求标志。

注意外部电平触发的中断不锁存。若在电平出现时被屏蔽，而在中断识别之前电平消失，它被完全忽略，故若有重要的电平触发外部中断就应该仔细考虑中断服务程序。

C51编译器支持在C源程序中直接开发中断服务程序(ISR，Interrupt Service Routine)，提高了开发效率。

中断函数的定义的格式为：

函数类型函数名 interrupt m using n

其中Interrupt后面的m(0～31)代表中断号。C51编译器允许最多32个中断，具体使用哪个中断由8051的芯片决定。关键字using后面的n(0～3)代表第n组寄存器，关于using的用法将在下一节做详细说明。

使用C51编写中断服务程序，用户仅仅需要关心中断号和寄存器组的选择就可以了，编译器将自动产生中断向量和程序的入栈及出栈代码。

使用中断函数时还应注意如下问题：

① 在设计中断时，一般来说应注意使中断服务程序完成最少量的必要工作，如设置必要的标志，而将大量耗时的工作放在主程序中完成。这样做有很多好处，首先系统对中断的响应更快了；有些系统如果丢失中断或对中断反应太慢将产生十分严重的后果，这时有充足的时间等待中断是十分重要的；其次它可使中断服务程序的结构简单，不容易出错。

② 中断函数不能传递参数；

③ 中断函数没有返回值；

④ 中断函数调用其他函数，则要保证使用相同的寄存器组，否则出错；

⑤ 中断函数使用浮点运算要保存浮点寄存器的状态。

8.1.4 寄存器组切换

当一个特定任务正在执行时，可能有更紧急的事需引起CPU注意。在一个具有优先级的系统中，CPU不是等待第一个任务完成，而是立即处理更紧急的新任务。若程序流程立刻转向新任务，新任务使用的各寄存器将会破坏第一个任务使用的状态信息。当第一个任务恢复执行时，寄存器的值可引起错误发生。解决问题的方法是每次发生任务变化时，保护相关的工作寄存器，这就叫做上下文切换。

8051的最低32个字节分成4组，每组8个寄存器，分别为寄存器R0到R7。具体位置取决于PSW(程序状态字)的两位(RS0，RS1)设置，两位的改变可切换所有8个寄存器，故寄存器组的使用可实现极快的上下文切换。

C51中断服务函数对其目标代码有如下影响：

① 当调用函数时，SFR中的ACC，B，DPH，DPL和PSW(当需要时)入栈；

② 如果不使用寄存器组切换，甚至中断函数所需的所有工作寄存器都入栈；

③ 函数退出前，所有的寄存器内容出栈；

④ 函数由8051的指令“RETI”终止。

中断服务程序中若使用“using”关键字指定了工作寄存器组，默认的工作寄存器组就不会被压栈，这将节省 32 个处理周期，因为入栈和出栈都需要 2 个处理周期。定义中断函数时，using 是一个选项，可以省略不用，此时由编译器默认选择 BANK 0 作为绝对寄存器组。

在 ISR 中，CPU 可以使用多个不同的寄存器组。例如：主程序(main 函数)使用一组，如 BANK 0；低中断优先级的所有中断均使用第二组，如 BANK 1；高中断优先级的所有中断均使用另外一组，如 BANK 2。显然，同级别的中断使用同一组寄存器不会有问题，因为不会发生中断嵌套；而高优先级的中断则要使用与低优先级中断不同的一组，因为有可能出现在低优先级中断中发生高优先级中断的情况。编译器会自动判断何时可使用绝对寄存器存取。

在 ISR 中调用其它函数，必须和中断使用相同的寄存器组。当没用 NOAREGS 命令做明确的声明，编译器将使用绝对寄存器寻址方式访问函数选定(即用 using 或 REGISTERBANK 指定)的寄存器组，当函数假定的和实际所选的寄存器组不同时，可能出现参数传递错误，从而产生不可预知的结果。

“using”不允许用于外部函数，它对函数的目标代码影响如下：

① 函数入口处将当前寄存器组保留；

② 使用指定的寄存器组；

③ 函数退出前寄存器组恢复。

当需要在中断内和中断外调用同一个函数，这样的调用会不会出现问题？若确定不会发生重入情况，则有以下两种情况：

① 如果 ISR 和主程序使用同一寄存器组(主程序缺省使用 BANK 0，若 ISR 没有使用 using 为其指定寄存器区，则缺省也使用 BANK 0)，则不需其他设置；

② 如果 ISR 和主程序使用不同的寄存器组(主程序缺省使用 BANK 0，ISR 使用 using 指定了其他 BANK)，则被调用函数必须放在：

```
#pragma NOAREGS
……
#pragma AREGS
```

控制参数对中，指定编译器不要对该函数使用绝对寄存器寻址方式；或者也可利用菜单项 Options - > C51，选中“Don't use absolute register accesses”，使所有代码均不使用绝对寄存器寻址方式(这样，执行效率将稍有降低)。不论以上的哪一种情况，编译器均会给出重入警告，需手工更改 OVERLAY 参数，做重入说明。

8.1.5 中断编程

【例 8.1】 多个中断源的处理。

当需要处理多个中断源时，可采取在 8051 某个中断输入引脚线或的方法，但这种方法需要同时将中断信号连接至 8051 的输入端口，并采用轮询的方法确定最终的中断源。若中断源较多，将使查询时间很长，从而影响中断响应的速度。

若需提高中断响应速度，可采用如图 8.1 所示基于硬件优先权解码芯片 74LS148 的处理电路。图中在单片机 8031 的一个外部中断 INT1 口扩展了多个中断源，并以开关闭合来模拟中断请求信号。当有任一中断源产生中断请求，能给 8031 的 INT1 引脚发送一个有效中断信号，由 P1 的低 3 位可得对应中断源的中断号。

在中断服务程序中仅设置标志，并保存 I/O 口输入状态。

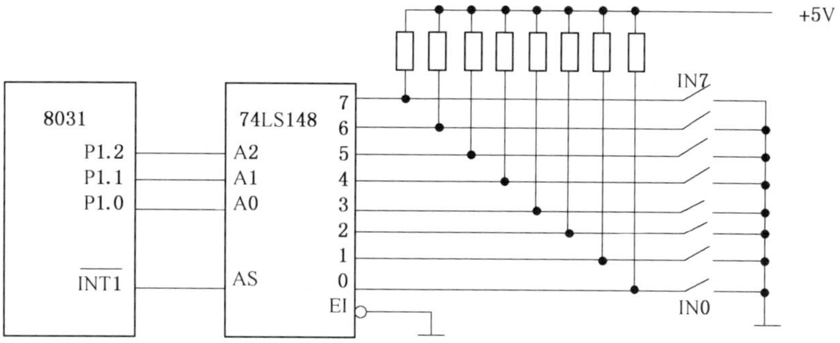

图 8.1　基于优先权解码芯片的多个中断源处理

C51 程序的框图如图 8.2 所示，其程序代码如下：

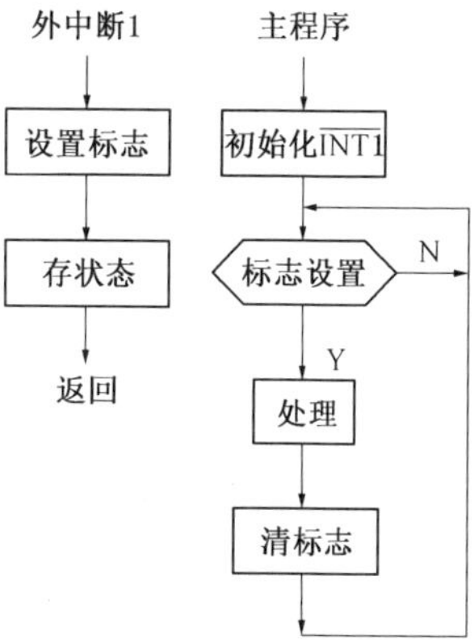

图 8.2　多中断源处理框图

```
# include  < reg51. h >
unsigned char status;
bit flag;
void service_ int1( ) interrupt 2 using 2          // INT1 中断服务程序，使用第 2 组工作寄存器
{
    flag = 1;                                      //设置标志
    status = P1;                                   //存输入口状态
}
void   main( void)
{
    IP = 0x04 ;                                    //置 INT1 为高优先级中断
    IE = 0x84 ;                                    // INT1 开中断，CPU 开中断
    for( ; ; )                                     //循环等待
    {
        if( flag)                                  //有中断
        {
            switch( status)                        //根据中断源分支
            {
                case 0:
                    //处理 IN0
                    break ;
                case 1:
                    //处理 IN1
                    break ;
                //......
                case 7:
                    //处理 IN7
```

```
                break ;

            default:
                break ;
        }
        flag=0 ;                              //处理完成清标志
    }
  }
}
```

C51 编译器及其对 C 语言的扩充允许编程者对中断的所有方面的控制和寄存器组的使用。这种支持能使编程者创建高效的中断服务程序，用户只需关心中断及必要的寄存器组切换操作。C51 编译器将产生最合适的代码。

8.2 定时器/计数器(T/C)

定时/计数器是单片机系统的一个重要部件，其工作方式灵活、编程简单、使用方便，可用来实现定时控制、延时、频率测量、脉宽测量、信号发生、信号检测等。此外，定时/计数器还可作为串行通信中的波特率发生器。

8051 单片机有 2 个 16 位的定时/计数器 T0 与 T1，它们都有定时或事件计数的功能。T0 由 2 个特殊功能寄存器 TH0 和 TL0 构成，T1 则由 TH1 和 TL1 构成，核心部件是二进制加 1 计数器。

T/C 作计数器时，通过引脚 T0(P3.4)和 T1(P3.5)对外部脉冲信号计数，当输入脉冲信号从 1 到 0 负跳变时，计数器就自动加 1，计数的最高频率一般为振荡频率的 1/24；T/C 做定时器时，计数输入信号是内部时钟脉冲，对振荡源 12 分频的时钟脉冲(机器周期)进行计数，每个脉冲使记数值加 1。

8.2.1 与 T/C 有关的特殊功能寄存器

1. 计数寄存器 TH 和 TL

T/C 是 16 位的，计数寄存器由特殊功能寄存器 TH0/TL0 及 TH1/TL1 构成。通过 TH，TL 可输入计数初值或读出计数结果。

2. 定时/计数器控制寄存器 TCON

TCON	T1 中断标志	T1 运行标志	T0 中断标志	T0 运行标志	INT1 中断标志	INT1 触发方式	INT0 中断标志	INT0 触发方式
位名称	TF1	TR1	TF0	TR0	IE1	IT1	IE0	IT0
位地址	8FH	8EH	8DH	8CH	8BH	8AH	89H	88H

TCON 的字节地址为 88H，每一位均可位操作。其低 4 位与外中断有关，已在中断中叙述。高 4 位与定时/计数器 T0、T1 有关。

① TF1：定时/计数器 T1 溢出标志。

② TF0：定时/计数器 T0 溢出标志。

③ TR1：定时/计数器 T1 运行控制位。TR1 =1，T1 运行；TR1 =0，T1 停止。

④ TR0：定时/计数器 T0 运行控制位。TR0 =1，T0 运行；TR0 =0，T0 停止。

3. 定时/计数器工作方式控制寄存器 TMOD

高 4 位控制 T1				低 4 位控制 T0			
门控位	计数/定时方式选择	工作方式选择		门控位	计数/定时方式选择	工作方式选择	
G	$C/\overline{T}$	M1	M0	G	$C/\overline{T}$	M1	M0

TMOD 的字节地址是 89H，不能位操作。TMOD 用于设定定时/计数器的工作方式，低 4 位用于控制 T0，高 4 位用于控制 T1。

① M1M0：工作方式选择位，其功能如下所述：

M1	M0	工 作 方 式	功　　能
0	0	方式 0	13 位计数器
0	1	方式 1	16 位计数器
1	0	方式 2	两个 8 位计数器，初值自动装入
1	1	方式 3	两个 8 位计数器，仅适用 T0

② $C/\overline{T}$：计数/定时方式选择位，$C/\overline{T}$ = 1，计数工作方式，对外部事件脉冲计数；$C/\overline{T}$ =0，定时工作方式，对片内机器周期脉冲计数。

③ GATE：门控位，GATE = 0，运行只受 TCON 中运行控制位 TR0/TR1 的控制；GATE =1，运行同时受 TR0/TR1 和外中断输入信号的双重控制，只有当 $\overline{INT0}$/$\overline{INT1}$ =1，且 TR0/TR1 =1，T0/T1 才能运行。

8.2.2　定时器/计数器的工作方式

1. 工作方式 0(M1M0 =00)

13 位计数器，由 TL 低 5 位和 TH 8 位组成，TL 低 5 位计满时不向 TL 第 6 位进位，而是向 TH 进位，13 位计满溢出，TF 置“1”。最大计数值 2^{13} = 8192。

2. 工作方式 1(M1M0 =01)

类似于工作方式 0，16 位计数器，最大计数值为 2^{16} = 65536。

3. 工作方式 2(M1M0 =10)

8 位可自动重载计数器，仅用 TL 计数，最大计数值为 2^{8} = 256，计满溢出后，一方面使溢出标志 TF = 1；另一方面，使原来置于 TH 中的初值重新装入 TL。

优点：定时初值可自动恢复；缺点：计数范围小。适用于需要重复精确定时，而定时范围不大的应用场合。

4. 工作方式 3(M1M0 =11)

方式 3 仅适用于 T0，T1 无方式 3。

(1) T0 方式 3

在方式 3 情况下，T0 被拆成二个独立的 8 位计数器 TH0、TL0。

① TL0 使用 T0 原有的控制寄存器资源：TF0，TR0，GATE，$C/\overline{T}$，INT0，组成一个 8 位的定时/计数器；

② TH0 借用 T1 的中断溢出标志 TF1，运行控制开关 TR1，只能对片内机器周期脉冲计数，组成另一个 8 位定时器(不能用作计数器)。

(2) T0 方式 3 情况下的 T1

T1 由于其 TF1、TR1 被 T0 的 TH0 占用，只能用作串行口波特率发生器。

8.2.3 定时器/计数器的初始化

1. 计算定时/计数初值

(1) 8051 定时器初值计算：

$$T_{初值}=2^N-\frac{定时时长}{机器周期}$$

其中：N 与工作方式有关：方式0 时，N=13；方式1 时，N=16；方式2、3 时，N=8。机器周期时间与振荡频率有关：机器周期时间 = 12/fosc，若 fosc = 12MHz，则机器周期 =1μs。

故：在定时器方式下，若 fosc =6 MHz，一个机器周期为 2μs，所以：

① 方式0：13 位定时器最大定时间隔 $=2^{13}\times 2\mu s=16.384$ ms；

② 方式1：16 位定时器最大定时间隔 $=2^{16}\times 2\mu s=131.072$ ms；

③ 方式2：8 位定时器最大定时间隔 $=2^{8}\times 2\mu s=512\mu s$。

若使 T/C 工作在定时器方式 1，要求定时 1 ms，设计数初值为 x，则有：$(2^{16}-x)\times 2\mu s=1000\mu s$，即 $x=2^{16}-500=$ 0xfe0c 或 TH =0xfe，TL =0x0c。

(2) 8051 计数器初值计算：

$$T_{初值}=2^N-要求的计数值$$

其中：N 与工作方式有关，如同定时器的计算过程。

在计数器方式下：

① 方式0：13 位计数器的满计数值 =213 =8192；

② 方式1：16 位计数器的满计数值 =216 =65536；

③ 方式2：8 位计数器的满计数值 =28 =256。

若使 T/C 工作在计数器方式 2，要求计数 10 个脉冲的计数初值。设计数初值为 x，则有：$2^8-x=10$，即 $x=2^8-10=$ 0xF6。因此，TH = TL =0xF6。

2. 定时/计数器应用步骤

使用 T/C 时，首先需合理选择定时/计数器工作方式，此后需计算定时/计数器定时初值，最后据此编写应用程序。

(1) 定时/计数器的初始化

① 定义 TMOD：编程时将控制字送 TMOD；

② 写入定时初值：编程时将计数初值送 TH、TL；

③ 设置中断系统：如果使用中断方式，则要开中断；如果使用查询方式，则不开中断；

④启动定时/计数器运行：TRx(x=0，1)位置位，启动定时器。

(2) 正确编制定时/计数器中断服务程序

注意是否需要重装定时初值，若需要连续反复使用原定时时间，且未工作在方式2，则应在中断服务程序中重装定时初值。

8.2.4 定时器/计数器的应用实例

在实时系统中，定时通常使用定时器，这与软件循环的定时完全不同。在定时器计数时，程序可完成其他功能，而软件定时则不允许执行任何其他任务。

【例 8.2】 设单片机的 fosc =12MHz，要求用 T0 的方式 1 编程，在 P1.0 脚输出周期为 2ms 的方波。

周期为 2 ms 的方波要求定时间隔 1 ms =1000μs，每次时间到可使 P1.0 引脚取反。定时

器计数率 = fosc/12，机器周期 = 12/fosc = 1 μs。设计数初值为 x，则有：

$(2^{16}-x)\times 1\mu s = 1000\mu s$，即 $x=2^{16}-1000$ 或 TH = 0xfc，TL = 0x18。

(1) 用定时器 0 的方式 1 编程，采用查询方式

```
#include <reg51.h>
sbit P10 = P1^0;
void main(void)
{
        TMOD = 0x01;                        //定时器 0 方式 1
    TR0 = 1;                                //启动 T/C0
    for(;;)
    {
        TH0 = -(1000/256);                  //装载计数初值
        TL0 = -(1000%256);
        do {} while(!TF0);                  //查询等待 TF0 置位
        P10 = !P10;                         //定时时间到 P1.0 反相
        TF0 = 0;                            //软件清 TF0
    }
}
```

(2) 用定时器 0 的方式 1 编程，采用中断方式

```
#include <reg51.h>
sbit P10 = P1^0;
void timer0(void) interrupt 1 using 1       //T/C0 中断服务程序
{
    P10 = !P10;                             //定时时间到 P1.0 反相
    TH0 = -(1000/256);                      //重载计数初值
    TL0 = -(1000%256);
}

void main(void)
{
    TMOD = 0x01;                            //定时器 0 方式 1
    TH0 = -(1000/256);                      //装载计数初值
    TL0 = -(1000%256);
    EA = 1;                                 //CPU 开中断
    ET0 = 1;                                //T0 开中断
    TR0 = 1;                                //启动 T0
    do{} while(1);                          //等待中断
}
```

【例 8.3】 采用 10 MHz 晶振，在 P1.0 脚上输出周期为 2.5 s，占空比 20% 的脉冲信号。10 MHz 晶振，使用定时器最大定时仅为六十多毫秒，无法实现长定时，需采用对基本

定时周期累积的方法。取基本定时周期为 10 ms，则 2.5 s 需 250 次中断，占空比 20%，高电平应为 250 * 20% =50 次中断。

定时器计数率 = fosc/12；机器周期 = 12/fosc = 1.2μs。设计数初值为 x，则有：

$(2^{16} - x) \times 1.2\mu s = 10000\mu s$，即 $x = 2^{16} - 8333$ 或 TH = 0xdf，TL = 0x73。

中断服务程序的框图如图 8.3 所示。

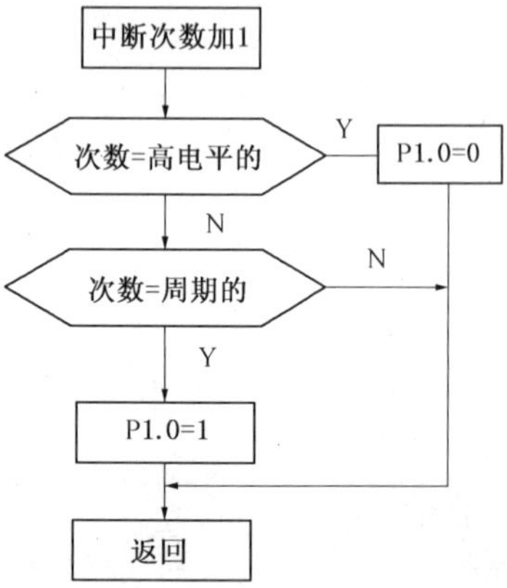

图 8.3　中断服务程序框图

```
# include  <reg51. h >
# define uchar unsigned char
sbit P10 = P1^0;
uchar period =250;
uchar high =50;
uchar time =0;
void timer0( void) interrupt 1 using 1
                                //T/C0 中断服务程序
{
    TH0 =  - 8333/256 ;         //重置计数值
    TL0 =  - 8333%256 ;
    if( + + time = = high) P10 =0;      //高电平时间到变低
    else if (time = = period)           //周期时间到变高
    {
        time =0 ;
        P10 =1;
    }
}
main( )
{
    TMOD =0x01;                 //定时器 0 方式 1
    TH0 =  - 8333/256 ;         //预置计数初值
    TL0 =  - 8333%256 ;
    EA =1;                      //开 CPU 中断
    ET0 =1 ;                    //开 T/C0 中断
    TR0 =1 ;                    //启动 T/C0
    do{} while(1);              //等待中断
}
```

8.3　串 行 口

8051 单片机有一个可编程全双工串行通信接口(UART，Universal Asychronous Receiver/Transmitter)用于串行通信。由两个管脚 TXD(P3.1)和 RXD(P3.0)发送和接收数据；有两个缓冲器 SBUF(Serial Buffer)，一个作发送缓冲器，另一个作接收缓冲器；波特率时钟可采用内部定时/计数器产生。

8.3.1 与串行口有关的 SFR

1. 串行口控制寄存器(SCON)

SCON 是用于串行数据通信控制的 SFR，字节地址为 98H，可位寻址，位地址为 98H ~ 9FH。寄存器的内容及位地址表示如下：

位地址	9FH	9EH	9DH	9CH	9BH	9AH	99H	98H
位符号	SM0	SM1	SM2	REN	TB8	RB8	TI	RI

SCON 中各位功能说明如下：

① SM0、SM1：串行口工作方式选择位，其状态组合和对应工作方式见表 8.2 所示。

表 8.2 串行口工作方式选择

SM0	SM1	工作方式	功能	波特率
0	0	方式 0	8 位同步移位寄存器	$f_{osc}/12$
0	1	方式 1	10 位 UART	可变
1	0	方式 2	11 位 UART	$f_{osc}/64$ 或 $f_{osc}/32$
1	1	方式 3	11 位 UART	可变

② SM2：方式 2、3 的多机通信控制位。在方式 2 和 3 中，若 SM2 = 1 且接收到的第九位数据(RB8)为 1，才将接收到的前 8 位数据送入接收缓冲寄存器 SBUF 中，并置位 RI 产生中断请求；否则丢弃前 8 位数据。若 SM2 = 0，则不论第九位数据(RB8)为 1 还是为 0，都将前 8 位送入接收 SBUF 中，并产生中断请求。方式 0 时，SM2 必须置 0。

③ REN：允许接收位。REN = 0，禁止接收数据；REN = 1，允许接收数据。

④ TB8：发送第 9 位数据。在方式 2、3 时，TB8 的内容是要发送的第 9 位数据，其值由用户通过软件来设置。

⑤ RB8：接收的第 9 位数据。在方式 2、3 时，RB8 是接收的第 9 位数据；在方式 1 时，RB8 是接收的停止位；在方式 0 时，不使用 RB8。

⑥ TI：发送中断标志位。在方式 0 时，发送完第 8 位数据后，该位由硬件置位；在其他方式下，于发送停止位之前，由硬件置位。TI = 1 表示帧发送结束，其状态既可供软件查询使用，也可请求中断，但必须由软件清“0”。

⑦ RI：接收中断标志位。在方式 0 时，接收完第 8 位数据后，该位由硬件置位；在其他方式下，接收到停止位之前，该位硬件置位；RI = 1 表示帧接收结束，RI 也必须由软件清“0”。

2. 电源控制寄存器(PCON)

PCON 主要是为 CHMOS 型单片机 8051 的电源控制而设置的专用寄存器，其字节地址为 87H，不可位寻址。

位序	D7	D6	D5	D4	D3	D2	D1	D0
位符号	SMOD	—	—	—	GF1	GF0	PD	IDL

与串行通信有关的只有 D7 位(SMOD)，该位为波特率倍增位。

① SMOD =1：方式 1，3 波特率 = 定时器 1 溢出率/16；方式 2 波特率为 fosc/32；

② SMOD =0：方式 1，3 波特率一定时器 1 溢出率/32；方式 2 波特率为 fosc/64。

其他：GF1，GF0 为两个通用标志位；PD，IDL 是 CHMOS 器件的低功耗控制位。

8.3.2　串行口的工作方式

1. 串行工作方式0(SM0 SM1 =00)

方式0为移位寄存器输入/输出方式。串行数据通过RXD输入/输出，TXD则用于输出移位时钟脉冲。方式0时，收发的数据为8位，低位在前，波特率固定为fosc/12，其中fosc为单片机外接晶振频率。

发送是以写SBUF寄存器的指令开始的，8位输出结束时TI被置位。接收是在REN =1和RI =0同时满足时开始的，接收的数据装入SBUF中，结束时RI被置位。

2. 串行工作方式1(SM0 SM1 =01)

方式1是10位可变波特率异步串行通信方式。其帧格式为1个起始位、8个数据位和1个停止位。如图8.4所示。

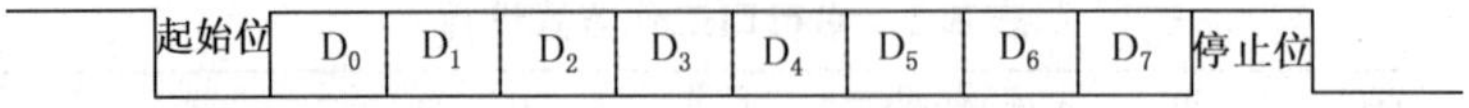

图8.4　方式1异步串行通信数据格式

(1) 数据发送

数据写入SBUF后，开始发送，此时由硬件加入起始位和停止位，构成一帧数据，由TXD串行输出。输出一帧数据后，TXD保持在高电平状态下，并将TI置位，通知CPU可以进行下一个字符的发送。

(2) 数据接收

当REN =1且接收到起始位后，在移位脉冲的控制下，把接收到的数据移入接收缓冲寄存器(SBUF)中，停止位到来后，把停止位送入RB8中，并置位RI，通知CPU接收到一个字符。

(3) 波特率的设定

工作在方式1时，其波特率是可变的，波特率的计算公式为：

$$\text{波特率} = \frac{2^{SMOD}}{32} \times (\text{定时器1的溢出率})$$

其中，SMOD为PCON寄存器最高位的值，其值为1或0。

当定时器1作波特率发生器使用时，定时器方式0 -2均可选用，其溢出率为定时时间的倒数值。若选用工作方式2(即自动加载定时初值方式)，则可避免通过程序反复装入定时初值所引起的定时误差，使波特率更加稳定。实际使用中，波特率是已知的，由此可确定定时时间，再根据T/C定时时间的计算公式求定时初值x，并对T/C进行设置，即可获得所要求的波特率。

3. 串行工作方式2和方式3

方式2/3均为11位异步串行通信方式，其帧格式为1个起始位、9个数据位和1个停止位。如图8.5所示。

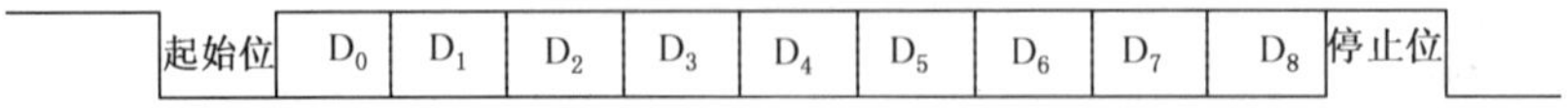

图8.5　方式2/3异步串行通信数据格式

在11位UART模式下，字符仍然只有8个数据位，只不过增加了一个第9数据位(D8)，而且其功能由用户确定，是一个可编程位。

方式 2/3 情况下，其 UART 操作过程完全相同，只是波特率不同。

方式 2 下，其波特率 $=\frac{2^{SMOD}}{32}\times f_{osc}$

方式 3 下，其波特率 $\frac{2^{SMOD}}{32}\times$（定时器 1 的溢出率）

（1）发送数据

应先在 SCON 的 TB8 位中把第 9 个数据位的内容准备好，TB8 由硬件直接送到发送移位器的第九位，当发送数据写入 SBUF 时，开始启动发送。一个字符帧发送完毕后，将 TI 位置“1”，其他过程与方式 1 相同。

（2）接收数据

方式 2 的接收过程也与方式 1 基本类似，所不同的只在第 9 数据位上，串行口把接收到的前 8 个数据位送入 SBUF，而把第九数据位送入 RB8。

方式 2 和方式 3 接收的前提条件也是 REN 为 1。在第 9 位数据接收到后，如果下列条件同时满足：①RI =0；②SM2 =0 或接收到的第 9 位为 1，则将已接收的数据装入 SBUF 和 RB8，并置位 RI；如果条件不满足，则接收无效。

（3）多机通讯

11 位 UART 的特征是包括可编程的第九位数据，这允许在串行口通信时用于标志特殊字节的接收。例如，可实现以下简单的多机主从式通信协议：

① 首先使所有从机 SM2 位置 1，处于只接收地址帧的状态；

② 主机先发送一帧地址信息。其中前 8 位为地址，第 9 位为地址/数据信息的标志位。该位置 1 表示本帧为地址信息；

③ 从机接收到地址帧后，各自将接收到的地址与本从机的地址比较。对于地址相符的那个从机，使 SM2 位清 0，以接收主机随后发来的所有信息；对于地址不符的从机，仍保持 SM2 =1，对主机随后发来的信息不予理睬，直至主机发送新的地址帧。

8.3.3 串行口初始化

1. 串行口波特率 bps(bit per second)

为方便使用，将常用的单片机晶振频率、常用的波特率及对定时器 1 的设置值列于表 8.3 中。

表 8.3 不同晶振频率、波特率及对定时器 1 的设置

波特率/(b/s)	f_{osc}/MHz	SMOD	定时器 1		
			$C/\overline{T}$	模式	初始值
方式 0：1 M	12	×	×	×	×
方式 2：375 k	12	1	×	×	×
方式 1、3：62.5 k	12	1	0	2	0xFF
19.2 k	11.0592	1	0	2	0xFD
9.6 k	11.0592	0	0	2	0xFD
4.8 k	11.0592	0	0	2	0xFA
2.4 k	11.0592	0	0	2	0xF4
1.2 k	11.0592	0	0	2	0xE8
137.5	11.0592	0	0	2	0x1D
110	6	0	0	2	0x72

2. 串行口初始化步骤

使用串行口之前，需对定时器的溢出率、串行口的工作模式及中断控制进行设置。

① 确定定时器 1 的工作方式，定义 TMOD；

② 根据确定的波特率要求，计算定时/计数初值，并初始化 TH1/TL1；

③ 启动定时/计数器 1 运行：置位 TR1；

④ 确定串行口的工作模式，编程 SCON；

⑤ 设置中断系统：串行口若在中断方式下工作时，需开 CPU 及串行口中断，设置中断优先级等。

8.3.4 串行口应用范例

【例 8.4】 单片机 f_{osc} = 11.0592 MHz，波特率为 9600，单片机串行口发送程序，每发送一串字符“MCS－51”后延时一段时间重复发送。

```
#include <reg51.h>
#define uchar unsigned char
#define uint unsigned int
uchar idata trdata[10] = {"MCS-51\n\a\0"};
main()
{
    uchar i;
    uint j;
    TMOD = 0x20;                    /*设置 9600 波特率的定时器 1 方式和初始值*/
    TL1 = 0xfd;                     /*产生所需波特率的定时初值，参见表 8.3*/
    TH1 = 0xfd;
    SCON = 0xd8;
    PCON = 0x00;                    /*设置串行口方式*/
    TR1 = 1;
    while(1)
    {
        i = 0;
        while(trdata[i]! = 0x00)    /*发送字符串*/
        {
            SBUF = trdata[i];
            while(TI = = 0);        /*等待一位发送结束*/
            TI = 0;                 /*清中断标志*/
            i + +;
        }
        for(j = 0; j < 12500; j + +);/*延时*/
    }
}
```

【例 8.5】 单片机 fosc = 11.0592 MHz，波特率为 9600，单片机串行口接收发送程序，每接收到字节即刻发送出去。

```
#include < reg51. h >
void main( void)
{
    unsigned char a;
    TMOD = 0x20;                /* 设置 9600 波特率的定时器 1 方式和初始值 */
    TL1 = 0xfd;                 /* 产生所需波特率的定时初值, 参见表 8.3 */
    TH1 = 0xfd;
    SCON = 0xd8;
    PCON = 0x00;                /* 设置串行口方式 */
    TR1 = 1;
    while(1)
    {
    while( RI = = 0) ;          /* 等待接收完成 */
    RI = 0;
    a = SBUF;                   /* 接收到的字节, 立即发送出去 */
    SBUF = a;
    while( TI = = 0) ;          /* 等待发送完成 */
    TI = 0;
    }
}
```

8.4 本章小结

本章是对 8051 单片机内部资源的 C 语言编程方法及应用技巧的介绍。

第 1 节介绍中断编程的方法。8051 单片机的 5 个中断源包括：外部中断 INT0/INT1，定时/计数器 T0/T1 溢出中断，串行接收中断 RI 和串行发送中断 TI。中断允许寄存器 IE 可指定中断源的开放或关闭；中断优先级寄存器 IP 可指定中断源的优先等级；C51 编译器允许编程者对中断的所有方面的控制和寄存器组的使用，这种支持能使编程者创建高效的中断服务程序 ISR。

第 2 节介绍定时/计数器的编程方法。T/C 通过 TMOD 寄存器设置其工作模式；使用 TH，TL 寄存器输入初值或读取计时/计数结果；通过 TCON 可监测其中断标志，并实现启停控制。本节最后通过几个具体示例介绍了基于 C 语言的单片机定时/计数器应用实例。

第 3 节介绍单片机片内通用异步串行口 UART 的编程方法。UART 通讯包括 10 位/11 位两种数据格式，其波特率为固定或可通过定时器 T1 的溢出率确定，还可使用 SMOD 位控制波特率加倍因子；使用 SCON 寄存器则可设置 UART 的工作模式。本节最后通过几个具体示例介绍了基于 C 语言的 UART 应用实例。

习　题

1. 什么是中断、中断源和中断优先级？

2. 8051 中断有多少优先级？

3. 8051 中断响应的条件是什么?

4. 8051 的中断响应过程是怎样的?

5. 若 8051 的外部中断 0 为边沿触发方式，简述 IE0 标志的检测和置位过程。

6. 8051 的中断系统如何实现两级中断嵌套?

7. 8051 的 5 个中断源的中断向量地址分别是多少?

8. 设 fosc = 6 MHz，外部中断采用电平触发方式，那么中断请求信号的低电平至少应持续多少 μs?

9. 8051 中断程序如何进行现场保护，何为上下文切换?

10. 8051 定时器方式和计数器方式的区别是什么?

11. 若 TMOD = 0A6H，T/C0 和 T/C1 分别在什么方式下工作?

12. 设 fosc = 12 MHz，8051 定时器 0 的方式 0、方式 1、方式 2 的最大定时间隔分别是多少?

13. 设 fosc = 6 MHz，利用定时器 0 的方式 1 在 P1. 6 口产生一串 50Hz 的方波。定时器溢出时采用中断方式处理，试按以上要求编写控制主程序和中断服务程序。

14. 制作一个模拟航标灯，灯接在 P1. 7 口上，$\overline{\text{INT0}}$ 接光敏元件。使它具有如下功能:

① 白天航标灯熄灭。夜间间歇发光，亮 2s，灭 2s，周而复始;

② 将 $\overline{\text{INT0}}$ 信号作门控信号，启动定时器定时。

试按以上要求编写控制主程序和中断服务程序。

15. 希望 8051 单片机定时器 0 的定时值以内部 RAM 的 20H 单元的内容为条件而可变: 当(20H) = 00H 时，定时值为 10ms，当(20H) = 01H 时，定时值为 20 ms。请根据以上要求对定时器 0 初始化。设单片机时钟频率为 12MHz。

16. 外部 RAM 以 DATA1 开始的数据区中有 100 个数，现在要求每隔 150 ms 向内部 RAM 从 DATA2 开始的数据区传送 10 个数据，通过 10 次传送把数据全部传送完。设单片机时钟频率为 6 MHz，以定时器 1 作为波特率发生器，试编写相关的程序。

17. 用单片机和内部定时器来产生矩形波。要求频率为 100 kHz，占空比为 2∶1(高电平的时间长)。设单片机时钟频率为 12 MHz。写出有关的程序。

18. 8051 系列单片机用什么提供串行通讯的定时?

第 9 章　C 语言编程示例

本章通过若干具体应用实例，介绍了单片机系统开发中常用芯片及接口的功能及硬件设计方法，并给出了使用 C51 语言编程的示例代码，读者可通过对本章的学习，举一反三，加深对 C51 语言的理解，并增加实际应用开发能力。

9.1　带有串行 EEPROM 的 CPU 监控器 X5045

9.1.1　X5043/5045 简介

X5043/5045 是 XICOR 公司推出的带有 512 字节串行 EEPROM 的 CPU 监控芯片，其引脚如图 9.1 所示。

各功能引脚定义如下：

① $\overline{CS}$/WDI：片选输入/看门狗复位输入；

② SCK：同步时钟输入；

③ SI：串行输入。

④ SO：串行输出；

⑤$\overline{WP}$：写保护输入；

⑥ V_{CC}，V_{SS}：电源及地引脚；

⑦ $\overline{RESET}$/RESET：复位输出，对于 X5045 为高有效，X5043 为低有效。

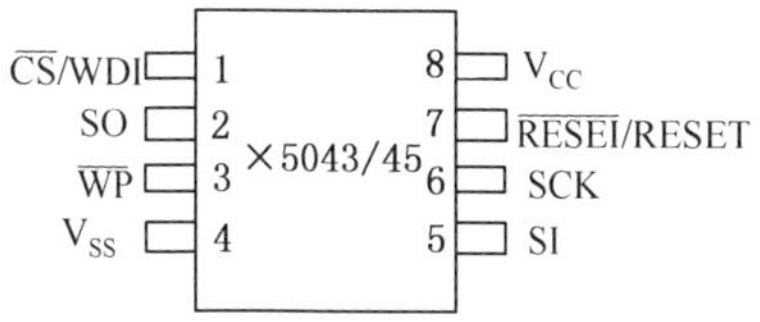

图 9.1　X5043 引脚图

1. X5045 的寄存器

X5045 的状态寄存器描述器件的当前状态，各位意义如表 9.1 所列。

表 9.1　X5045 状态寄存器

D7	D6	D5	D4	D3	D2	D1	D0
0	0	WD1	WD0	BL1	BL0	WEL	WIP

WD1、WD0 是看门狗定时时间设置位；BL1、BL0 是存储单元写保护区设置位；WEL 是只读标志，1 表明写使能开关打开；WIP 也是只读标志，1 代表芯片内部正处于写周期。上电复位时，各位都被清零。

X5045 芯片的主要功能包括：

① 上电复位控制：在 X5045 上电时，$\overline{RESET}$/RESET 引脚输出有效的复位信号，并保持至少 200 ms，使 CPU 有效复位；

② 电源电压监控：当检测到电源电压低于内部门槛电压 VTRIP 时，$\overline{RESET}$/RESET 输出复位信号，直至电源电压高于 VTRIP 并保持至少 200 ms，复位信号才被撤消。VTRIP 的出厂值根据芯片型号不同，共有 5 个级别的电压范围。

③ 看门狗定时器：芯片内部状态寄存器的 WD1、WD0 是看门狗定时设置位，通过状态

寄存器写指令 WRSR 修改这2个标志位，就能在3种定时间隔中进行选择或关闭定时器。对看门狗的复位由 CS 输入电平的下降沿完成。表 9.2 是 WD1、WD0 组合的含义。

表 9.2　WD1、WD0 组合含义

WD1	WD0	看门狗定时值
0	0	1.4 s
0	1	600 ms
1	0	200 ms
1	1	禁止看门狗工作

④ 串行 EEPROM：芯片内含 512 字节存储单元，可靠写入次数 10 万次，数据保持时间 100 年。XICOR 设计了 3 种保护方式，以防止误写。包括：WP 写保护引脚，当引脚被拉低时，内部存储单元状态寄存器都禁止写入；存储区域写保护模式，通过对状态寄存器的 BL1、BL0 位的设置，可以选择对不同的存储区域进行写保护；在进行任何写操作前都必须打开写使能开关，而且在上电初始化写操作完成时，写使能开关自动关闭。显然，在几方面的保护之下，产生误写的可能性极小，表 9.3 是 BL1、BL0 组合的含义。

表 9.3　BL1、BL0 组合的含义

BL1	BL0	写保护的单元地址
0	0	没有保护
0	1	180H ~ 1FFH
1	0	100H ~ 1FFH
1	1	000H ~ 1FFH

2. X5045 命令字

X5045 通过如表 9.4 所示的命令字完成对其操作。

表 9.4　X5045 命令的含义

命　　令	命令字格式	功能说明
WREN	00000110	写使能
WRDI	00000100	写禁止
RSDR	00000101	读状态寄存器
WRSR	00000001	写状态寄存器(看门狗及块锁定模式)
READ	0000 A8011	从 EEPROM 中读指定数据
WRITE	0000 A8010	向 EEPROM 中写指定数据

9.1.2　X5045 与单片机的连接

对 X5045 的操作是通过 4 根口线(CS、SCK、SI 和 SO)进行同步串行通信来完成的。SCK 是外部输入的同步时钟信号，在对芯片更改指令或数据时，时钟前沿将 SI 引脚信号输入；在读数据时，时钟后沿将数据位输出到 SO 引脚上。

X5045 和 X5043 的唯一差别是，它们输出的复位信号电平不同，前者输出高电平，而后者输出低电平。由于 MCS51 系列单片机的复位信号为高有效，故采用 X5045 较为方便。X5045 与单片机的连接如图 9.2 所示。

9.1.3　读写 X5045 的 C 语言程序

```
#include <reg51.h>                    //包含头文件
#include <intrins.h>
```

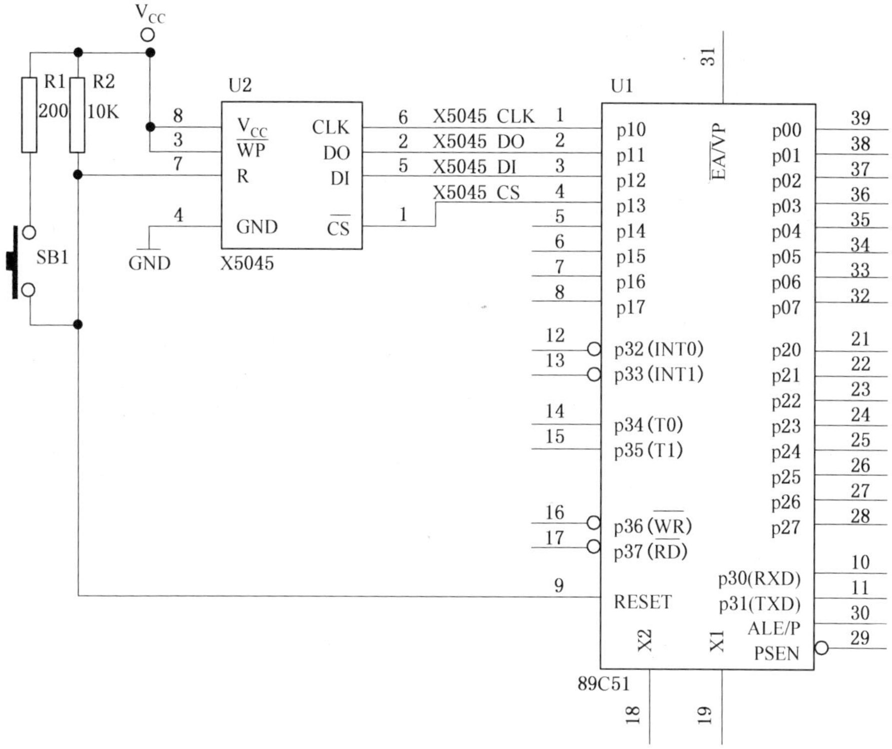

图 9.2　高电平复位的 X5045 与单片机的连接

```
#define uchar unsigned char                      //简化定义
#define uint unsigned int
#define     WREN      0x06                       //定义 X5045 命令字，参见表 9.4
#define     WRDI      0x04
#define     RDSR      0x05
#define     WRSR      0x01
#define     WRITE     0x02
#define     READ      0x03
#define     WIP       0x0
sbit        X5045SCK   =   P1^0;                  //单片机外部引脚定义
sbit        X5045SO    =   P1^1;
sbit        X5045SI    =   P1^2;
sbit        X5045CS    =   P1^3;

uchar X5045SpiSend(uchar val);
void X5045WriteWait(void);
extern void ms_ DELAY(uchar);

void FeedDog(void)                                //X5045 喂狗操作
{
```

```
    X5045CS =0;
    _nop_();
    X5045CS =1;
}

void X5045WriteEnable(void)                          //软件使能 X5045 写操作
{
    X5045CS = 0;                                     //打开 X5045 片选
    X5045SpiSend(WREN);                              //发送使能 X5045 写命令
    X5045CS = 1;                                     //关闭 X5045 片选
}

void X5045WriteDisable(void)                         //软件禁止 X5045 写操作
{
        X5045CS = 0;                                 //打开 X5045 片选
        X5045SpiSend(WRDI);                          //发送禁止 X5045 写命令
        X5045CS = 1;                                 //关闭 X5045 片选
}

uchar X5045SpiSend(uchar val)                        // X5045 收发 SPI 协议
{
        uchar i, ntemp;
        bit btemp;

        ntemp = val;
        for (i = 8; i > 0; i --)
        {
            btemp = X5045SO;                         //取数据 SO
            if ((ntemp&0x80) ==0x80)                 //送数据 SI
             X5045SI =1;
          else
              X5045SI =0;
          X5045SCK = 1;                              //上升沿打入数据
          ntemp =(ntemp <<1) | btemp;
          X5045SCK    = 0;                           //下降沿读入数据(首次为假动作)
    }
    return ntemp;
}

void X5045WriteByte(unsigned int addr, uchar val)    //写 X5045 一个字节
```

```
{
        uchar temp;
        temp = WRITE;
        if ((addr >> 8) & 0x01) temp |= 8;
        X5045WriteEnable();                      //使能 X5045 写操作
        X5045CS = 0;                             //打开 X5045 片选
        X5045SpiSend(temp);                      //发送 X5045 写命令及高位地址
        X5045SpiSend(addr & 0xff);               //发送 X5045 写低位地址
        X5045SpiSend(val);                       //发送 X5045 写数据
        X5045CS = 1;                             //关闭 X5045 片选
        X5045WriteWait();                        //等待本次 X5045 写入完成
        X5045WriteDisable();                     //禁止 X5045 写操作
}

uchar X5045ReadByte(unsigned int addr)           //读 X5045 一个字节
{
        uchar val;
        X5045CS = 0;                             //打开 X5045 片选
        val = READ;
        if ((addr >> 8) & 0x01) val |= 8;
        X5045SpiSend(val);                       //发送 X5045 读命令及高位地址
        X5045SpiSend(addr & 0xff);               //发送 X5045 读低位地址
        val = X5045SpiSend(0xff);                //接收 X5045 读数据
        X5045CS = 1;                             //关闭 X5045 片选
        return val;
}

uchar X5045ReadStatus(void)                      //读 X5045 状态
{
        uchar val;
        X5045CS = 0;                             //打开 X5045 片选
        X5045SpiSend(RDSR);                      //发送读 X5045 状态命令
        val = X5045SpiSend(0xff);                //接收 X5045 状态数据
        X5045CS = 1;                             //关闭 X5045 片选
        return val;
}

void X5045WriteStatus(uchar val)                 //写 X5045 状态
{
        X5045CS = 0;                             //打开 X5045 片选
```

```
        X5045SpiSend(WRSR);                          //发送写 X5045 状态命令
        X5045SpiSend(val);                           //发送 X5045 状态数据
        X5045CS = 1;                                 //关闭 X5045 片选
}

void X5045WriteWait(void)                            //等待 X5045 写入完成
{
        while (X5045ReadStatus() & WIP);             //WIP =0  退出
}

void main(void)                                      //X5045 应用主程序
{
        uchar idata t[0x10];
        uchar i, j;

        for (j =0; j <16; j + +)
        {
          X5045WriteByte(0x80 +j, j +0x56);          //向 X5045 写入 16 字节数据
            ms_ DELAY(3);
          i = X5045ReadStatus();
          t[j] = X5045ReadByte(0x80 +j);             //从 X5045 读出 16 字节数据
        }
}
```

9.2 涓流充电时钟保持芯片 DS1302

9.2.1 DS1302 简介

DS1302 是 DALLAS 公司推出的涓流充电时钟芯片，内含一个实时时钟/日历和 31 字节静态 RAM，通过简单的串行接口与单片机进行通信。实时时钟/日历电路提供秒、分、时、日、月、年的信息，每月的天数和闰年的天数可自动调整，时钟操作可通过 AM/PM 指示决定采用 24 小时或 12 小时格式。

DS1302 与单片机之间能简单地采用同步串行的方式进行通信，仅须用到三根口线：RES 复位、I/O 数据线、SCLK 串行时钟。RAM 的数据读/写，以 1 字节或多达 31 字节的字符组方式通信。DS1302 工作时功耗很低，保持数据和时钟信息时功率小于 1 mW。其引脚图如图 9.3 所示。

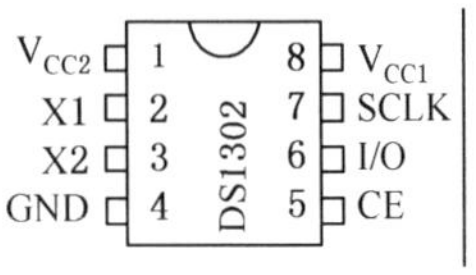

图 9.3　DS1302 管脚排列图

各功能引脚定义如下：

① X1、X2：32.768 kHz 晶振引脚；

② V_{CC1}、V_{CC2}、GND：电源及地引脚；

③ CE：复位引脚；

④ I/O：数据输入/输出引脚；

⑤ SCLK：串行时钟引脚。

DS1302 的命令字节：

DS1302 采用如图 9.4 所示的命令字节进行操作。

7	6	5	4	3	2	1	0
1	RAM / $\overline{CK}$	A4	A3	A2	A1	A0	RD / $\overline{WR}$

图 9.4　DS1302 命令字节

该命令字节的位 7 必须为 1；位 6 =1 代表 RAM 操作，反之代表对日历/时钟进行操作；位 5 ~1 指定操作字节地址，位 0 =1 代表读操作，反之代表写操作。

9.2.2　DS1302 与单片机的连接

DS1302 与单片机的连接如图 9.5 所示。对 DS1302 的操作是通过 3 根口线 SCLK、I/O 和 CE 进行串行通信来完成的。SCLK、I/O 和 CE 依次和单片机的 P1.0，P1.1，Pl.2 连接；X1 和 X2 与 32.768 kHz 晶振连接，V_{CC1}与电池相连。

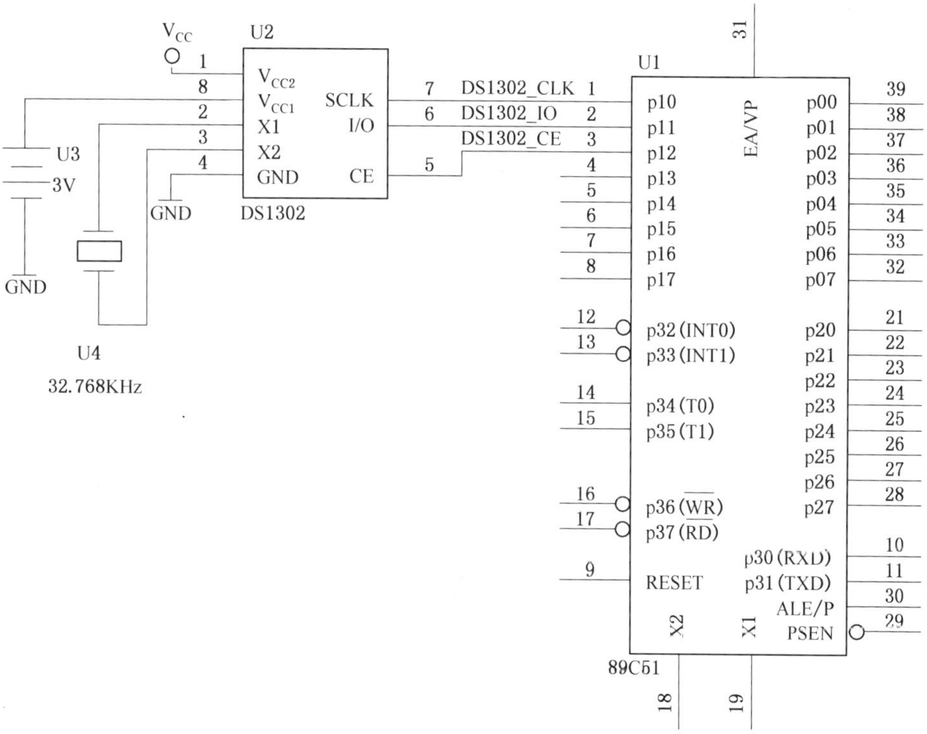

图 9.5　DS1302 与单片机连接图

9.2.3　读写 DS1302 的 C 语言程序

```
#include <REG51.H>
#define uchar unsigned char                //简化定义
sbit T_ CLK = P1^0;                        //实时时钟时钟线引脚
sbit T_ IO = P1^1;                         //实时时钟数据线引脚
sbit T_ CE = P1^2;                         //实时时钟片选/复位线引脚
sbit ACC0 = ACC^0;
```

```
sbit ACC7 = ACC^7;

//往 DS1302 写入 1Byte 数据，输入：ucDa 写入的数据
void v_ RTInputByte(uchar ucDa)
{
    uchar i;
    ACC = ucDa;
    for(i =8; i >0; i - -)
    {
        T_IO = ACC0;                        //相当于汇编中的 RRC
        T_ CLK =1;
        T_ CLK =0;
        ACC = ACC > >1;
    }
}

//从 DS1302 读取 1Byte 数据，返回值：ACC
uchar uc_ RTOutputByte(void)
{
    uchar i;
    for(i =8; i >0; i - -)
    {
        ACC = ACC > >1;
        ACC7 = T_ IO;                       //相当于汇编中的 RRC
        T_ CLK =1;
        T_ CLK =0;
    }
    return(ACC);
}

//往 DS1302 写入数据
void v_ W1302(uchar ucAddr, uchar ucDa)
{
      T_ CE =0;
      T_ CLK =0;
      T_ CE =1;
      v_ RTInputByte(ucAddr);               //地址，命令
      v_ RTInputByte(ucDa);                 //写 1Byte 数据
      T_ CLK =1;
      T_ CE =0;
```

```
}

//读取 DS1302 某地址的数据
uchar uc_ R1302(uchar ucAddr)
{
    uchar ucDa;
    T_ CE =0;
    T_ CLK =0;
    T_ CE =1;
    v_ RTInputByte(ucAddr);                //地址，命令
    ucDa = uc_ RTOutputByte();             //读 1Byte 数据
    T_ CLK =1;
    T_ CE =0;
    return(ucDa);
}

//往 DS1302 写入时钟数据
void v_ BurstW1302T(uchar *pSecDa)
{
    uchar i;
    v_ W1302(0x8e, 0x00);                  //控制命令，WP =0，写操作
    T_ CE =0;
    T_ CLK =0;
    T_ CE =1;
    v_ RTInputByte(0xbe);                  //0xbe：时钟多字节写命令
    for(i =8; i >0; i--)                   //8Byte =7Byte 时钟数据 +1Byte 控制
    {
        v_ RTInputByte(*pSecDa);           //写 1Byte 数据
        pSecDa++;
    }
    T_ CLK =1;
    T_ CE =0;
}

//读取 DS1302 时钟数据
void v_ BurstR1302T(uchar *pSecDa)
{
    uchar i,
    T_ CE =0;
    T_ CLK =0;
```

```
    T_ CE = 1;
    v_ RTInputByte(0xbf);                       //0xbf：时钟多字节读命令
    for(i = 8; i > 0; i - - )
      {
          * pSecDa = uc_ RTOutputByte( );     //读 1Byte 数据
          pSecDa + + ;
      }
      T_ CLK = 1;
      T_ CE = 0;
}

//往 DS1302 寄存器写入数据
void v_ BurstW1302R(uchar * pReDa)
{
    uchar i;
    v_ W1302(0x8e, 0x00);                       //控制命令，WP = 0，写操作
    T_ CE = 0;
    T_ CLK = 0;
    T_ CE = 1;
    v_ RTInputByte(0xfe);                       //0xfe：时钟多字节写命令
    for(i = 31; i > 0; i - - )                  //31Byte 寄存器数据
    {
        v_ RTInputByte( * pReDa);               //写 1Byte 数据
        pReDa + + ;
    }
    T_ CLK = 1;
    T_ CE = 0;
}

//读取 DS1302 寄存器数据
void v_ BurstR1302R(uchar * pReDa)
{
    uchar i;
    T_ CE = 0;
    T_ CLK = 0;
    T_ CE = 1;
    v_ RTInputByte(0xff);                       //0xff：时钟多字节读命令
    for(i = 31; i > 0; i - - )                  //31Byte 寄存器数据
    {
        * pReDa = uc_ RTOutputByte( );          //读 1Byte 数据
```

```
        pReDa + + ;
    }
    T_ CLK = 1;
    T_ CE = 0;
}

//设置初始时间，初始时间格式为：秒、分、时、日、月、星期、年
void v_ Set1302(uchar * pSecDa)
{
    uchar i;
    uchar ucAddr = 0x80;
    v_ W1302(0x8e, 0x00);                //控制命令，WP = 0，写操作
    for(i = 7; i > 0; i - - )
    {
        v_ W1302(ucAddr, * pSecDa);      //秒、分、时、日、月、星期、年
        pSecDa + + ;
        ucAddr + = 2;
    }
    v_ W1302(0x8e, 0x80);                //控制命令，WP = 1，写保护
}

//读取 DS1302 当前时间：秒、分、时、日、月、星期、年
void v_ Get1302(uchar ucCurtime[ ])
{
    uchar i;
    uchar ucAddr = 0x81;
    for(i = 0; i < 7; i + + )
    {
        ucCurtime[ i ] = uc_ R1302(ucAddr); //格式为：秒、分、时、日、月、星
                                            期、年
        ucAddr + = 2;
    }
}

main( )
{
    uchar val, Curtime[8];

    v_ Get1302(Curtime);                 //读取时间值
    val = uc_ R1302(0x10);               //读取 0x10 单元数据值
}
```

9.3 串行 EEPROM 芯片 AT24C04/512

9.3.1 AT24C04/512 简介

AT24CXX 是美国 ATMEL 公司的低功耗 CMOS 串行 EEPROM。包括：AT24C01A/02/04/08/16/32/64/128/256/512/1024 等，其存储容量分别为 128/256/512/1kB/4kB/8kB/16kB/32kB/64kB/128kB。它们不仅容量不同，而且执行页面写时页面所含字节数、总线可接芯片数、器件地址也不同。

AT24CXX 的信息存取采用 I2C 总线，这是一种串行数据总线，只有两根数据线，一根是双向的 SDA，另一根是时钟 SCL。在 I2C 总线上传送的一个数据字节由八位组成。

AT24CXX 系列的详情请参阅有关资料，这里以 AT24C04 和 AT24C512 为例，介绍其与非 I2C 总线单片机 89C51 之间接口的软硬件设计。如图 9.6 为 AT24C04 和 AT24C512 引脚图。

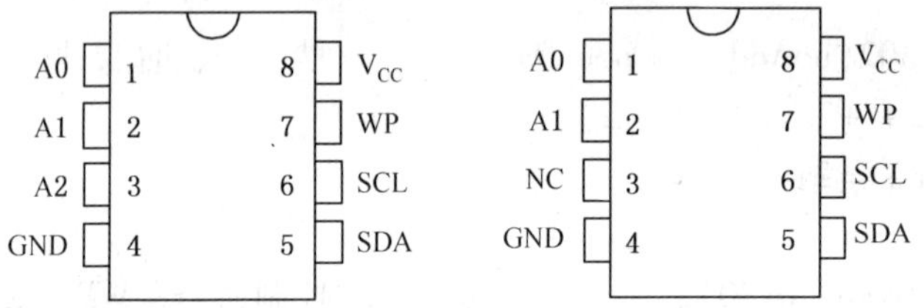

(a) AT24C04引脚图　　(b) AT24C512引脚图

图 9.6　AT24C04 和 AT24C512 引脚图

图 9.6(a)中，A0 ~ A2 为芯片地址引脚，接固定电平，决定芯片地址；WP 为写保护端，接 V_{CC}时对芯片实施写保护，接地时允许一般读/写操作；SDA 为串行数据 I/O 端；SCL 为串行时钟输入端；V_{CC}、GND 为电源输入端。

图 9.6（b）中，A0 ~ A1 为芯片地址引脚；NC 为无用引脚，不接任何电平，其余同 AT24C04。

9.3.2 AT24C04/512 与单片机的连接

AT24C04 的电路连接如图 9.7 所示。AT24C04 的 SCL，SDA 分别和单片机的 P1.0、P1.1 连接，WP 接地，A0、A1 和 A2 也接地，则芯片的起始地址为 0。

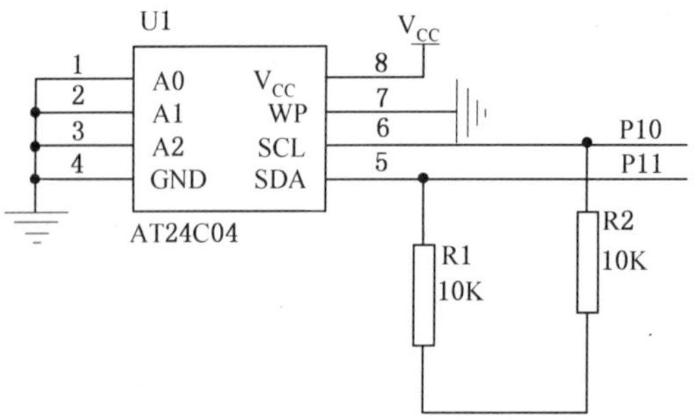

图 9.7　AT24C04 与单片机电路连接图

AT24C512 的电路连接如图 9.8 所示，AT24C512 的 SCL、SDA 分别与单片机的 P1.0、P1.1 连接，WP 接地，A0、A1 也接地，芯片的起始地址同样为 0。

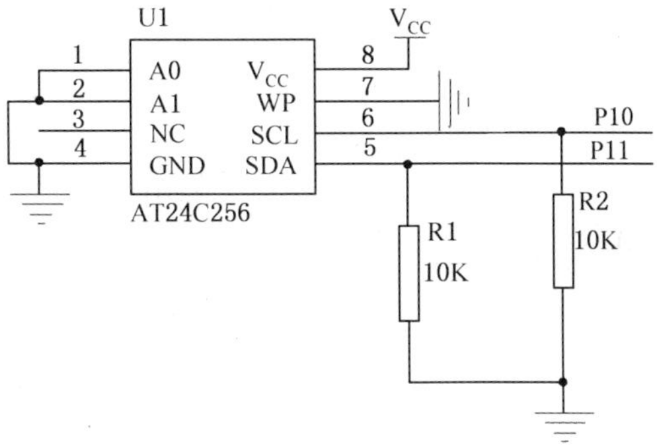

图 9.8　AT24C512 与单片机电路连接图

9.3.3　读写 AT24C04/AT24C512 的 C 语言程序

```
#include  < reg51. h >
#include  < intrins. h >
#define uchar unsigned char
#define uint unsigned int
#define FALSE_ FLAG      0                    //定义常数
#define TRUE_ FLAG       1
#define ERRORLIMIT   10                       //最大错误次数
sbit       AT24CXX_ SCL =      P1^0;          //输入/输出引脚定义
sbit       AT24CXX_ SDA =      P1^1;
enum   eepromtype {AT2402, AT2404, AT2408, AT2416, AT2432, AT2464, AT24128,
AT24256}; //器件的型号
enum   eepromtype enumer;                     //定义一个枚举变量

void I2CNOP(void)                             //延时子程序
{
     _ nop_ ();
     _ nop_ ();
     _ nop_ ();
     _ nop_ ();
}

void I2CDelay(uchar DelayCount)               //延时足够时间待 EEPROM 写入结束
{
     while(DelayCount - - );
}

void I2CStart(void)
{
     AT24CXX_ SDA =1;
```

```
    AT24CXX_ SCL = 1;
    I2CNOP();                                   //初始化
    AT24CXX_ SDA = 0;
    I2CNOP();                                   //起始位
    AT24CXX_ SCL = 0;
}

void I2CStop(void)
{
    AT24CXX_ SCL = 0;
    AT24CXX_ SDA = 0;
    I2CNOP();                                   //初始化
    AT24CXX_ SCL = 1;
    I2CNOP();
    AT24CXX_ SDA = 1;                           //停止位
}

bit WaitAck(void)                               //等待 ACK 信号
{
    uchar errtime = 255;                        //因故障接收方无 ACK，超时值为 255。

    AT24CXX_ SDA = 1;
    I2CNOP();
    AT24CXX_ SCL = 1;
    I2CNOP();
    while(AT24CXX_ SDA)
    {
        errtime - - ;
        if (! errtime)
        {
            I2CStop();
            return FALSE_ FLAG;
        }
    }
    AT24CXX_ SCL = 0;
    return TRUE_ FLAG;
}

void SendAck(void)                              //发送 ACK 应答
{
```

```
    AT24CXX_ SDA =0;
    I2CNOP();
    AT24CXX_ SCL =1;
    I2CNOP();
    AT24CXX_ SCL =0;
}

void SendNotAck(void)                          //发送 NACK 应答
{
    AT24CXX_ SDA =1;
    I2CNOP();
    AT24CXX_ SCL =1;
    I2CNOP();
    AT24CXX_ SCL =0;
}

void I2CSendByte(uchar ch)                     //通过 I2C 总线发送一个字节
{
    uchar i =8;
    while (i - - )
    {
        AT24CXX_ SCL =0;
        _ nop_ ();
        AT24CXX_ SDA = (bit)(ch&0x80);
        ch < < =1;
        I2CNOP();
        AT24CXX_ SCL =1;
        I2CNOP();
    }
    AT24CXX_ SCL =0;
}

uchar I2CReceiveByte(void)                     //通过 I2C 总线接收一个字节
{
    uchar i =8;
    uchar ddata =0;

    AT24CXX_ SDA =1;
    while (i - - )
    {
```

```
        ddata < < =1;
        AT24CXX_ SCL =0;
        I2CNOP( );
        AT24CXX_ SCL =1;
        I2CNOP( );
        ddata | = AT24CXX_ SDA;
    }
    AT24CXX_ SCL =0;
    return ddata;
}
```

//以下给出一个通用的 AT24XX 读写程序，其入口参数是：

//DataBuff：读写数据缓冲区指针；Length：进行读写的数据字节数；

//Addr：待读写的 EEPROM 首址，对于 AT24256 为 0 ~ 32767，AT24C04 为 0 ~ 512；

//Control：EEPROM 控制字节；具体形式为 1010（A2）（A1）（A0）（R/W），其中若R/W =1，

//表示读操作；R/W =0 表示写操作。A2，A1，A0 为 EEPROM 的页选或片选地址；

//eepromtype_ enumer：EEPROM 类型，包括 AT2402 ~ AT24256 中的一种；

//函数返回值为一个位变量，反映本次操作正确与否；

//ERRORLIMIT：允许最大错误次数，若出现 ERRORLIMIT 次操作失效后，则返回错误标志。

```
bit  RW24xx(uchar * DataBuff, uchar Length, uint Addr, uchar Control, enum eepromtype_ enumer)
{
    uchar data j, i = ERRORLIMIT;
    bit errorflag = FALSE_ FLAG ;                           //出错标志
    while(i - - )
      {
        I2CStart( );                                          //启动总线
    I2CSendByte (Control & 0xfe);                           //向 IIC 总线写数据，器件地址
    if (WaitAck( ) = = FALSE_ FLAG)   continue;             //如写入不正确，则结束本次
                                                              循环
            if(enumer > AT2416)
        {
             I2CSendByte((uchar)(Addr > > 8));              //把整型数据转换为字符型数
                                                              据：如果容量
//大于 32K 位，使用 16 位地址寻址，写入高八位地址。
              if (WaitAck( ) = = FALSE_ FLAG) continue;
        }
        I2CSendByte((uchar)Addr);                             //向 IIC 总线写低 8 位地址
```

```
if (WaitAck() = =FALSE_ FLAG) continue;      //如写入错误结束本次循环
    if (! (Control & 0x01))                  //判断是读器件还是写器件
{
        j = Length;
        errorflag = TRUE_ FLAG;              //清错误特征位
        while(j - - )
        {
          I2CSendByte( * DataBuff + + );     //向 IIC 总线写数据
     if (WaitAck() = =TRUE_ FLAG) continue;  //如写入正确结束本次循环
          errorflag = FALSE_ FLAG;
     break;
        }
        if (errorflag = = FALSE_ FLAG ) continue;
        break;
 }
 else
 {
      I2CStart();                            //启动总线
      I2CSendByte(Control);                  //向 IIC 总线写数据
      if (WaitAck() = =FALSE_ FLAG)  continue;   //器件没应答结束本次
                                                   本层循环
      while( - -Length)                      //读至字节长为 0 结束
      {
           * DataBuff + + = I2CReceiveByte ();
          SendAck ();                        //对 IIC 总线产生正确应答
        }
        * DataBuff = I2CReceiveByte ();      //读最后一个字节
       SendNotAck ();                        //不对 IIC 总线产生正确应答
       errorflag = TRUE_ FLAG;
     break;
   }
}

I2CStop ();                                  //停止 IIC 总线
if  (! (Control & 0x01))                     //若是写入操作，延时等待写
                                               入结束。
{
  I2CDelay (255);
```

```
            I2CDelay (255);
            I2CDelay (255);
            I2CDelay (255);
        }
        return(errorflag);
}

main()
{
    uchar val[8];

    RW24xx(val, 8, 0x0, 0x1, AT2404);        //读取 AT2404 芯片自 0x0 地
                                               址开始的 8 个字节至指定缓
                                               冲区
}
```

9.4 I2C 接口的实时时钟/日历芯片 P8563

9.4.1 P8563 简介

PCF8563 是低功耗的 CMOS 实时时钟/日历芯片，它提供一个可编程时钟输出，一个中断输出和掉电检测器，所有的地址和数据通过 I2C 总线接口串行传递。

PCF8563 的外部引脚如图 9.9 所示。其中 OSC1 ~2 连接 32.768KHz 晶振；INT 产生定时中断输出；CLKOUT 可对内部时钟按一定要求输出；SCL 与 SDA 为 I2C 总线的时钟与数据信号。

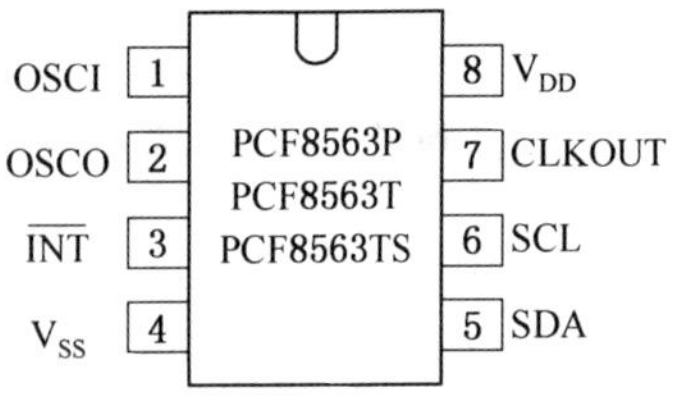

图 9.9 PCF8563 的引脚图

1. 功能描述

PCF8563 包含有 16 个 8 位寄存器：一个可自动增量的地址寄存器，一个内置 32.768kHz 的振荡器，一个分频器(用于给实时时钟 RTC 提供源时钟)，一个可编程时钟输出，一个定时器，一个报警器，一个掉电检测器和一个 I2C 总线接口。

所有 16 个寄存器设计成可寻址的 8 位并行寄存器，但不是所有位都有用。前两个寄存器(内存地址 00H，01H)用于控制寄存器和状态寄存器，内存地址 02H ~08H 用于时钟计数器(秒 ~ 年计数器)，地址 09H ~0CH 用于报警寄存器(定义报警条件)，地址 0DH 控制 CLKOUT 管脚的输出频率，地址 0EH 和 0FH 分别用于定时器控制寄存器和定时器寄存器。

秒、分钟、小时、日、月、年、分钟报警、小时报警、日报警寄存器，编码格式为 BCD，星期和星期报警寄存器不以 BCD 格式编码。当一个 RTC 寄存器被读时，所有计数器的内容被锁存，从而可避免对时钟/日历芯片的错误读取。

2. 寄存器结构

PCF8563 内部工作寄存器的结构如表 9.5 所示。

表 9.5　PCF8563 工作寄存器结构

地址	寄存器名称	Bit7	Bit6	Bit5	Bit4	Bit3	Bit2	Bit1	Bit0
00H	控制/状态寄存器 1	TEST	0	STOP	0	TESTC	0	0	0
01H	控制/状态寄存器 2	0	0	0	TI/TP	AF	TF	AIE	TIE
02h	秒	VL	00 ~ 59BCD 码格式数						
03H	分钟	—	00 ~ 59BCD 码格式数						
04H	小时	—	—	00 ~ 59BCD 码格式数					
05H	日	—	—	01 ~ 31BCD 码格式数					
06H	星期	—	—	—	—	—	0 ~ 6		
07H	月/世纪	C	—	—	01 ~ 12BCD 码格式数				
08H	年	00 ~ 99BCD 码格式数							
09H	分钟报警	AE	00 ~ 59BCD 码格式数						
0AH	小时报警	AE	—	00 ~ 23BCD 码格式数					
0BH	日报警	AE	—	01 ~ 31BCD 码格式数					
0CH	星期报警	AE	—	—	—	—	0 ~ 6		
0DH	CLKOUT 频率寄存器	FE	—	—	—	—	—	FD1	FD0
0EH	定时器控制寄存器	TE	—	—	—	—	—	TD1	TD0
0FH	定时器倒计数数值寄存器	定时器倒计数数值							

注意：

① STOP = 0，芯片时钟运行；STOP = 1，所有芯片分频器异步置 0，芯片时钟停止运行；

② TI/TP = 0，当 TF 有效时，INT 有效（取决于 TIE 的状态）；TI/TP = 1，INT 脉冲有效（取决于 TIE 的状态）；若 AF 和 AIE 都有效时，则 INT 一直有效；

③ AF，TF：当报警发生时，AF 被置逻辑 1；在定时器倒计数结束时，TF 被置逻辑 1，它们在被软件重写前一直保持原有值；

④ AIE、TIE：标志位 AIE 和 TIE 决定一个中断的请求有效或无效，当 AF 或 TF 中一个为“1”时，中断是 AIE 和 TIE 都置“1”时的逻辑或。

⑤ AE = 0，报警中断无效；AIE = 1，报警中断有效；

⑥ TIE = 0，定时器中断无效；TIE = 1，定时器中断有效。

9.4.2　P8563 与单片机的连接

图 9.10 给出了 PCF8563 与单片机的连接示意图，其中 OSC0 ~ 1 接所要求的 32.768kHz 晶振；SCL 与 SDA 分别接单片机的 P1.0 与 P1.1 引脚；INT 引脚与单片机的 INT0 引脚相连，当 PCF8536 产生报警时将通过此引脚向单片机申请中断。

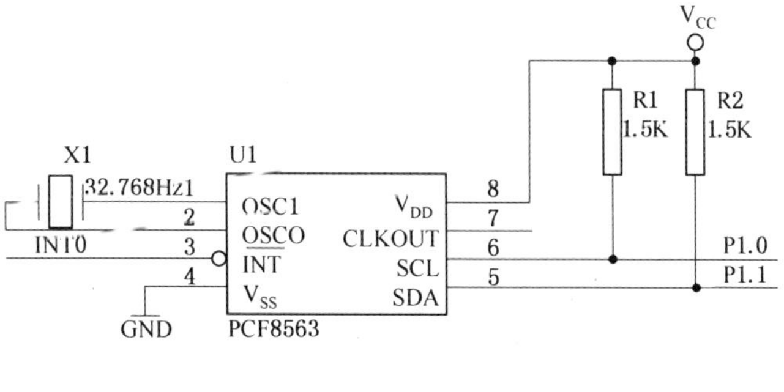

图 9.10　PCF8563 与单片机的连接示意图

9.4.3　读写 P8563 的 C 语言程序

```
#include <reg51.h>
#include <intrins.h>
#define uchar unsigned char
#define uint unsigned int
```

```
#define FALSE_ FLAG        0                    //定义常数
#define TRUE_ FLAG        1
sbit      PCF8563_ SCL      =      P1^0;        //输入/输出引脚定义
sbit      PCF8563_ SDA =      P1^1;

void I2CNOP(void)                               //延时子程序
{
    _ nop_ ();
    _ nop_ ();
    _ nop_ ();
    _ nop_ ();
}

void I2CDelay(uchar DelayCount)                 //延时足够时间待 EEPROM 写入结束
{
while(DelayCount - - );
}

void I2CStart(void)
{
    PCF8563_ SDA =1;
    PCF8563_ SCL =1;
    I2CNOP();                                   //初始化
    PCF8563_ SDA =0;
    I2CNOP();                                   //起始位
    PCF8563_ SCL =0;
}

void I2CStop(void)
{
    PCF8563_ SCL =0;
    PCF8563_ SDA =0;
    I2CNOP();                                   //初始化
    PCF8563_ SCL =1;
    I2CNOP();
    PCF8563_ SDA =1;                            //停止位
}

bit WaitAck(void)                               //等待 ACK 信号
 {
```

```
    uchar errtime = 255;                        //因故障接收方无 ACK，超时值为 255。

    PCF8563_SDA = 1;
    I2CNOP();
    PCF8563_SCL = 1;
    I2CNOP();
    while(PCF8563_SDA)
    {
        errtime --;
        if (! errtime)
        {
            I2CStop();
            return FALSE_FLAG;
        }
    }
    PCF8563_SCL = 0;
    return TRUE_FLAG;
}

void SendAck(void)                              //发送 ACK 应答
{
    PCF8563_SDA = 0;
    I2CNOP();
    PCF8563_SCL = 1;
    I2CNOP();
    PCF8563_SCL = 0;
}

void SendNotAck(void)                           //发送 NACK 应答
{
    PCF8563_SDA = 1;
    I2CNOP();
    PCF8563_SCL = 1;
    I2CNOP();
    PCF8563_SCL = 0;
}

void I2CSendByte(uchar ch)                      //通过 I2C 总线发送一个字节
{
    uchar i = 8;
```

```
        while (i--)
        {
            PCF8563_SCL=0;
            _nop_();
            PCF8563_SDA=(bit)(ch&0x80);
            ch<<=1;
            I2CNOP();
            PCF8563_SCL=1;
            I2CNOP();
        }
        PCF8563_SCL=0;
    }

    uchar I2CReceiveByte(void)                    //通过 I2C 总线接收一个字节
    {
        uchar i=8;
        uchar ddata=0;

        PCF8563_SDA=1;
        while (i--)
        {
            ddata<<=1;
            PCF8563_SCL=0;
            I2CNOP();
            PCF8563_SCL=1;
            I2CNOP();
            ddata|=PCF8563_SDA;
        }
        PCF8563_SCL=0;
        return ddata;
    }
```

//读取时钟芯片 PCF8563 的时间。设置要读的第一个时间类型 firsttype，并设置读取的字节数，则会一次

//把时间读取到 buff 中。顺序是：0x02：秒/0x03：分/0x04：小时/0x05：日/0x06：星期/0x07：月(世纪)/0x08：年

```
    void GetPCF8563(uchar firsttype, uchar count, uchar *buff)
    {
        uchar i;
        I2CStart();
```

```
    I2CSendByte(0xA2);                          //I2C 写命令
    WaitAck();
    I2CSendByte(firsttype);
    WaitAck();
    I2CStart();
    I2CSendByte(0xA3);                          //I2C 读命令
    WaitAck();
    for (i=0; i<count; i++)
    {
        buff[i] = I2CReceiveByte();
        if (i!=count-1) SendAck();    //除最后一个字节外，其他都要返回应答。
    }
    SendNotAck();
    I2CStop();
}

//调整时钟。timetype 是要改的时间类型，value 是新设置的时间值(BCD 格式)。
void SetPCF8563(uchar timetype, uchar value)
{
    I2CStart();
    I2CSendByte(0xA2);                          //I2C 写命令
    WaitAck();
    I2CSendByte(timetype);
    WaitAck();
    I2CSendByte(value);                         //I2C 写数据
    WaitAck();
    I2CStop();
}

//设置报警闹钟在一天的第 count 点报警。例如：count=23，则在晚上 11 点报警。
void SetAlarm(uchar alarmtype, uchar count)
{
    SetPCF8563(alarmtype, count);
}

//清除所有报警设置。
void CleanAlarm(void)
{
```

```
    SetPCF8563(0x01, 0);
    SetPCF8563(0x0D, 0);
    SetPCF8563(0x0E, 0);
}

main()
{
     uchar CurTime[7];
    GetPCF8563(0x02, 0x7, CurTime);        //读取 PCF8563 时间值
}
```

9.5 单芯片温度测量芯片 DS1820

9.5.1 DS1820 简介

DS1820 是美国 Dallas 半导体公司生产的可组网数字式温度传感器。DS1820 数字温度计提供 9 位(二进制)温度读数指示器件的温度信息，并经过单线接口从 DS1820 送出，因此从主机 CPU 到 DS1820 仅需一条线(和地线)。DS1820 的电源可以由数据线本身提供而不需要外部电源。DS1820 测量范围从 -55 ~ +125℃，最小分辨率为 0.5℃，可在 1s(典型值)内把温度变换成数字。

由于每一个 DS1820 在出厂时已经给定了惟一的 64 位长的序号，其中前 8 位是产品类型编码(固定为 10H)；接着的 48 位是每个器件惟一的序号；最后 8 位是前面 56 位的 CRC(循环冗余校验)码。因此任意多个 DS1820 可以在同一条单线总线上同时工作。

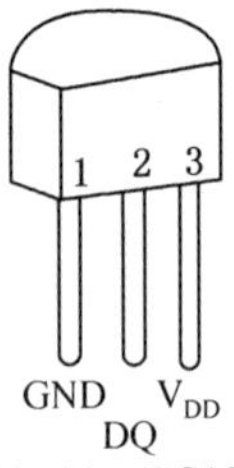

图 9.11 DS1820 的引脚图

DS1820 中还有用于储存测得的温度值的两个 8 位存储器，其高 8 位代表符号扩展位，低 8 位则用于存放温度值的补码，将存储器中的二进制数求补再转换成十进制数并除以 2 就得到被测温度值(-55 ~ +125℃)。

1. DS1820 的引脚功能

DS1820 的引脚如图 9.11 所示，图中 D/Q 是外部数据的输入/输出引脚，而 VDD 与 GND 是芯片的工作电源输入端。每只 DS1820 都可以设置成两种供电方式：数据总线供电方式和外部供电方式。采取数据总线供电方式可以节省一根导线，但完成温度测量的时间较长；采取外部供电方式则多用一根导线但测量速度较快。

注：DS18B20 采用 12 位存储温度值，最高 6 位为符号扩展位。

2. DS1820 的操作方式

DS1820 的操作过程包括：初始化 - > ROM 操作命令 - > 存储器操作命令 - > 处理数据。

(1) 初始化

单总线上的所有处理均从初始化开始。

(2) ROM 操作命令

总线主机检测到 DS1820 的存在便可以发出 ROM 操作命令之一，这些命令如表 9.6 所示。

表 9.6　DS1820 的 ROM 操作命令

指　　令	代　　码
Read ROM(读 ROM)	0x33
Match ROM(匹配 ROM)	0x55
Skip ROM(跳过 ROM)	0xCC
Search ROM(搜索 ROM)	0xF0
Alarm search(告警搜索)	0xEC

(3) 存储器操作命令

存储器操作命令如表 9.7 所示。

表 9.7　DS1820 的存储器操作命令

指　　令	代　　码
Write Scratchpad(写暂存存储器)	0x4E
Read Scratchpad(读暂存存储器)	0xBE
Copy Scratchpad(复制暂存存储器)	0x48
Convert Temperature(温度变换)	0x44
Recall EPROM(重新调出)	0xB8
Read Power supply(读电源)	0xB4

(4) 时序

主机使用时间隙(time slots)来读写 DS1820 的数据位和写命令字的位。

① 初始化。时序见图 9.12，主机总线 t_0 时刻发送一复位脉冲(最短为 400μs 的低电平信号)，接着在 t_1 时刻释放总线并进入接收状态。DS1820 在检测到总线的上升沿之后等待 15 ~ 60μs，接着 DS1820 在 t_2 时刻发出存在脉冲(低电平持续 60 ~ 240μs)。如图中虚线所示。

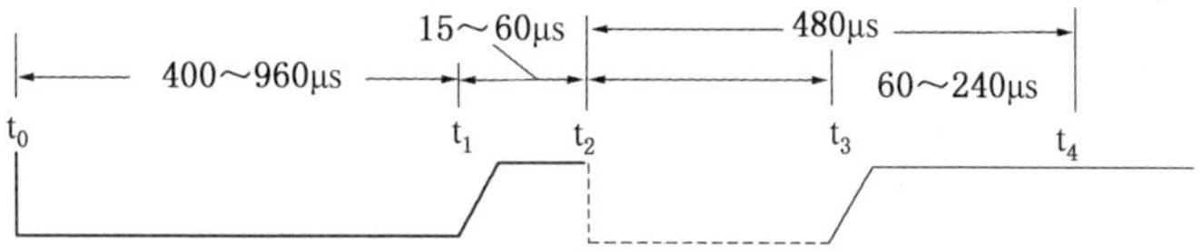

图 9.12　DS1820 的初始化时隙

② 写时间隙。当主机总线 t_0 时刻从高拉至低电平时就产生写时间隙见图 9.13 ~ 图 9.14。从 t_0 时刻开始 15μs 之内应将所需写的位送到总线上，DS1820 在 t_0 后 15 ~ 60μs 时间对总线采样。若低电平写入的位是 0，见图 9.13；若高电平写入的位是 1，见图 9.14。连续写 2 位间的间隙应大于 1μs。

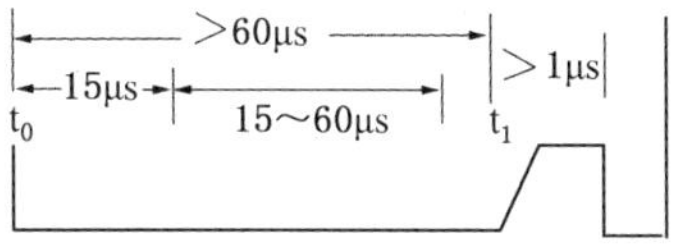

图 9.13　DS1820 的写 0 时隙

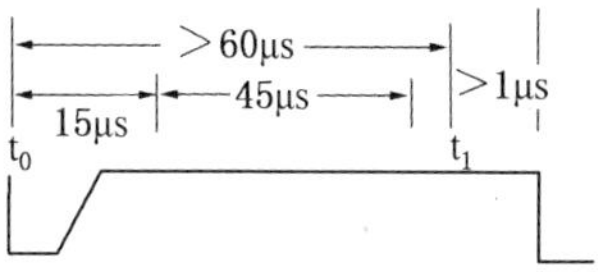

图 9.14　DS1820 的写 1 时隙

③ 读时间隙。见图 9.15 所示。主机总线 t_0 时刻从高拉至低电平时，总线只须保持低电平不小于 1μs 之后，在 t_1 时刻将总线拉高，产生读时间隙。读时间隙在 t_1 时刻后 t_2 时刻前有效，t_2 距 t_0 为 15μs，也就是说 t_2 时刻前主机必须完成读位，并在 t_0 后的 60 ~ 120μs 内释放总线。

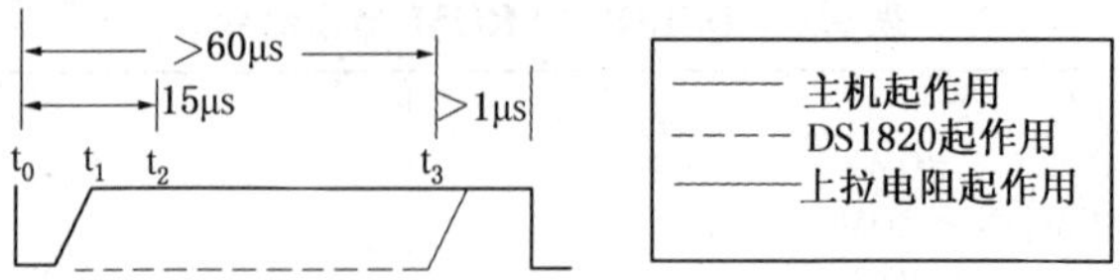

图 9. 15　DS1820 的读时隙

（5）多路测量

每一片 DS1820 在其 ROM 中都存有其唯一的 48 位序列号，主机在进入操作程序前必须逐一接入 1820，并用读 ROM 命令(0x33)将该 1820 的序列号读出并登录。当主机需要对众多在线 1820 的某一个进行操作时，首先要发出匹配 ROM 命令(0x55)，紧接着主机提供 64 位序列(包括该 1820 的 48 位序列号)，之后的操作就是针对该 1820 的。而所谓跳过 ROM 命令即为：之后的操作是对所有 1820 的。

对多片 1820 的操作框图如图 9. 16 所示。框图中先有跳过 ROM，即是启动所有 1820 进行温度变换，之后通过匹配 ROM 再逐一地读回每个 1820 的温度数据。在 1820 组成的测温系统中，主机在发出跳过 ROM 命令之后，再发出统一的温度转换启动码 44H，就可以实现所有 1820 的统一转换。再经过 1s 后，就可以用很少的时间去逐一读取。这种方式使其测量时间往往小于传统方式，显然通道数越多，这种省时效应就越明显。

9. 5. 2　DS1820 与单片机的连接

本实例采用 8051 单片机与 DS1820 接口，进行温度测量，其连接图如图 9. 17 所示，单片机的 P1. 0 与 DS1820 的 D/Q 引脚相连，完成数据传输。

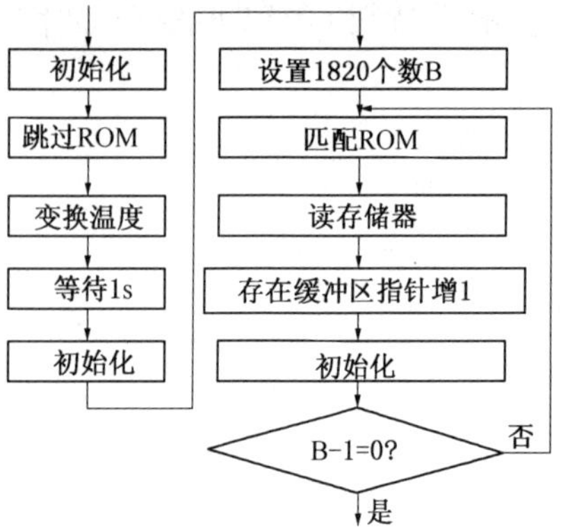

图 9. 16　基于 DS1820 的多路测温框图

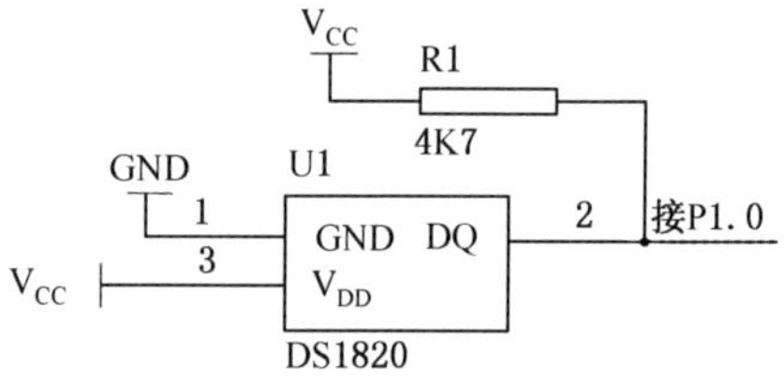

图 9. 17　DS1820 与单片机电路连接图

9. 5. 3　读写 DS1820 的 C 语言程序

```
#include < reg51. h >
sbit     DQ_ Bit     =     P1^0 ;


#define uchar unsigned char                    //定义变量简写形式
#define uint unsigned int
bit Presence;


void delay( uint useconds)                     //延时若干微妙(μs)
{
```

```
    for ( ; useconds >0; useconds - - ) ;
}

uchar ow_ reset(void)                          //复位 DS1820
{
    uchar presence;
    DQ_ Bit =0;
    delay(29) ;                                //延时 480μs
    DQ_ Bit =1;
    delay(3) ;                                 //等待
    Presence = DQ_ Bit;                        //presence 信号
    delay(25) ;
    return(presence) ;                         //0: 允许, 1: 禁止
}

uchar read_ byte(void)                         //从 1 -wire 总线上读取一个字节
{
    uchar i;
    uchar value =0;
    for(i =8; i >0; i - - )
    {
        value > > =1;
        DQ_ Bit =0;
            DQ_ Bit =1;
        delay(1) ;
           if (DQ_ Bit)
            value |  =0x80;
        delay(6) ;
    }
    return(value) ;
}

void write_ byte(uchar val)                    //向 1 -wire 总线上写一个字节
{
    uchar i;
    for(i =8; i >0; i - - )                    //一次写一个字节
    {
        DQ_ Bit =0;
        DQ_ Bit = val&0x01;
        delay(5) ;
        DQ_ Bit =1;
```

```
            val = val/2;
        }
        delay(5);
}

char Read_ Temperature(void)                    //读取温度
{
        union{
        uchar c[2];
        int x;
        }temp;

        ow_ reset();
        write_ byte(0xCC);                      //跳过 ROM
         write_ byte (0xBE);                    //读暂存寄存器
        temp. c[1] = read_ byte();              //读转换结果
        temp. c[2] = read_ byte();
        ow_ reset();
        write_ byte(0xCC);                      //跳过 ROM
        write_ byte(0x44);                      //开始温度测量
        return temp. x/2;                       //返回温度测量值
}

main()
{
         uchar val;
        val = Read_ Temperature();
}
```

9.6 2路8位串行模/数转换器 TLC0832

9.6.1 TLC0832 简介

TLC083X 系列 8 位串行控制模/数转换器，是美国德州仪器公司推出的性价比很高的A/D转换器件。TLC083X 系列包括 TLC0831、TLC0832、TLC0834 和 TLC0838 四个品种。它们分别是单通道、双通道、四通道和八通道的 A/D 转换器。本文以 TLC0832 为例，说明其与 CPU 的连接方法和 A/D 转换程序的编写方法。

TLC083X 系列是 8 位逐次逼近式模/数转换器。TLC0832 有两个可选择的输入通道。串行输出可配置为标准移位寄存器或微处理器接口方式。TLC0832 的多路器可用软件配置为单端输入或差分输入模式，差分输入模式具有更强的共模抑制作用。另外，还可调整输入基准电压大小，使 REF 端输入等于最大模拟信号输入值，从而获得最高的转换分辨率。典型地，

REF 端设为等于 V_{CC}(TLC0832 内部已设定)。

TLC0832 的引脚排列如图 9.18 所示。其各引脚功能如下:

① CH0 ~ CH1:模拟输入端;

② $\overline{CS}$:片选端;

③ DO:串行 A/D 转换数据输出端;

④ DI:串行命令输入端(仅 TLC0832 芯片有);

⑤ CLK:串行时钟输入端;

⑥ V_{CC}/REF 为正电源电压端或参考电压输入端,GND 为电源地。

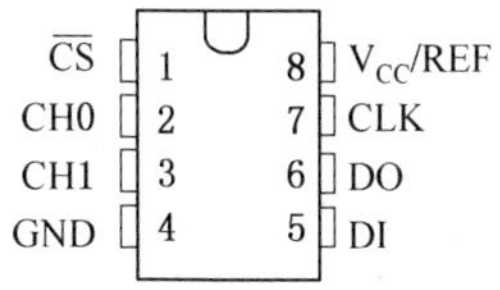

9.18 TLC0832 的引脚排列

TLC0832 的数据序列如图 9.19 所示,配合 CLK 的前三个脉冲,通过 DI 可输入三个位

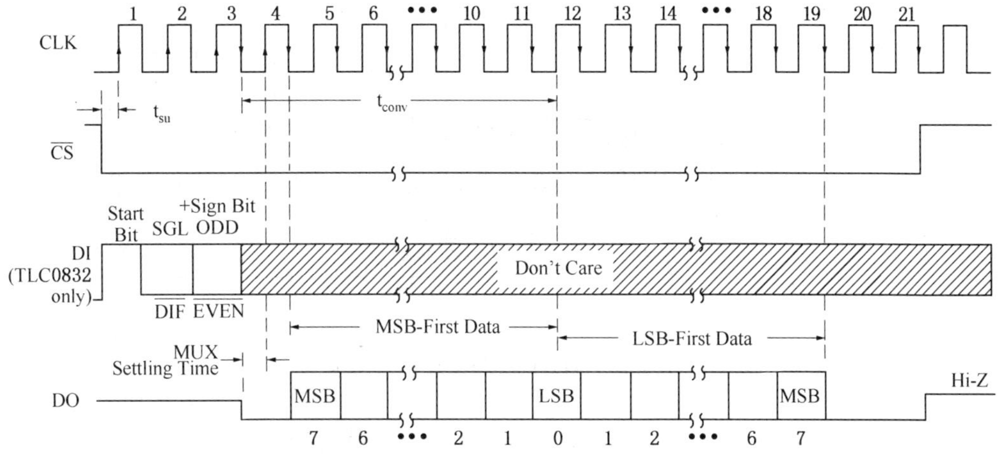

图 9.19 TLC0832 的数据序列

信号,分别是起始位及两个控制位,控制位的功能如表 9.8 所示。

表 9.8 控制位功能表

控制位		通道功能	
SGL/DIF	ODD/EVEN	CH0	CH1
0	0	+	−
0	1	−	+
1	0	+	
1	1		+

9.6.2 TLC0832 与单片机的连接

TLC0832 与单片机的连接如图 9.20 所示,DI,DO、CLK 和 CS 依次和单片机的 P1.3,P1.2,P1.1,P1.0 连接,CH0 和 CH1 接两路模拟输入信号 VIN1 与 VIN2。

9.6.3 读写 TLC0832 的 C 语言程序

```
#include <reg51.h>
#include <intrins.h>
#define uchar unsigned char
sbit    ADCCS_Bit    =    P1^0;    //输入/输出引脚定义
sbit    ADCCLK_Bit   =    P1^1;
sbit    ADCDO_Bit    =    P1^2;
sbit    ADCDI_Bit    =    P1^3;
```

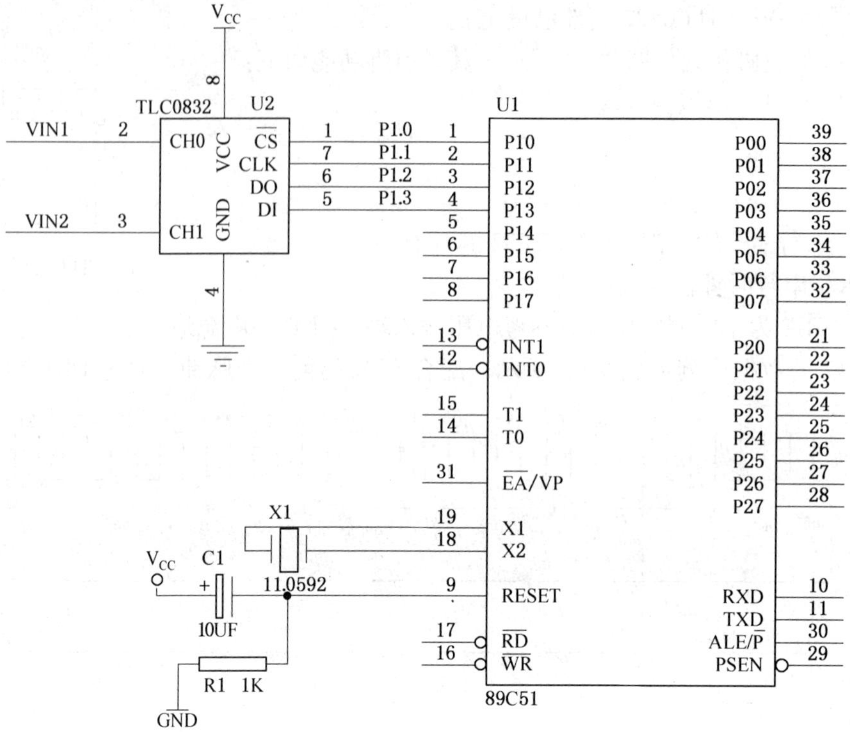

图 9.20 TLC0832 与单片机的连接

```
void ADCDelay(void);                    //A/D 转换延时
uchar ADCConvert(void)
{
    uchar data i, j, ch, val, val1;
    uchar ChanSel[2] = {0x2, 0x3};      //通道控制位，SGL | ODD 分别为 10 及 11

    for (i =0; i<2; i+ +)               //共处理 2 个独立通道
    {
        ADCDI_ Bit =1;                  //输出启动位
        ADCDelay();
        val =0;
        val1 =0;
        ch = ChanSel[i];

        ADCCS_ Bit =0;
        ADCDelay();

        ADCCLK_ Bit =1;                 //第一个脉冲，输出 SGL/DIF
        ADCDelay();
        ADCCLK_ Bit =0;
```

```
ADCDelay( );
if ((ch&0x02) = =0x02)
    ADCDI_ Bit =1;
else
    ADCDI_ Bit =0;
ADCDelay( );

ADCCLK_ Bit =1;                    //第二个脉冲，输出 ODD/EVEN
ADCDelay( );
ADCCLK_ Bit =0;
ADCDelay( );
if ((ch&0x01) = =0x01)
    ADCDI_ Bit =1;
else
    ADCDI_ Bit =0;
ADCDelay( );

ADCCLK_ Bit =1;                    //第三个脉冲
ADCDelay( );
ADCCLK_ Bit =0;
ADCDelay( );
ADCDI_ Bit =1;
ADCDelay( );

for (j =0; j <8; j+ +)
{
    val = val < <1;
    if (ADCDO_ Bit = =1)
        val + +;
    ADCCLK_ Bit =1;                //后续 8 个脉冲，取得 MSB - First 数据
    ADCDelay( );
    ADCCLK_ Bit =0;
    ADCDelay( );
}
for (j =0; j <8; j+ +)
{
    val1 =val1 > >1;
    if (ADCDO_ Bit = =1)
```

```
            val1 | =0x80;
            ADCCLK_ Bit =1;              //其后 8 个脉冲，取得 LSB - First 数据
            ADCDelay();
            ADCCLK_ Bit =0;
            ADCDelay();
        }
        if (val! =val1)                  //不相等，则出错
            val =0;                      //错误标志

        ADCCS_ Bit =1;
        ADCCLK_ Bit =0;
        ADCDO_ Bit =1;
        return (val);
    }
}

void ADCDelay(void)
{
    _ nop_ ();
    _ nop_ ();
    _ nop_ ();
    _ nop_ ();
    _ nop_ ();
}

main()
{
    uchar val;
    val = ADCConvert();                  //读 TLC0832 AD 转换结果
}
```

9.7 LED 驱动芯片 MAX7219/7221

9.7.1 MAX7219/7221 简介

MAX7219/7221 是美国 Maxim 公司生产的一种新型、高集成度、七段共阴极 LED 驱动芯片，每片能动态驱动多达 8 位数码管或 64 只单独的 LED。外接电路比较简单，数据串行输入，仅需三根 I/O 线(DIN、CLK、LOAD)便可实现显示功能。MAX7221 相比 MAX7219 有两处不同，一是前者增加了段驱动的斜率控制，以减少电磁干扰；二是前者的串行接口与标准的 SPI 接口完全兼容。

1. MAX7219/7221 的引脚功能

MAX7219/7221 引脚图如图 9.21 所示。图中：

① DIG0 ~ DIG7 为位驱动输出端；

② SEG A，SEG B，SEG C，SEG D，SEG E，SEG F，SEG G，SEG DP 为段驱动和小数点驱动输出端；

③ LOAD(CS)为信号锁存控制端；

④ DIN 为串行数据输入端；

⑤ DOUT 为串行数据输出端，多片级联时用；

⑥ CLK 为串行时钟输入端；

⑦ ISET 为段电流控制端；

⑧ V + 为正电源电压端，GND 为电源地。

两片 MAX7219/7221 级联驱动 LED 的电路如图 9.22 所示。从图中可见，与单片机相连仅需三根 I/O 线(DIN，CLK，LOAD)。

2. MAX7219/7221 的串行数据格式及寄存器功能

MAX7219/7221 的串行数据格式如表 9.9 所示，数据传送时高位先行。

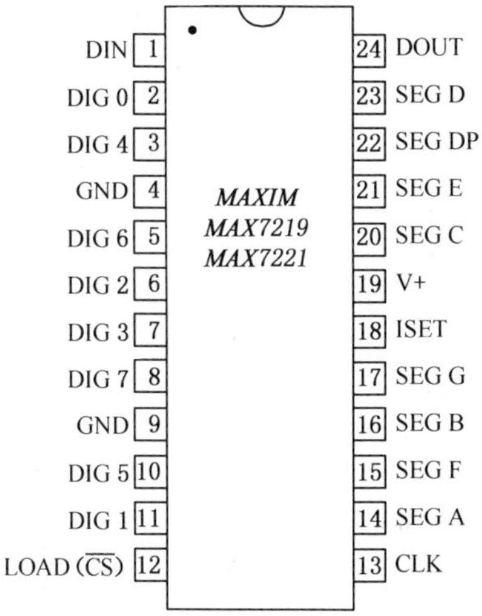

图 9.21 MAX7219/7221 引脚图(CS 为 7221 专用引脚)

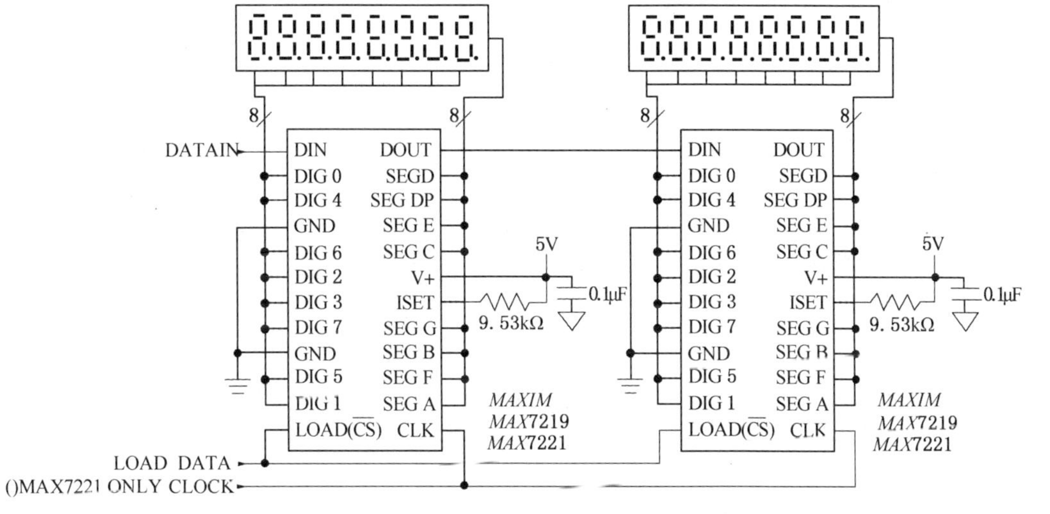

图 9.22 两片 MAX7219/7221 级联驱动 LED 电路

表 9.9 MAX7219/7221 的串行数据格式

D15	D14	D13	D12	D11	D10	D9	D8	D7	D6	D5	D4	D3	D2	D1	D0
X	X	X	X	ADDRESS				DATA							

MAX7219/7221 的内部寄存器地址分配如表 9.10 所示，通过相应的寄存器可设定各段位显示的信息，设置解码模式，改变显示亮度，设定显示位数，关闭全部显示或使显示全亮。

表 9.10 MAX7219/7221 的内部寄存器地址分配

寄 存 器	地 址					十六进制	说 明
	D15 - D12	D11	D10	D9	D8		
No_ Op	X	0	0	0	0	0xX0	空操作
Digit 0	X	0	0	0	1	0xX1	显示位 0
Digit 1	X	0	0	1	0	0xX2	显示位 1
Digit 2	X	0	0	1	1	0xX3	显示位 2
…	…	…	…	…	…	…	…
Digit 7	X	1	1	1	0	0xX8	显示位 7
Decode	X	1	0	0	1	0xX9	解码模式
Intensity	X	1	0	1	0	0xXA	强度
Scan Limit	X	1	0	1	1	0xXB	扫描限制
Shut down	X	1	0	1	1	0xXC	关闭显示
Display Test	X	1	1	1	1	0xXF	显示测试

9.7.2 MAX7219/7221 与单片机的连接

两片 MAX7219/7221 级联驱动 LED 与单片机的连接图如图 9.23 所示。MAX7219/7221 的 DIN、LOAD(MAX7221 为 CS)和 CLK 依次与单片机的 P1.0、P1.1 和 P1.2 连接，第 2 片 MAX7219/7221 只有 LOAD，CLK 依次与单片机的 P1.1、P1.2 连接，而第 1 片 MAX7219/7221 的 DOUT 与第 2 片 MAX7219/7221 的 DIN 相连。

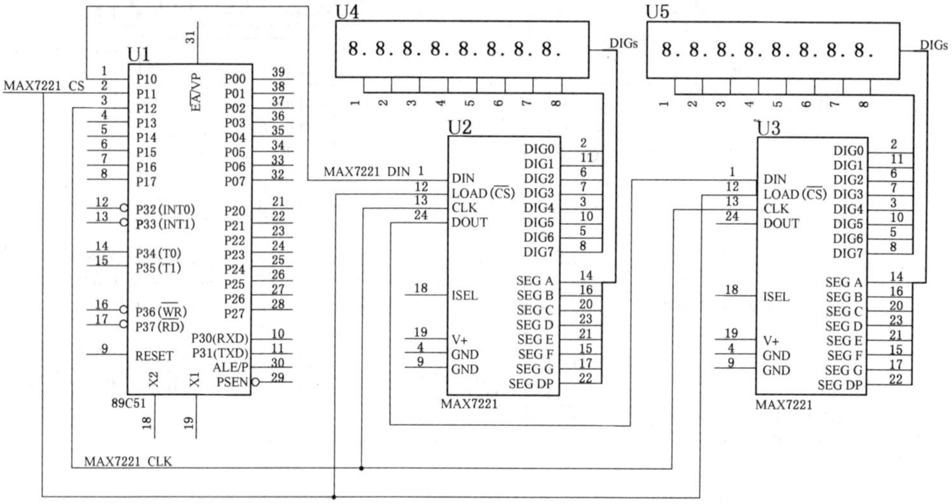

图 9.23 两片 MAX7219/7221 级联驱动 LED 与单片机连接图

9.7.3 基于 MAX7221 在 LED 上显示十六位数据的 C 语言程序

```
#include <reg51.h>
#include <intrins.h>
#define uchar unsigned char
sbit    MAX7221_DIN    =    P1^0;        //输入/输出引脚定义
sbit    MAX7221_CS     =    P1^1;
sbit    MAX7221_CLK    =    P1^2;
```

```
void MAX7221_ OUT_ BYTE(uchar uc_ Addr, uchar uc_ Val)
{
    uchar i, uc_ TmpVal;

    MAX7221_ CLK =0;
    MAX7221_ CS =0;                          //允许数据串行输入

    uc_ TmpVal = uc_ Addr;
    for (i =0; i <8; i + + )                 //传送地址
    {
        if ((uc_ TmpVal & 0x80) = = 0x80)
            MAX7221_ DIN =1;
        else
            MAX7221_ DIN =0;
        MAX7221_ CLK =1;                     //产生有效上升沿
        _ nop_ ();
        MAX7221_ CLK =0;
        uc_ TmpVal < < = 1;
    }

    uc_ TmpVal = uc_ Val;
    for (i =0; i <8; i + + )                 //传送数据
    {
        if ((uc_ TmpVal & 0x80) = =0x80)
            MAX7221_ DIN =1;
        else
              MAX7221_ DIN =0;
        MAX7221_ CLK =1;                     //产生有效上升沿
        _ nop_ ();
        MAX7221_ CLK =0;
        uc_ TmpVal < < = 1;
    }
    MAX7221_ CS =1;                          //禁止数据串行输入，同时将串行数
                                               据锁存至内部寄存器
}

void main()
{
    uchar i;
```

```
    MAX7221_ OUT_ BYTE(0x0c, 0);              //关闭全部十六位显示
    MAX7221_ OUT_ BYTE(0x0c, 0);
    for (i =0; i <8; i+ + )
    {
        MAX7221_ OUT_ BYTE(i +1 , i);         //低 8 个显示位寄存器分别送 0 -
                                               0x07 显示码
        MAX7221_ OUT_ BYTE(0x0 , 0);          //高 8 个显示位不变(设置地址为 No
                                               _ oP)
    }
    for (i =0; i <8; i+ + )
    {
        MAX7221_ OUT_ BYTE(0x0 , 0);          //低 8 个显示位不变(设置地址为 No
                                               _ oP)
        MAX7221_ OUT_ BYTE(i +1 , i +8);      //高 8 个显示位寄存器分别送 0x8 -
                                               0x0f 显示码
    }
    MAX7221_ OUT_ BYTE(0x09, 0xff);           //设置解模模式为全部解码(0 -0x0f
                                               将分别显示
// 为"0 -9" ," - " ,"E" ,"H" ,"L" ,"P" 及空格)
    MAX7221_ OUT_ BYTE(0x09, 0xff);
    MAX7221_ OUT_ BYTE(0x0a, 0x0f);           //设置低 8 位显示亮度为最亮
    MAX7221_ OUT_ BYTE(0x0a, 0x08);           //设置高 8 位显示亮度为中等暗度
    MAX7221_ OUT_ BYTE(0x0c, 1);              //打开全部十六位显示
    MAX7221_ OUT_ BYTE(0x0c, 1);
}
```

9.8　1602 字符液晶模块控制

9.8.1　1602 字符液晶模块简介

字符型液晶显示模块是专门用于显示字母、数字、符号等的点阵型液晶显示模块。它提供了显示数据缓冲区 DDRAM、内置字符发生器 CGROM 和用户字符发生器 CGRAM，可以使用 CGRAM 来存储自己定义的多个图形字符的字模数据。此外，还提供了丰富的指令设置：如清显示屏；光标回原点；显示开/关；光标开/关；显示字符闪烁；光标移位；显示移位等功能，在单片机系统中得到广泛的应用。

字符型液晶显示模块目前在国际上已经规范化，无论显示屏规格如何变化，其电特性和接口形式都是统一的。因此只要设计出一种型号的接口电路，并指令上稍加改动即可使用各种规格的字符型液晶显示模块。

1. 字符型液晶显示模块的引脚功能

1602 标准字符型液晶显示模块能够同时显示 16X2 即 32 个 ASCII 字符(16 列 2 行)，其管脚功能定义如表 9. 11 所列。

表 9.11　1602 标准字符型液晶显示模块的引脚及功能表

引线号	符　号	电　平	功　　能
1	V_{SS}	0V	GND
2	V_{DD}	5V ±10%	电源电压
3	V0	0 ~ 5V	液晶驱动电压，可对亮度进行调节，一般在 0V
4	RS	H/L	寄存器选择：1：数据寄存器；0：指令寄存器
5	R/W	H/L	读、写操作选择：1：读；0：写
6	E	H，H - >L	使能信号 ENABLE
7	DB0	H/L	数据总线
8	DB1	H/L	数据总线
9	DB2	H/L	数据总线
10	DB3	H/L	数据总线
11	DB4	H/L	数据总线
12	DB5	H/L	数据总线
13	DB6	H/L	数据总线
14	DB7	H/L	数据总线
15	LEDA	—	背光电源正端(+5V)
16	LEDK	—	背光电源负端(0V)

2. 字符型液晶显示模块存储器及指令集

1602 液晶模块内部的字符发生存储器(CGROM)已经存储了 160 个不同的点阵字符图形，这些字符有：阿拉伯数字、英文字母的大小写、常用符号和日文假名等，每一个字符都有一个固定的代码，比如大写的英文字母“A”的代码是 01000001B(41H)。

1602 标准字符型液晶显示模块的显示可通过指令码进行控制，其指令集如表 9.12 所列。

表 9.12　1602 字符型液晶显示模块的指令集

指　令	指　令　码										指令描述	执行时间 (fosc = 270kHz)
	RS	R/W	DB7	DB6	DB5	DB4	DB3	DB2	DB1	DB0		
清显示	0	0	0	0	0	0	0	0	0	1	清 DDRAM，并置地址计数器 AC = 0	1.53ms
显示归位	0	0	0	0	0	0	0	0	1	*	AC = 0，光标、画面回 HOME 位	1.53ms
设置输入模式	0	0	0	0	0	0	0	1	I/D	S	设置光标、画面移动方式	39μs
显示开/关控制	0	0	0	0	0	0	1	D	C	B	设置显示、光标及闪烁开关	39μs
光标或显示移位	0	0	0	0	0	1	S/C	R/L	*	*	光标、画面移动，不影响 DDRAM	39μs
功能设置	0	0	0	0	1	DL	N	F	*	*	工作方式设置(初始化指令)	39μs
CG RAM 地址设置	0	0	0	1	ACG5	ACG4	ACG3	ACG2	ACG1	ACG0	设置 CG RAM 地址。A5 ~ A0 = 0 ~ 3FH	39μs
DDRAM 地址设置	0	0	1	ADD6	ADD5	ADD4	ADD3	ADD2	ADD1	ADD0	设置 DD RAM 地址	39μs

续表

指　令	指　令　码										指令描述	执行时间 (f_{osc}=270kHz)
	RS	R/W	DB7	DB6	DB5	DB4	DB3	DB2	DB1	DB0		
读忙标志 BF 和 AC	0	1	BF	AC6	AC5	AC4	AC3	AC2	AC1	AC0	读忙 BF 值和地址计数器 AC 值	0μs
写数据到 CGRAM 或 DDRAM	1	0	D7	D6	D5	D4	D3	D2	D1	D0	根据最近设置的地址性质，数据写入 DD RAM 或 CG RAM 内	43μs
从 CGRAM 或 DDRAM 中读数据	1	1	D7	D6	D5	D4	D3	D2	D1	D0	根据最近设置的地址性质，从 DD RAM 或 CG RAM 数据读出	43μs

上述功能设置指令中，N 表示显示行数，若 N=1，为两行显示模式；若 N=0，则为单行显示模式。F 表示显示字符点阵，若 F=1，为 5X10 点阵+光标显示模式；若 F=0，则为 5X7 点阵+光标显示模式。不同的 NF 组合下对应的显示地址分配如表 9.13 所示。

表 9.13　功能设置指令参数 N，F 值及显示 RAM 地址对应表

规　格	NF	行	01 02…08 09 10…16 17 18…20 21…24 25…40
8×1	00	1	00 01…07
16×1	10	1	00 01…07 40 41…47
16×2	10	1	00 01…07 08 09…0F
		2	40 41…47 48 49…4F
16×4	10	1	00 01…07 08 09…0F
		2	40 41…47 48 49…4F
		3	10 11…17 18 19…1F
		4	50 51…57 58 59…5F
20×2	10	1	00 01…07 08 09…0F 10 11…13
		2	40 41…47 48 49…4F 50 51…53
20×4	10	1	00 01…07 08 09…0F 10 11…13
		2	40 41…47 48 49…4F 50 51…53
		3	14 15…1B 1C1D…23 24 25…27
		4	54 55…5B 5C 5D…63 64 65…67
40×2	10	1	00 01…07 08 09…0F 10 11…13 14…17 18…27
		2	40 41…47 48 49…4F 50 51…53 54…57 58…67

9.8.2　1602 字符液晶模块与单片机的连接

如图 9.24 给出单片机与 1602 字符液晶模块的连接示意图，液晶模块的 DB0～DB7，RS，R/W，E 分别与单片机的 P0 及 P2 口连接，背光采用跳线器连接 +5V，通过 VAL1 电位器可调整液晶的显示亮度。

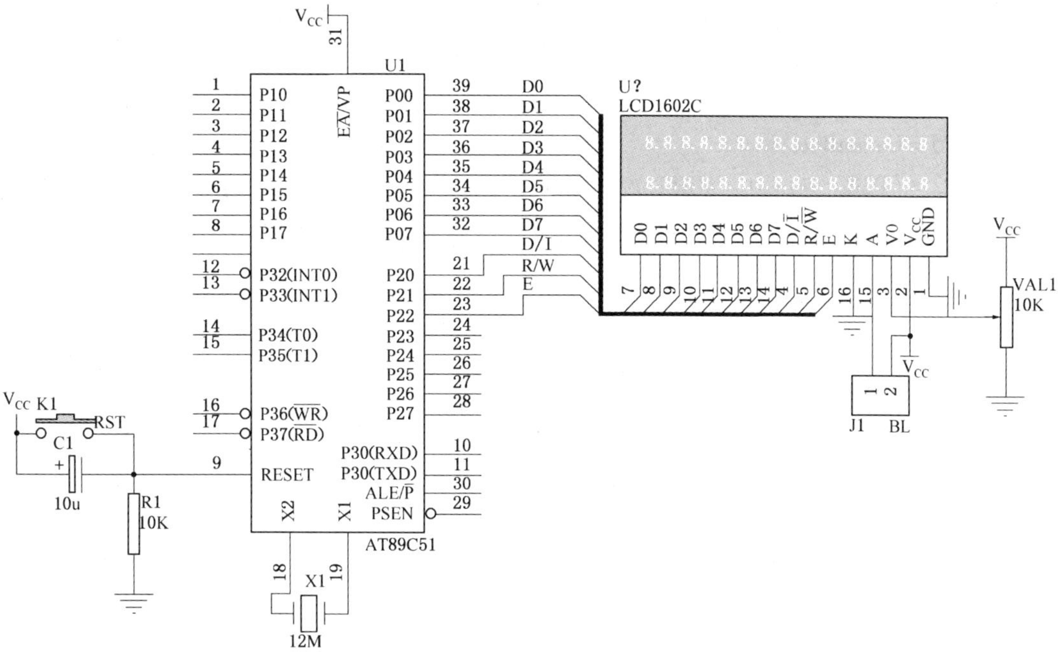

图 9.24　单片机与 LCD1602 连接示意图

9.8.3　控制 1602 字符液晶显示的 C 语言程序

```
#include <reg51.h>

#define uchar unsigned char                          //定义变量简写形式
#define    LCD_ MASK            0x07                 //定义 LCD 变量掩码
#define    LCD_ DI              0x01
#define    LCD_ RW              0x02
#define    LCD_ E               0x04
sbit        LCD_ DI_ Bit        =    P2^0;           //定义外部位引脚
sbit        LCD_ RW_ Bit        =    P2^1;
sbit        LCD_ E_ Bit         =    P2^2;
extern void us10_ DELAY(uchar);                      //外部函数，延时若干个10μs
extern void ms_ DELAY(uchar);                        //外部函数，延时若干 ms

void LCMWriteComm(char CommByte)                     //写显示命令字
{
    uchar data ch = 0x80;
    while ((ch&0x80) = = 0x80)
    {
        P2 = (P2&( ~LCD_ MASK)) | LCD_ RW | LCD_ E; //LCD_ DI = 0, LCD_
RW = 1, LCD_ E = 1;
        us10_ DELAY(1);
```

```
        ch = P0;
        P2 = (P2&( ~LCD_ MASK)) | LCD_ RW;    //缺省: LCD_ DI = 0, LCD_
                                                RW = 1, LCD_ E = 0;
    }
    P0 = CommByte;
    P2 = (P2&( ~LCD_ MASK)) | LCD_ E;         //LCD_ DI = 0, LCD_ RW =
                                                0, LCD_ E = 1;
    us10_ DELAY(1);
    P2^ = LCD_ E;                             //LCD_ DI = 0, LCD_ RW =
                                                0, LCD_ E = 1;
    P2 = (P2&( ~LCD_ MASK)) | LCD_ RW;        //缺省: LCD_ DI = 0, LCD_
                                                RW = 1, LCD_ E = 0;
}

void LCMWriteData(char DataByte)              //写显示数据
{
    uchar data ch = 0x80;
    while ((ch&0x80) = = 0x80)
    {
        P2 = (P2&( ~LCD_ MASK)) | LCD_ RW | LCD_ E;   //LCD_ DI = 0, LCD
                                                      _ RW = 1, LCD_ E
                                                      = 1;
        us10_ DELAY(1);
        ch = P0;
        P2 = (P2&( ~LCD_ MASK)) | LCD_ RW;    //缺省: LCD_ DI = 0, LCD_
                                                RW = 1, LCD_ E = 0;
    }
    P0 = DataByte;
    P2 = (P2&( ~LCD_ MASK)) | LCD_ DI | LCD_ E;//LCD_ DI = 1, LCD_ RW =
                                                0, LCD_ E = 1;
    us10_ DELAY(1);
    P2^ = LCD_ E;                             //LCD_ DI = 0, LCD_ RW =
                                                0, LCD_ E = 1;
    P2 = (P2&( ~LCD_ MASK)) | LCD_ RW;        //缺省: LCD_ DI = 0, LCD_
                                                RW = 1, LCD_ E = 0;
}

void LCMInit(void)                            //初始化液晶屏
{
```

```
    char data i;
    for (i=0; i<3; i++)                                   //连续初始化
    {
        P0=0x38;
        P2=(P2&(~LCD_MASK))|LCD_E;    //LCD_DI=0, LCD_RW=0,
                                       LCD_E=1;
        ms_DELAY(100);
        P2^=LCD_E;   //LCD_DI=0, LCD_RW=0, LCD_E=0;
        P2=(P2&(~LCD_MASK))|LCD_RW;   //缺省: LCD_DI=0, LCD_
                                       RW=1, LCD_E=0;
    }
    LCMWriteComm(0x38);                                   //设置 LCM 模式
    ms_DELAY(50);
    LCMWriteComm(0x0c);                                   // LCM 显示打开
    ms_DELAY(50);
    LCMWriteComm(0x01);                                   //清除 LCM
    ms_DELAY(50);
}

void LCMClear(void)                                       //清除 LCM
{
    LCMWriteComm(0x01);                                   //清除 LCM
}

void LCMWriteChars(char nLoc, char DataByte[], char nLen)  //向指定位置显示区填
                                                             充指定长度的
                                                          //数据。第一行显示区为:
                                                            00~2Fh; 第二行显示区为:
                                                            40h~6FH
{
    uchar data ch, i;
    LCMWriteComm(0x06);                                   //设置输入模式
    ch=0x80+nLoc;
    LCMWriteComm(ch);                                     //写 DDRAM 的首地址
    for(i=0; i<nLen; i++)
    {
        ch=DataByte[i];                                   //逐字节将数据写入 DDRAM
        LCMWriteData(ch);
        us10_DELAY(1);
```

```
    }
}

char LCMReadData(void)                          //读 LCM 内数据
{
    uchar data ch =0x80, val;
    while ((ch&0x80) = =0x80)
    {
        P2 =(P2&( ~LCD_ MASK)) | LCD_ RW | LCD_ E;    //LCD_ DI =0, LCD_ RW =1, LCD_ E =1;
            us10_ DELAY(1);
        ch =P0;
        P2 =(P2&( ~LCD_ MASK)) | LCD_ RW;    //缺省: LCD_ DI =0, LCD_ RW =1, LCD_ E =0;
    }
    P2 =(P2&( ~LCD_ MASK)) | LCD_ DI | LCD_ RW | LCD_ E;    //LCD_ DI = 1, LCD_ RW = 1, LCD_ E =1;
    us10_ DELAY(1);
    val =P0;
    P2^ =LCD_ E;                          //LCD_ DI =1, LCD_ RW = 1, LCD_ E =1;
    P2 =(P2&( ~LCD_ MASK)) | LCD_ RW;        //缺省: LCD_ DI =0, LCD_ RW =1, LCD_ E =0;
    return val;
}

char LCMReadBFAC(void)                          //读 BF 及 AC 信息
{
    uchar data val;
        P2 =(P2&( ~LCD_ MASK)) | LCD_ RW | LCD_ E;    //LCD_ DI =0, LCD_ RW =1, LCD_ E =1;
    val =P0;
    P2 =(P2&( ~LCD_ MASK)) | LCD_ RW;        //缺省: LCD_ DI =0, LCD_ RW =1, LCD_ E =0;
    return val;
```

```
}

void LCMCursorMove(nLoc)                    //向指定位置移动光标
{
    uchar data ch;
    ch = 0x80 + nLoc;
    LCMWriteComm(ch - 1);                   //输入光标位置
    LCMWriteComm(0x14);                     //移动光标
}

main()
{
    uchar DispProm[] = {"Hello!"};
    LCMInit();
    LCMWriteChars(0x0, DispProm, 6);        //向显示区首行开始显示6个
                                              字符"Hello!"
}
```

9.9 语音录放芯片 ISD4002

9.9.1 ISD4002 芯片简介

把语音合成技术用于工业监控系统、自动应答系统、多媒体查询系统、智能化仪表、办公自动化系统或家用电气产品中，使之能在适当的时候用语音实时报告系统的工作状态、警告信息、提示信息或相关的解释说明等，无疑在提高人机交互能力、降低人们的工作强度等方面都有极大的好处。

1. ISD4002 简介

美国 ISD 公司的 ISD4002 系列语音录放芯片的工作电压为 3V，单片录放时间 2 ~ 8min。片内含振荡器、防混淆滤波器、平滑滤波器、音频放大器、自动静噪及高密度多电平闪烁存储阵列。操作命令可通过串行通信接口(SPI)送入。采样频率可为 4.0，5.3，6.4，8.0kHz，频率越低，录放时间越长，但音质会有所下降。片内信息存于闪烁存储器中，可在断电情况下保存 100 年，反复录音 10 万次。

2. ISD4002 的管脚及功能

ISD4002 芯片的管脚排列如图 9.25 所示。其各引脚功能如表 9.14 所示。

表 9.14 ISD4002 芯片的引脚功能

引脚名称	功能
SS	器件选择。当该端为低电平时，本器件被选中
MOSI	ISD 的串行输入端。主机(微处理器)应在时钟上升沿之前半个周期将数据放到本线上
MISO	ISD 的串行输出端。本器件未被选中时，呈高阻抗
V_{CCD}、V_{CCA}	模拟、数字信号电源正端
V_{SSD}、V_{SSA}	数字、模拟信号地线
NC	空脚

续表

引脚名称	功　　能
AUD OUT	音频信号输出端，能驱动 5kΩ 负载
AMCAP	自动静噪端。大信号下不衰减，静音时衰减 6db
ANAIN－、ANAIN＋	录音信号差动输入端。IN＋端输入阻抗 3kΩ，IN－端输入阻抗 56kΩ。两输入端的耦合电容须相同，电容值决定低端截止频率，典型值 0.1μ。单端输入最大信号幅度 Vpp 为 32mV，差分输入时 16mV。单端输入时 IN－端的耦合电容接 V_{SSA}
RAC	行地址时钟输出(漏极开路输出)。内部存储器共分为 800 行，当操作到达行末时，本端输出一低电平脉冲
INT	中断输出(漏极开路输出)。当存储器溢出或放音结束标志出现时，该端为低电平并保持
XCLK	外部时钟输入端。不用时必须接地
SCLK	串行时钟。它由主机产生，用于同步串行数据

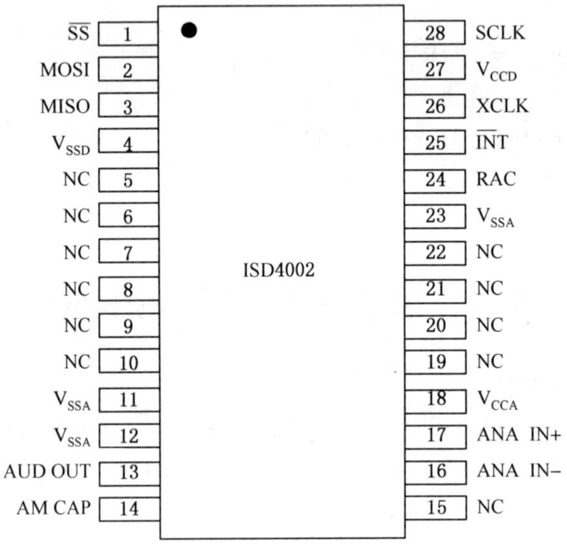

图 9.25　ISD4002 芯片管脚排列图

3. SPI(串行外部接口)

ISD4002 工作于 SPI 串行接口。对 ISD4000 系列而言，在时钟上升沿锁存 MOSI 引脚数据，在下降沿将数据送至 MISO 引脚。协议具体内容如下：

① 所有串行数据传输开始于 SS 下降沿；SS 在传输期间必须保持为低电平，两条指令之间则保持为高电平；数据在时钟上升沿移入，在下降沿移出；

② SS 变低，输入指令和地址后，ISD 才能开始录放操作；4002/4003 指令格式是 5 位控制码加 11 位地址码，4004 是 8 位控制码加 16 位地址码；

③ ISD 的任何操作(含快进)如果遇到 EOM 和 OVF，则产生一个中断，该中断状态在下一个 SPI 周期开始时被清除；

④ 中断数据从 ISD4002 器件的 MISO 端输出的同时，控制码及地址信号也从 MOSI 端输入。读出中断数据和启动一个新的操作可在同一个 SPI 周期内完成；

⑤ 所有操作在运行位(RUN)置 1 时开始，置 0 结束；所有指令都在 SS 端上升沿开始执行。

4. ISD4002 控制指令表

表 9.15 给出了 ISD4002 的全部控制指令。

表 9.15　ISD4002 控制指令表

指　　令	5 位控制码，<11 位地址>	操 作 摘 要
POWERUP	00100 <X XXXXXXXXXX>	上电：等待一段时间后器件可以工作
SETPLAY	11100 < A10 - A0 >	从指定地址开始放音，必须后跟 PLAY 指令使放音继续
PLAY	11110 <X XXXXXXXXXX>	从当前地址开始放音(直至 EOM 或 OVF)
SETREC	10100 < A10 - A0 >	从指定地址开始录音，必须后跟 REC 指令使录音继续
REC	10110 <X XXXXXXXXXX>	从当前地址开始录音(直至 OVF 或停止)
SETMC	11101 < A10 - A0 >	从指定地址开始快进，必须后跟 MC 指令使快进继续
MC	11111 <X XXXXXXXXXX>	执行快进，直到 EOM，若再无信息，则进入 OVF 状态
STOP	0X110 <X XXXXXXXXXX>	停止当前操作
STOPPWRDN	0X01X <X XXXXXXXXXX>	停止当前操作并掉电
RINT	0X110 <X XXXXXXXXXX>	读状态：OVF 和 EOM.

9.9.2　ISD4002 与单片机的连接

系统硬件部分如图 9.26 所示，由 89C51 单片机芯片，ISD4002 语音录放芯片，LM386 音频放大器、5V/3.3V LDO 电源变换器 AMS1117－3.3、驻极体话筒、喇叭、板载的 1 个发光二极管以及 3 个操作按键组成。其中 89C51 构成系统的主控芯片，控制 ISD4002 完成语音录放。由于 ISD4002 采用 3.3V 供电，故需使用 AMS1117－3.3 LDO 芯片完成电源变换。LM386 音频放大器及喇叭实现语音的功率放大及输出；而驻极体话筒则用于完成语音的输入。另有三个操作按键控制语音的录放，一个发光二极管用于指示系统状态。

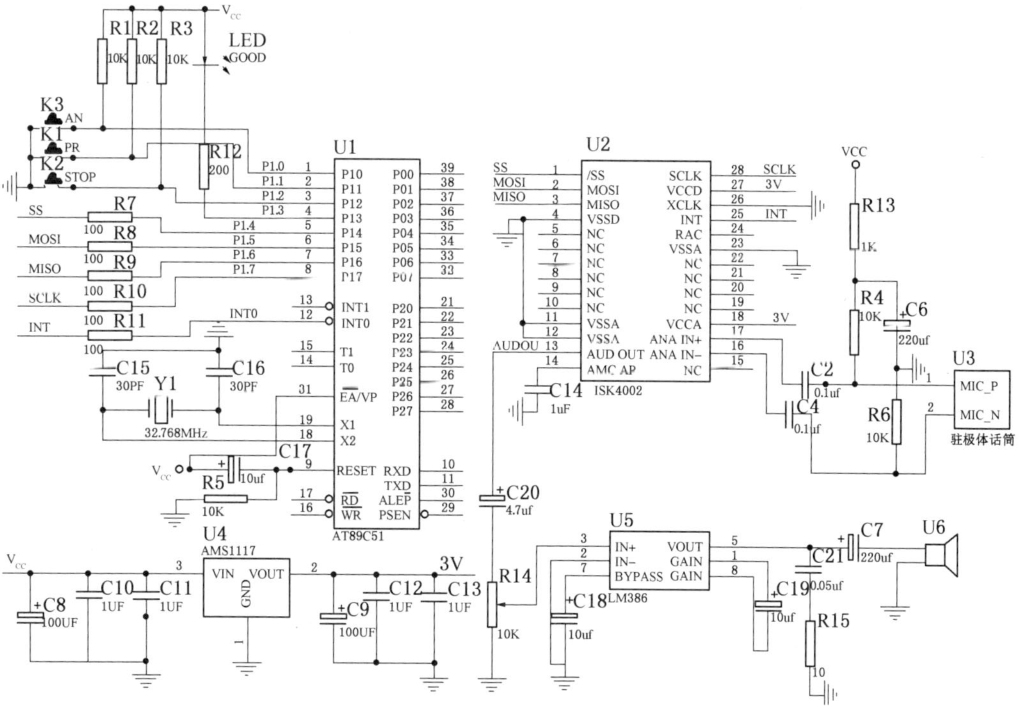

表 9.26　ISD4002 与单片机连接示意图

9.9.3 基于 ISD4002 的语音录放系统的 C 语言编程

```
#include <reg51.h>                          //加入必要的头文件
#include <absacc.h>
#include <intrins.h>

#define uchar unsigned char                 //定义变量的简化形式

extern void Delay20ms(void);                //声明外部的 20ms 延时程序
void UP(void);                              //功能子函数的前向声明
void STOPP(void);
void DSTOP(void);
void ISDX(uchar d);

sbit AN = P1^0;                             //定义按键位变量，AN 为“启动”键
sbit PR = P1^1;                             //PR = 1 为“录音”键，PR = 0 为“放
                                              音”键
sbit STOP = P1^2;                           //STOP 为“复位”键
sbit LED = P1^3;                            //工作指示灯
sbit SS = P1^4;                             //ISD4002 片选
sbit MOSI = P1^5;                           // ISD4002 数据输入
sbit MISO = P1^6;                           // ISD4002 数据输出
sbit SCLK = P1^7;                           //ISD4002 时钟
sbit INT = P3^2;                            // ISD4002 中断

void main(void)
{
    uchar i, ISDl, ISDh;
    P1 = 0xff;                              //端口初始化
    EA = 0;                                 //关闭中断
start:
    LED = 1;                                //灭灯
    DSTOP();                                //ISD4002 电源下电
    while(AN);                              //等“启动”键按下
    Delay20ms();                            //去键抖动
    UP();                                   // ISD4002 上电
    ISDh = ISDl = 0;                        //设 ISD4002 地址初值
    if (PR)                                 //PR = 1：录音方式
    {
        ISDX(ISDl);                         //发送指令
        ISDX(ISDh | 0xa0);                  //“10100XXX”，从指定地址录音
```

```
        SS = 1;                                     //关片选
recstart:
        for (i = 0; i < 10; i + +)                  //延时录音
            Delay20ms( );
        LED = 0;                                    //开指示灯
        ISDX(0xb0);                                 //"10110XXX", 从当前地址录音
        SS = 1;                                     //关片选
        while(! AN)                                 //等"启动"键抬起后录音
        {
            while (! INT)                           //如果 ISD4002 到达段边界(OVF 或
                                                      EOM)
            {
                LED = 1;                            //关指示灯
                for (i = 0; i < 15; i + +)
                {
                    Delay20ms( );
                    if (AN)                         //按下"启动"键播放下一段
                    {
                        Delay20ms( );               //去键抖动
                        goto done;
                    }
                }
                LED = 0;                            //开指示灯
                for (i = 0; i < 15; i + +)
                {
                    Delay20ms( );
                    if (AN)
                    {
                        Delay20ms( );           //去键抖动
                        goto done;
                    }
                }
            }
        }
        Delay20ms( );                               //去键抖动
        LED = 1;                                    //关指示灯
        STOPP( );                                   //停止当前操作
        while(1)
        {
            if (STOP)                               //若未按下"停止"按键
```

```
            {
                if (! AN)                               //若按下"启动"键
                {
                    Delay20ms();                        //去键抖动
                    STOPP();                            //停止当前操作
                    goto recstart;
                }
            }
            else                                        //若按下"停止"按钮
            {
                Delay20ms();                            //去键抖动
                goto done;
            }
        }
    }
    else                                                //若"PR=0"，放音方式
    {
        while(! AN);                                    //等待"启动"键抬起
        Delay20ms();                                    //去键抖动
        ISDX(ISDl);                                     //发送指令
        ISDX(ISDh | 0xe0);                              //"11100XXX"，从指定地址放音
        SS=1;                                           //关片选
playstart:
        LED=0;                                          //LED 开指示灯
        ISDX(0xf0);                                     //"11110XXX"，从当前地址放音
        SS=1;                                           //关片选
        while(1)
        {
            if (STOP)                                   //未按下"停止"键
            {
                if (INT)                                //无段结束标志(OVF 及 EOM)，继
                                                          续放音
                    continue;
                else                                    //有段结束标志(OVF 及 EOM)，停
                                                          止放音
                {
                    LED=1;                              //关指示灯
                    STOPP();                            //停止当前操作
                    SS=0;                               //开片选，检测 OVF 标志
                    SCLK=0;
```

```
                        SCLK = 1;
                        if (MISO)                    //到段结束(OVF  有效)
                            goto done;
                        else                         //到全部信息结束(EOM 有效)
                        {
                            SCLK = 0;
                            SS = 1;
                            STOPP();
                            while (AN)               //等待"启动"键按下
                            {
                                if (! STOP)          //等待"停止"按键
                                {
                                    Delay20ms();
                                    goto done;
                                }
                            }
                            Delay20ms();
                            goto playstart;
                        }
                    }
                }
                else                                 //按下"停止"键
                {
                    Delay20ms();
                    goto done;
                }
            }
        }
done:
    SCLK = 0;
    SS = 1;
    STOPP();
    goto start;
}

void UP(void)                                        //ISD4002 上电
{
    ISDX(0x20);                                      //发: "00100XXX"
    SS = 1;
    Delay20ms();
```

```
    Delay20ms();
}

void STOPP(void)                        //停止当前 ISD4002 操作
{
    ISDX(0x30);                         //发："0X110XXX"
    SS = 1;
    Delay20ms();
    Delay20ms();
}

void DSTOP(void)                        //停止当前操作并掉电
{
    ISDX(0x10);                         //发："0X010XXX"
    SS = 1;
    Delay20ms();
    Delay20ms();
}

void ISDX(uchar d)                      //发送指令代码
{
    uchar i;

    SS = 0;                             //开片选
    for (i = 0; i < 8; i + +)
    {
        SCLK = 0;
        if ((d&0x1) = = 0x1)            //数据逐位发送
            MOSI = 1;
        else
            MOSI = 0;
        SCLK = 1;
        d = d > > 1;
        SCLK = 0;
    }
}
```

9.10 本章小结

本章通过若干具体应用实例，介绍了单片机系统开发中常用芯片及接口的功能及硬件设计方法，并给出了使用 C51 语言编程的示例代码。

本章针对以下常用功能芯片/模块：串行带EEPROM的CPU监控芯片X5043/X5045、涓流充电时钟保持芯片DS1302、串行EEPROM芯片AT24C04/512、I2C接口的实时时钟/日历芯片P8563、单芯片温度测量芯片DS1820、2路8位串行A/D转换芯片TLC0832、LED驱动芯片MAX7219/7221、1602字符液晶模块及语音录放芯片ISD4002，分别介绍了其基本功能、工作原理及使用方法，并给出了与单片机的连接方式示意图，最后介绍了基于C51语言的控制软件编程方法。

主 要 参 考 文 献

1 郭天祥. 新概念51单片机C语言教程——入门、提高、开发、拓展全攻略. 北京：电子工业出版社，2009

2 赵建领，薛园园. 零基础学单片机C语言程序设计. 北京：机械工业出版社，2009

3 张天凡. 51单片机C语言开发详解. 北京：电子工业出版社，2008

4 马忠梅，籍顺心，张凯，马岩. 单片机的C语言应用程序设计(第4版). 北京：北京航空航天大学出版社，2007

5 彭伟. 单片机C语言程序设计实训100例. 北京：电子工业出版社，2009

6 戴佳，戴卫恒，刘博文. 51单片机C语言应用程序设计实例精讲. 北京：电子工业出版社，2008

7 郭惠，吴迅. 单片机C语言程序设计完全自学手册. 北京：电子工业出版社，2008

8 姜志海，赵艳雷. 单片机的C语言程序设计与应用. 北京：电子工业出版社，2008

9 刘昌华，易逵. 8051单片机的C语言应用程序设计与实践. 北京：国防工业出版社，2007

10 周坚. 单片机C语言轻松入门. 北京：北京航空航天大学出版社，2006

11 汤竞南，沈国琴. 51单片机C语言开发与实例. 北京：人民邮电出版社，2008

12 张义和，王敏男，许宏昌等. 例说51单片机(C语言版). 北京：人民邮电出版社，2008

13 刘坤，宋戈，赵红波，张宪栋. 51单片机C语言应用开发技术大全. 北京：人民邮电出版社，2008

14 林志琦. 单片机原理接口及应用(C语言版). 北京：中国水利水电出版社，2007

15 戴仙金. 51单片机及其C语言程序开发实例. 北京：清华大学出版社，2008

16 于永，戴佳，常江. 51单片机C语言常用模块与综合系统设计实例精讲. 北京：电子工业出版社，2007

17 杜树春. 单片机C语言和汇编语言混合编程实例详解. 北京：北京航空航天大学出版社，2006

18 王东锋，王会良，董冠强. 单片机C语言应用100例. 北京：电子工业出版社，2009

19 于永，戴佳，刘波. 51单片机C语言常用模块与综合系统设计实例精讲(第2版). 北京：电子工业出版社，2008

20 田立，田清，代方震. 51单片机C语言程序设计快速入门. 北京：人民邮电出版社，2006

21 刘海涛，赵金波，晁阳. 8051单片机C语言程序设计与实例解析. 北京：清华大学出版社，2009

22 刘建清，寻立波，陈培军. 从零开始学单片机C语言. 北京：国防工业出版社，2006

23 杨国田，白焰，董玲. 51单片机实用C语言程序设计与典型实例. 北京：中国电力出版社，2009

24 张秀国. 单片机C语言程序设计教程与实训. 北京：北京大学出版社，2008

25 王静霞. 单片机应用技术(C语言版). 北京：电子工业出版社，2009

26 龚运新，罗惠敏，彭建军. 单片机接口C语言开发技术. 北京：清华大学出版社，2009

27 杜树春．单片机 C 语言和汇编语言混合编程实践．北京：北京航空航天大学出版社，2008
28 吴戈，李玉峰．案例学单片机 C 语言开发．北京：人民邮电出版社，2008
29 周杰，张樱枝．单片机 C 语言及汇编语言实用程序设计．北京：中国电力出版社，2009
30 刘同法．单片机 C 语言编程基础与实践．北京：北京航空航天大学出版社，2009
31 张齐，杜群贵．单片机应用系统设计技术—基于 C 语言编程．北京：电子工业出版社，2006
32 张永格．单片机 C 语言应用技术与实践．北京：清华大学出版社，2009
33 周国运．单片机原理及应用 -（C 语言版）．北京：中国水利水电出版社，2009
34 马忠梅，籍顺心，张凯，马岩．单片机的 C 语言应用程序设计(第 3 版)．北京：北京航空航天大学出版社，2003
35 戴佳，戴卫恒．51 单片机 C 语言应用程序设计实例精讲．北京：电子工业出版社，2006
36 杜树春．单片机 C 语言和汇编语言混合编程实践．北京：北京航空航天大学出版社，2008
37 赵亮，侯国锐．单片机 C 语言编程与实例．北京：人民邮电出版社，2006
38 张培仁，孙占辉，张欣，张村峰．基于 C 语言编程 MCS - 51 单片机原理与应用．北京：清华大学出版社，2003
39 赖麒文．8051 单片机 C 语言软件设计的艺术．北京：科学出版社，2002
40 赖麒文．8051 单片机 C 语言彻底应用．北京：科学出版社，2005
41 赖麒文．8051 单片机 C 语言开发环境实务与设计．北京：科学出版社，2002
42 陈洪财．单片机 C 语言和汇编语言实用开发技术．北京：哈尔滨工程大学出版社，2008